局地戦闘機 雷電と紫電改 完全ガイド

高空を行くB-29に一撃を加えて急降下する、第三五二海軍航空隊第三分隊長・青木義博中尉の局地戦闘機 雷電二一型。開発に手間取り、大戦末期の登場となった雷電だったが、強力な武装、優れた上昇力と急降下性能を持ち、対大型爆撃機への迎撃機としては十分な性能を持っていた。生産機数も少なかったため戦局に影響は与えられなかったが、本土防空戦では強敵B-29にしばしば痛撃を与えている。（画／佐竹政夫）

※3～59ページの記事は、季刊ミリタリー・クラシックスVOL.37（2012年春号）に掲載された記事を再構成し、加筆修正したものです。54～55ページのイラストは描き下ろし、60～66ページの記事・マンガは書き下ろしです。

敵高速爆撃機からの痛撃を受けた支那事変（日中戦争）での戦訓から、日本海軍は昭和14年、
初めて局地戦闘機、すなわち拠点防空用の戦闘機の開発を開始する。
十四試局地戦闘機と呼ばれた本機は、それまでの日本戦闘機とは一風変わった紡錘型のフォルムを有し、
高速と重武装、上昇力を兼ね備えた迎撃戦闘機となるはずであった。
一時は零戦の後継とも期待された十四試局戦であったが、様々な問題により開発は長引き、
「雷電」と名付けられた本機が実戦配備されたのは大戦も後半の昭和18年秋にずれこんでしまった。
生産数も少なく、操縦特性もパイロットに嫌われたため、期待されたほどの活躍を残すには至らなかった雷電だが、
その優れた上昇力と大火力は第一級のものがあり、
日本単発戦闘機の中ではもっともB-29に対して有効な戦闘機の一つであった。
ここからは、その異様なフォルムや力強いネーミング、
そして本土防空戦でのB-29との死闘などによって知られる雷電の実力を、様々な角度から検証していこう。

上海近郊において米陸軍のB-29を迎撃する第二五六航空隊の雷電二一型。尾翼の「雷」は二五六空の通称「雷部隊」に由来する

画／吉原幹也

蒼空に閃(ひらめ)く異形の雷神
局地戦闘機雷電
Mitsubishi J2M Interceptor "RAIDEN"

昭和14年に開発開始されたのにもかかわらず、相次ぐトラブルによって開発が長引いていた局地戦闘機「雷電」は、昭和18年10月、制式採用されないままで部隊配備が開始された。一方ほぼ同時期に、ボルネオ島バリクパパンの油田を防空するため、第三八一航空隊が新編された。期待の局戦である雷電も三八一空に配備され、実用テスト部隊の横須賀空を除けば、三八一空が雷電を初めて装備した実戦部隊となった。

昭和19年4月、三八一空は甲戦（制空戦闘機）部隊の戦闘第三一一飛行隊、乙戦（局地戦闘機）部隊の戦闘第六〇二飛行隊、丙戦（夜間戦闘機）部隊の戦闘第九〇二飛行隊の3個飛行隊編制に改編。19年2月にバリクパパン付近に進出した三八一空は、油田から産出される豊富な燃料を用いて順調に訓練を行い、錬度を高めていった。

三八一空で雷電を装備していたのは戦闘六〇二であったが、昭和19年9月時点で、装備機の70機程度は零戦、雷電は10機前後だった。

そして昭和19年9月、バリクパパンに米陸軍機100機以上の大編隊が襲来、三八一空は三三一空とともに全力で迎撃を開始。雷電も数は少ないながらその真価を発揮する時が来た。9月30日、服部敬七郎中尉に率いられた戦闘六〇二の数機の雷電隊は、4000mの中高度で米襲するB-24編隊を迎撃し、1機の撃墜を記録。

続く10月4日、10日、14日も米陸軍機の大編隊による空襲が行われた。10日、14日はP-38やP-47など護衛戦闘機が随伴したため苦戦したものの、日本側は9月30日、10月4日、10日、14日合計で80数機の撃墜を記録しており、雷電の戦果も相当数あると思われる。米軍側もB-24×19機、P-47あるいはP-38を6機喪失したことを記録している。雷電隊は一連の迎撃戦で損害はなく、雷電の迎撃機としての素質の良さが証明されることになった。

バリクパパン防空戦

第三八一航空隊 昭和19年9月〜10月

B-24と交戦する三八一空
戦闘六〇二の雷電二一型
画／吉原幹也

関東上空迎撃戦
第三〇二航空隊
昭和19年11月～20年4月

海軍は昭和19年3月1日、本土防空専門の航空隊として第三〇二航空隊を編成、神奈川県横須賀市の追浜基地で開隊した。局戦48機と夜戦24機を定数としたが、当初は機材もなく、さらに搭乗員に戦闘機出身者も少ないという寂しい門出であった。だが、基幹搭乗員には赤松貞明少尉、磯崎千利少尉ら歴戦のベテランも揃っており、若年搭乗員への教育を行った。

三〇二空は5月に本部を厚木に移し、来たるべき超重爆への迎撃に向け、司令の小園安名大佐のもと猛訓練を行う。装備機も当初は零戦が多かったが、7月初めには48機の雷電を装備し、雷電は押しも押されもせぬ三〇二空の主力戦闘機となっていた。なお便宜上、局戦隊は第一飛行隊、夜戦隊は第二飛行隊と呼ばれた。

そして11月1日、B-29の写真偵察型F-13が関東上空に侵入。第一飛行隊の雷電11機が緊急出動したが、高高度を行くF-13には到達できない。続く11月24日からB-29の本格的な関東空襲が開始され、三〇二空の雷電はのべ48機が出撃したが、ほとんど接敵の機会が得られなかった。だが12月3日の空襲の際には、雷電のべ24機（三〇二空全体では各種戦闘機74機）が出撃し、B-29×3機（三〇二空全体では9機）の撃墜を記録。雷電は1機が故障により不時着水、1機が大破する損害を受けたが、おおむね勝利と言って良いだろう。

年が明けた昭和20年1月、2月には雷電隊は数機のB-29撃墜を記録。雷電はB-29に対しもっとも有効な海軍昼間戦闘機であったが、航続距離の短さと数の少なさから、期待されたほどの大戦果は残していない。4月からはB-29にP-51Dが護衛につくようになり、苦戦を強いられるようになっている。また4月下旬からは三〇二空の戦闘機の半数が九州南部に展開し、B-29数機を撃墜。そしてその後は本土決戦に備えて機材を温存することが多くなり、8月の終戦を迎えた。

港湾上空でB-29を迎撃する三〇二空第一飛行隊第二分隊長・伊藤進大尉の雷電二一型
画／福村一章

P-51迎撃戦
第三〇二航空隊
昭和20年6月23日

昭和20年3月に硫黄島が陥落したため、4月からは硫黄島から米陸軍のP-51D戦闘機が発進し、本土空襲を行うB-29の護衛につくようになった。雷電は零戦など他の日本戦闘機に比べると格闘性能に乏しいため対戦闘機戦闘には向かないとされており、P-51との戦いではやはり苦戦することが多かった。

だが第三〇二航空隊の名物男である〝エースの中のエース〟赤松貞明中尉は、旋回性能には欠けるが上昇力、急降下能力に長ける雷電にほれ込み、雷電を用いての対戦闘機戦闘を研究していた。そして昭和20年4月（あるいは5月）、山川光保一飛曹を列機に従えた赤松中尉の雷電はP-51Dを見事撃墜して帰還し、雷電でもP-51に対抗できることを証明した。

さらに昭和20年6月23日、小田原上空を低空で飛ぶ2機のP-51Dを発見した赤松中尉の雷電は、上方から旋回しつつ敵編隊に接近し、列機の河井繁次飛曹長はその上空で援護に回った。雷電に気付いたP-51は、上昇しようにも河井飛曹長の雷電に頭を押さえられ、さりとて直線で逃げようとしても加速力の良い赤松中尉の雷電に追われる、という「すり鉢の底」の状況に陥る。そして赤松中尉は上昇と下降を繰り返してP-51を追いこみ1機を撃墜。さらに逃げようとするもう1機のP-51にも追いすがって撃墜した。

もちろん全ての雷電搭乗員が赤松中尉のような練達ではなく、似たような例はほとんどない。だが、対戦闘機戦が苦手と言われた雷電といえども、戦い方によっては第二次大戦最高傑作戦闘機ともいえるP-51を翻弄することも可能だったのだ。

下方に位置するP-51Dムスタングに初撃をかけようとする赤松中尉の雷電
画／佐竹政夫

うぃ〜〜〜、俺がまっちゃんこと赤松だ！　…ヒック…

なんでも今回のミリクラじゃあ…ヒック…

俺の愛機「雷電」の特集をやるそうじゃねえかよ。

雷電のことなら100機、いや250機、いや350機撃墜のこの俺様にまかせれろ。

ピーコロでもグラマンでもドカドカ入れ食いだぜ！

…なにぃ？　俺が酒を飲んでるだと？　俺は…飲んでないろ！

その証拠に俺の顔は…ヒック…全然赤くないらろ?!

じゃあ俺が雷電のことを紹介しちゃうからよ、4649！

風防…試作機の時は空気の抵抗を小さくするためにすごく低い風防にしたのだが、「これじゃ前が見えにくくて離着陸のとき危ないだろ！」と海軍に怒られた。そのためちょっと風防を高くしたが、太い胴体とも相まって、やっぱり前は見えにくかったようだ。

ヨD-1195
上昇力…雷電は6,000mまで5分50秒という、レシプロエンジン戦闘機では最高レベルの上昇力をほこる。これに匹敵するのは、イギリス空軍のグリフォンエンジンのスピットファイアや、日本陸軍の二式単座戦闘機、イタリア軍のMC.202やG.55くらいだ。

胴体…大きな火星エンジンの空気抵抗を小さくするため、エンジンを機首よりうしろに下げたところにおき、胴体の真ん中をいちばん太くして機首をしぼり込んだ（※）。そのため日本の戦闘機にはあまり見られない、でっぷりとしたシルエットになった。

赤松貞明中尉
「雷電はイイ戦闘機だなぁ〜！　もちっと燃料が積めればもっといいよな！」雷電で難敵P-51を撃墜したスーパーエース、赤松中尉も高速一撃離脱に特化した雷電の良さを倍プッシュだ！

（※）でも本当は胴体の真ん中を太くしても機首を太くしてもあんまり空気抵抗に違いはなかったようです。堀越ェ…

これがB-29キラーの局地戦闘機

「雷電」だ!

B-29…雷電の主敵だったのがこのB-29だ。防御力が高く、機関銃も多く、足が速く、高い高度での性能もいいという、インチキのような4発超重爆撃機。でもアメリカ軍はB-29に対してもっとも有効な日本の単発戦闘機は雷電だった、といっているのだ。

エンジン…三菱製の「火星」二三甲型という空冷エンジン。空冷エンジンとは、エンジンの熱を空気で冷やすエンジンのことだ。1,800馬力と出力は大きかったが、体の小さな戦闘機用ではなく、大きい爆撃機用のエンジンだったため直径が大きく、このエンジンを搭載するために雷電は丸っこいかたちになった。

20mm機銃…パンチ力のある20mm機銃を主翼の中に4挺も装備した。これの一斉射撃なら、さすがのB-29にも大きなダメージを与えることができたぞ。

え/上田信

図版／田村紀雄

局地戦闘機 雷電 実戦塗装図集

雷電の基本的な塗装パターンとしては、上面濃緑色／下面灰色の１種類しか存在しないが、部隊や搭乗員によっては特徴的なマーキングを施した例も多い。ここではその一例をカラー図版で紹介していこう。

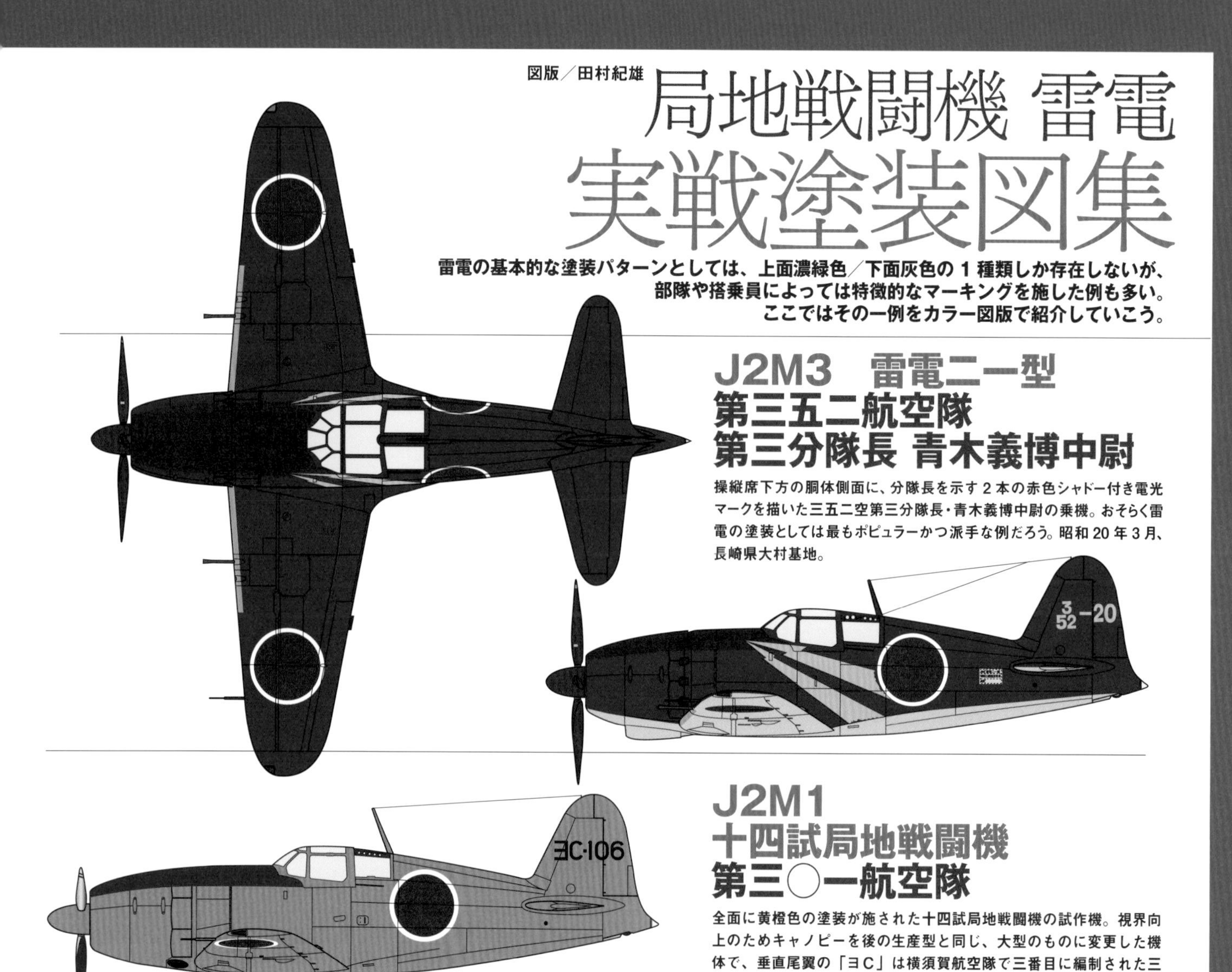

J2M3 雷電二一型 第三五二航空隊 第三分隊長 青木義博中尉

操縦席下方の胴体側面に、分隊長を示す２本の赤色シャドー付き電光マークを描いた三五二空第三分隊長・青木義博中尉の乗機。おそらく雷電の塗装としては最もポピュラーかつ派手な例だろう。昭和20年３月、長崎県大村基地。

J2M1 十四試局地戦闘機 第三〇一航空隊

全面に黄橙色の塗装が施された十四試局地戦闘機の試作機。視界向上のためキャノピーを後の生産型と同じ、大型のものに変更した機体で、垂直尾翼の「ヨC」は横須賀航空隊で三番目に編制された三〇一空を示す。昭和18年10月、神奈川県追浜基地。

J2M2 雷電一一型 第三三二航空隊

第三三二航空隊所属の雷電一一型。スピナーまで胴体上面と同じ濃緑色で塗られているのが特徴的である。また、三三二空や中支空など一部の部隊では、主翼上面と胴体側面の日の丸に白縁は描かれなかった。昭和19年秋、山口県岩国基地。

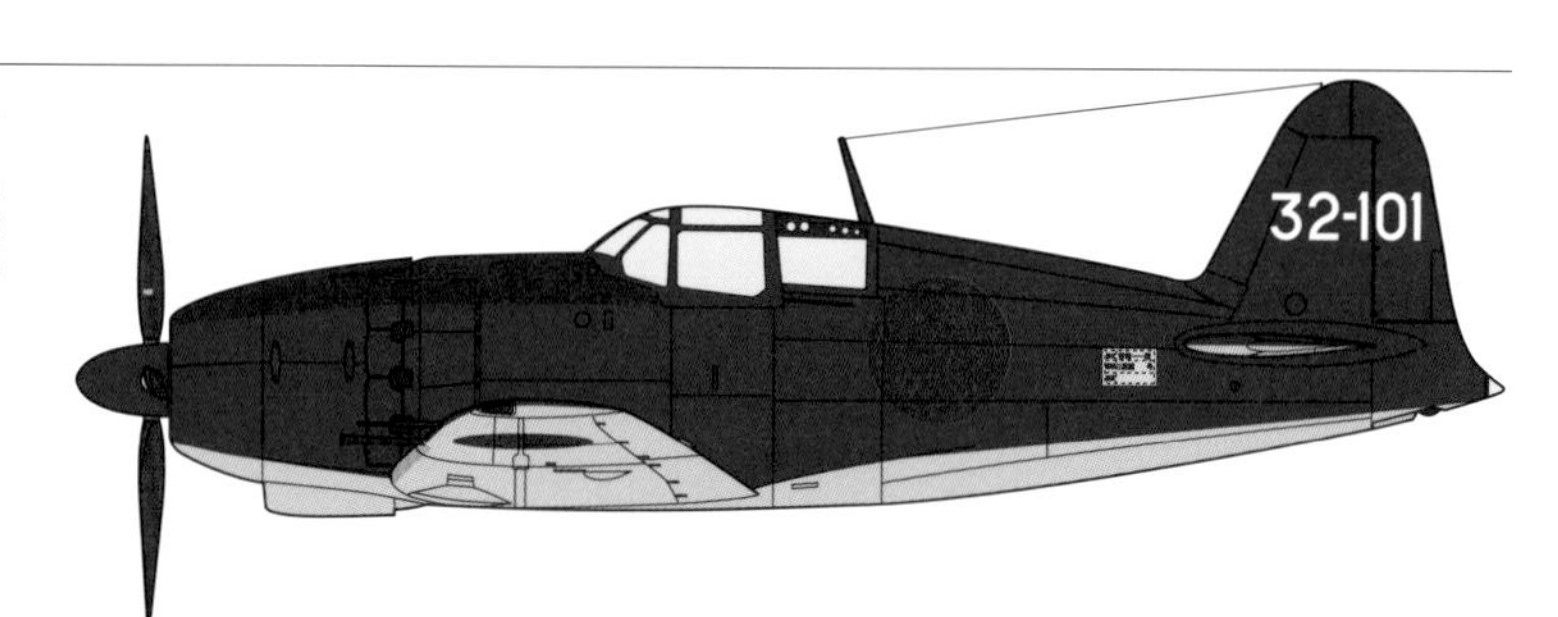

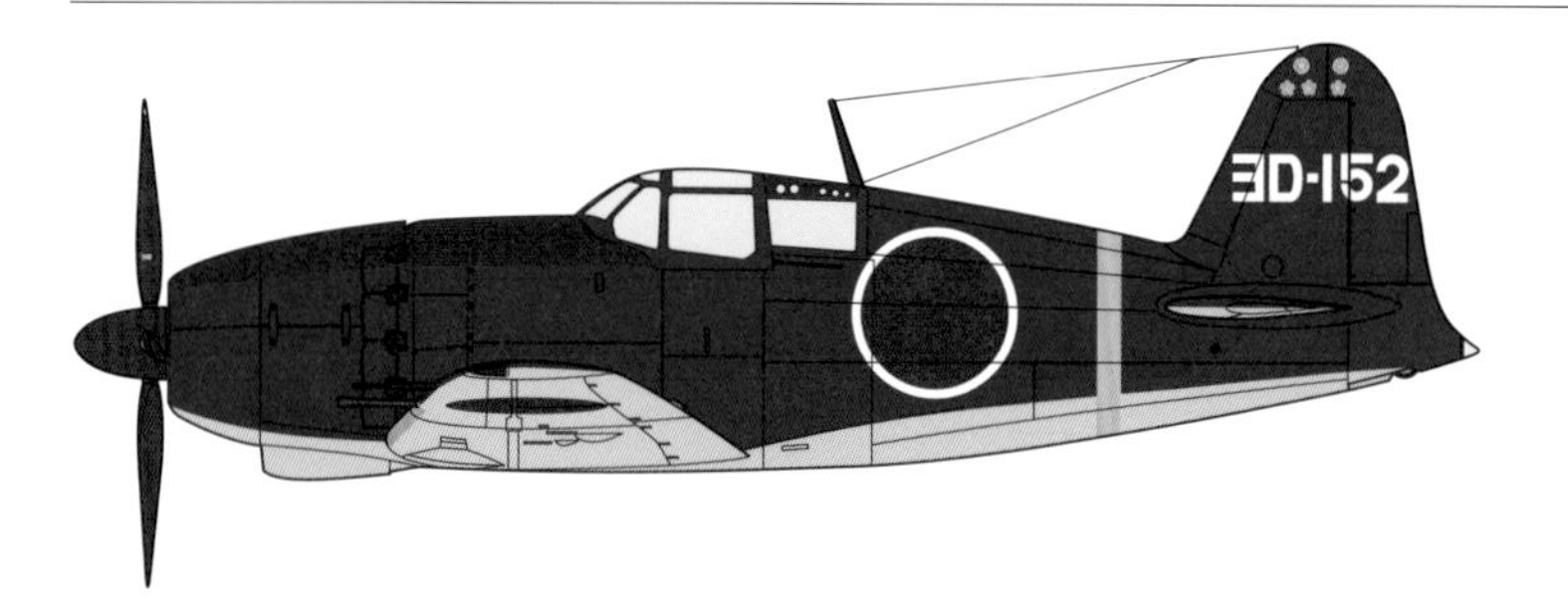

J2M3 雷電二一型 第三〇二航空隊 第二分隊長 伊藤進大尉

三〇二空の第二分隊長・伊藤進大尉搭乗の雷電二一型。胴体後部、黄色の縦帯は長機標識で、この機の場合は分隊長を示すものと思われる。垂直尾翼上部の撃墜マークは、上段の八重桜が撃墜、下段の一重桜が撃破を表している。昭和20年４月、神奈川県厚木基地。

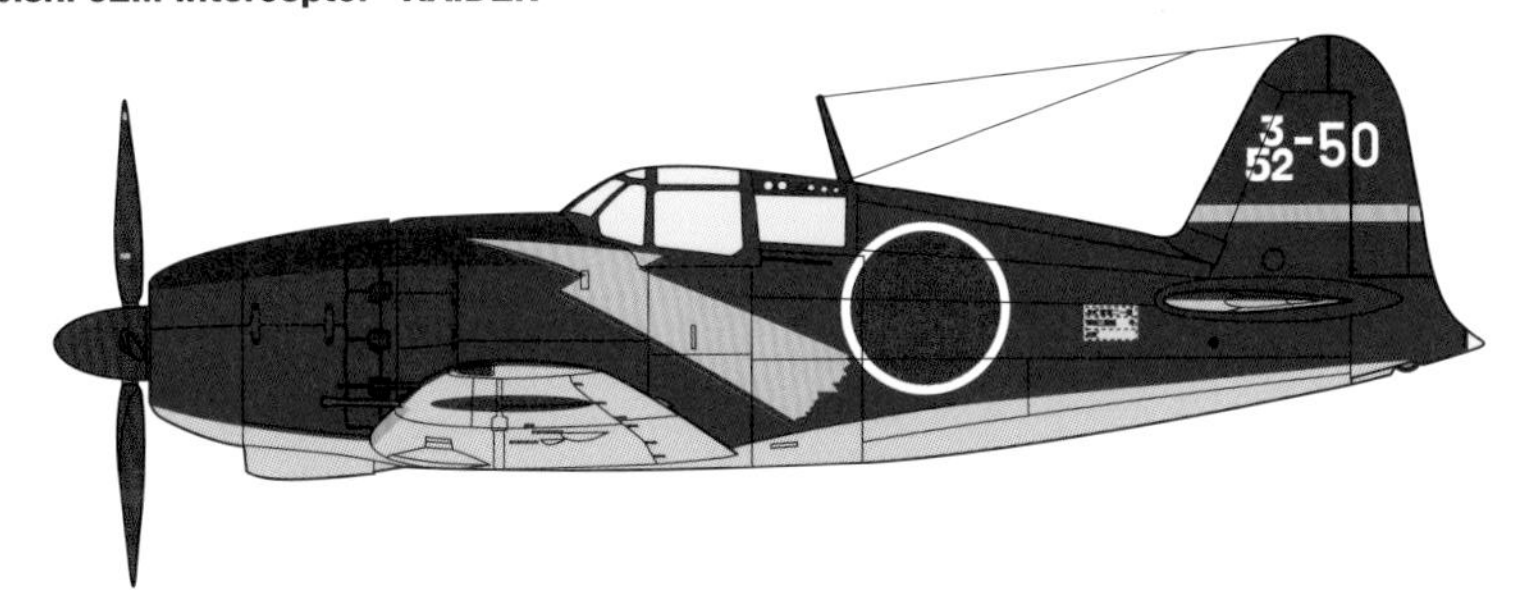

J2M3　雷電二一型
第三五二航空隊

前掲の青木中尉機と同じ三五二空所属の雷電二一型だが、こちらは小隊長機のため電光マークは1本となっている。部隊符号「352」を三角状に配置したマーキングも他の部隊では例をみない。昭和19年末、長崎県大村基地。

J2M3　雷電二一型
（斜め銃装備機）
第三〇二航空隊

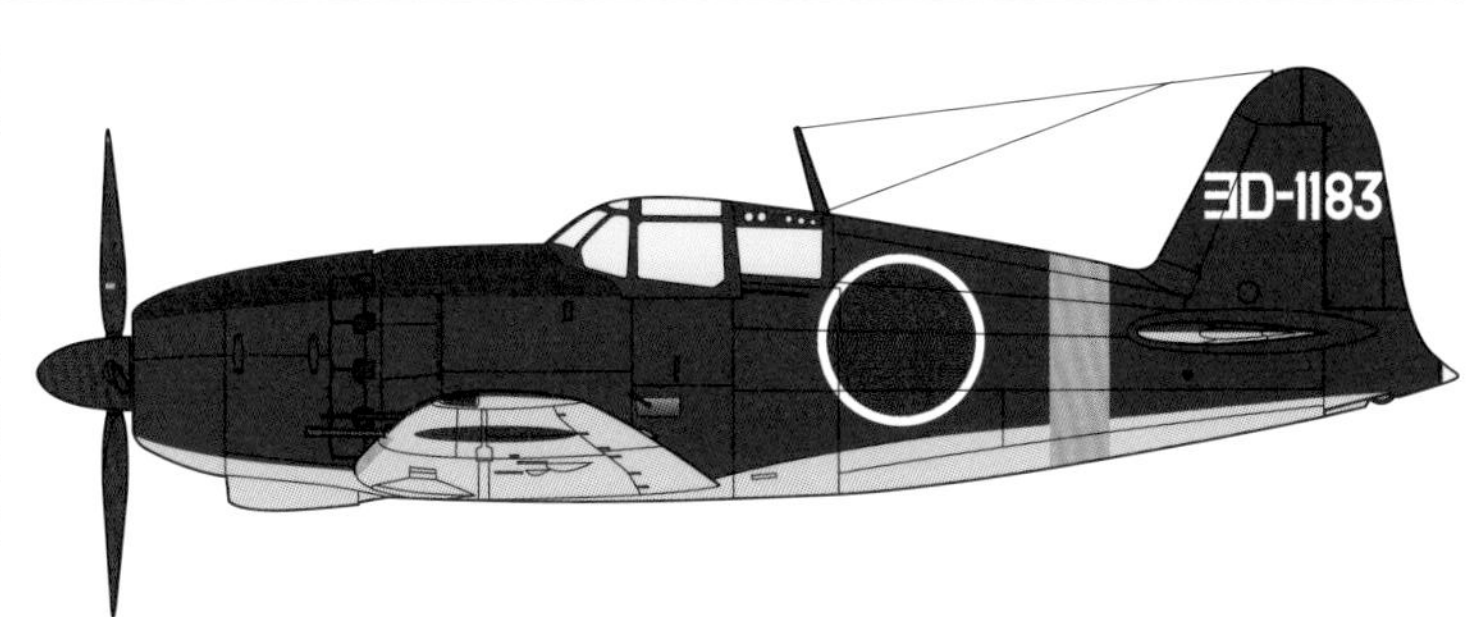

三〇二空司令・小園安名中佐の発案により、操縦席下部の胴体左側面に斜め銃を装備した雷電二一型。胴体後部の黄色の縦帯は長機標識と思われるが、他の機体と比べて幅が広いものになっている。昭和19年10月、神奈川県厚木基地。

J2M6　雷電三一型
第二五六航空隊

上海周辺のシーレーン防衛のために編成された二五六空の雷電三一型。同隊は「雷部隊」を自称しており、垂直尾翼上部の部隊符号もそのニックネームにちなんだ「雷」となっている。昭和19年末、上海龍華基地。

J2M4　雷電三二型
第三〇二航空隊

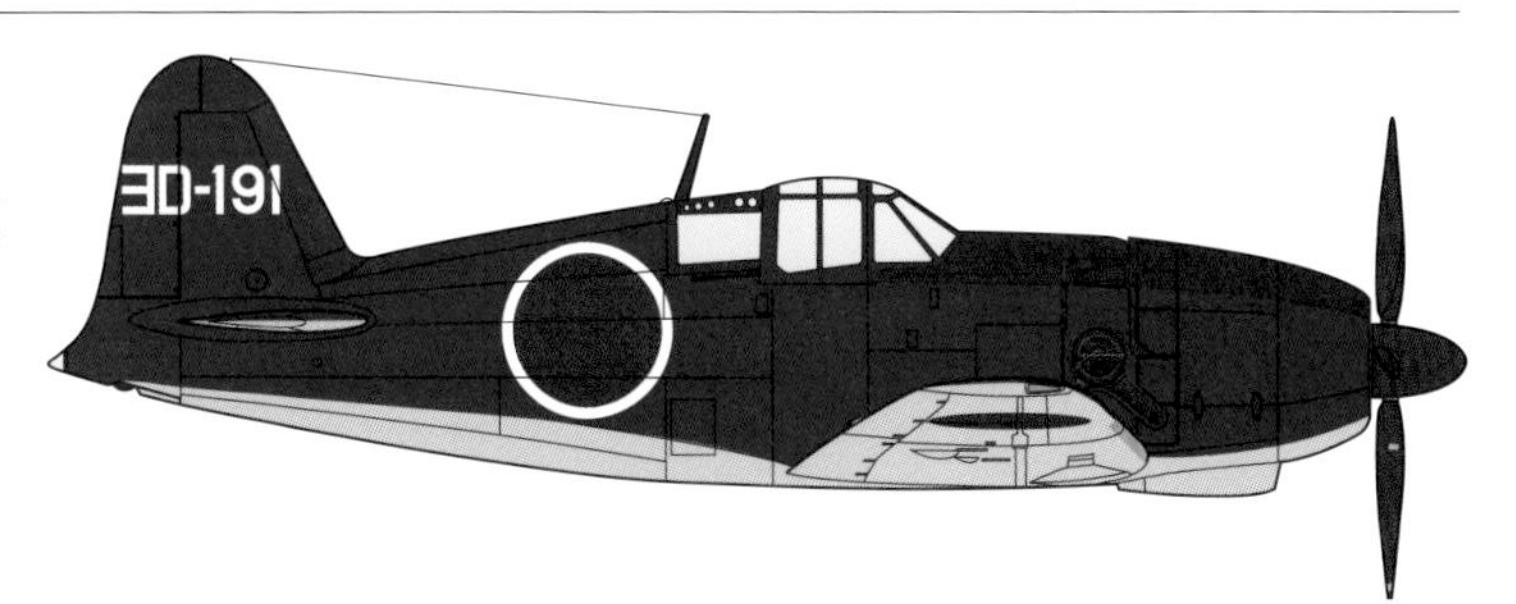

空技廠によって三一型から改造された、三〇二空所属の雷電三二型。機首右側面に排気タービン過給器を装備しているほか、主翼付根フィレットが大型化されている。昭和20年春、神奈川県厚木基地。

J2M5　雷電三三型
中支航空隊

中支空所属の雷電三三型。同隊は元々、前述の二五六空から、九五一空の上海分遣隊を経て、昭和20年2月に中支航空隊として新編された。垂直尾翼の部隊符号は隊名の頭文字からとった「中」。昭和20年夏、上海戊基地。

局地戦闘機「雷電」のメカニック

文・図版・写真／野原茂

対爆撃機用の迎撃機という位置づけから、日本陸海軍単発戦闘機の中ではトップクラスの速力と上昇力、重武装を兼ね備えていた「雷電」。ここでは「雷電」の機体各部を解説するとともに、メカニズム的視点からその強さ、弱点についても迫ってみよう。

発動機

卓絶した上昇力を生む大型機用の心臓

雷電に限ったことではないが、新型機の試作を受注できた設計陣が、その搭載発動機を選択するにあたり、現時点で実用化している、あるいは近い将来に実用化の目途がついている最大出力のものを対象にするのは当然である。

雷電の場合は、従来の日本海軍には存在しなかった、陸上基地での運用を前提にした速度、上昇性能を最優先する局地戦闘機という新しい機種だっただけに、何にも増して出力の大きさが求められた。

しかし、正式に試作受注した昭和15（１９４０）年4月当時、海軍側が要求する３２５kt（６０１・９㎞／h）以上の最大速度と、高度６０００mまでの上昇時間5分30秒以内を実現するのに必要な１５００hp級以上の発動機は、同じ三菱の発動機部門が生産中の「火星」一〇型系しかなかった。

同発動機は、三菱製空冷星型複列14気筒発動機として最初の成功作となった「金星」シリーズをベースに、気筒（シリンダー）の内径を10㎜、ピストン行程を20㎜大きくしたものといってよく、離昇出力は１４３０hpだった。ただし、「火星」シリーズは主に双発以上の大型機用として設計されたので、直径が１３４０㎜もあり、当時の日本陸海軍単発戦闘機の設計概念からすると大きすぎた。

このため設計主務者の堀越二郎技師は、なんとか空気抵抗を小さく抑えようとして、後述するように胴体設計に非常な腐心をし、結果的に操縦室からの視界不良を招いて、搭乗員たちから不評を買うことになった。とはいえ、雷電の性能は「火星」なくして実現不可能であったから他に選択肢はなく、堀越技師ならずとも、諸々のリスクは甘んじて許容せねばならなかったことは確かである。

雷電が搭載した「火星」は、カウリングを先細りにするためプロペラ軸が長く、前面開口部が小さいことからくる冷却空気不足を補うための強制冷却ファンを付けた特殊なタイプである。

試作機の十四試局地戦闘機は、「火星」一三型と住友／VDM恒速3翅プロペラ（直径3・2m）の組み合わせだったが、出力不足とプロペラの不具合も重なって性能は振るわず、生産型のJ2M2（雷電一一型）では、水メタノール液噴射装置を併用するなどして離昇出力を１８２０hpに高めた「火星」二三甲型に更新された。この際、プロペラも同じ住友／VDMだが4翅タイプ（直径3・3m）に変更された。なお、同発動機は燃料供給を気筒内に直接噴射する方式に改め、強制冷却ファンを直結式から増速式に変更、減速比も0・684から0・5に下げるなど、細かい部分の改良もかなり施されている。

しかし、「火星」二三甲型は出力もアップした代わりに新たに振動問題を引き起こし、三菱設計陣はこの対策に振り回され、雷電の実用化は大きく遅れるはめになった。

この振動問題は「火星」に限らず、１８００hp以上の大出力発動機には必ず起こり得るもので、アメリカの代表的２０００hp級エンジンであるP&W R-２８００などは、

三菱「火星」二三甲型発動機。プロペラ軸先端の後ろにある羽根のついた円盤状の部品が強制冷却ファン

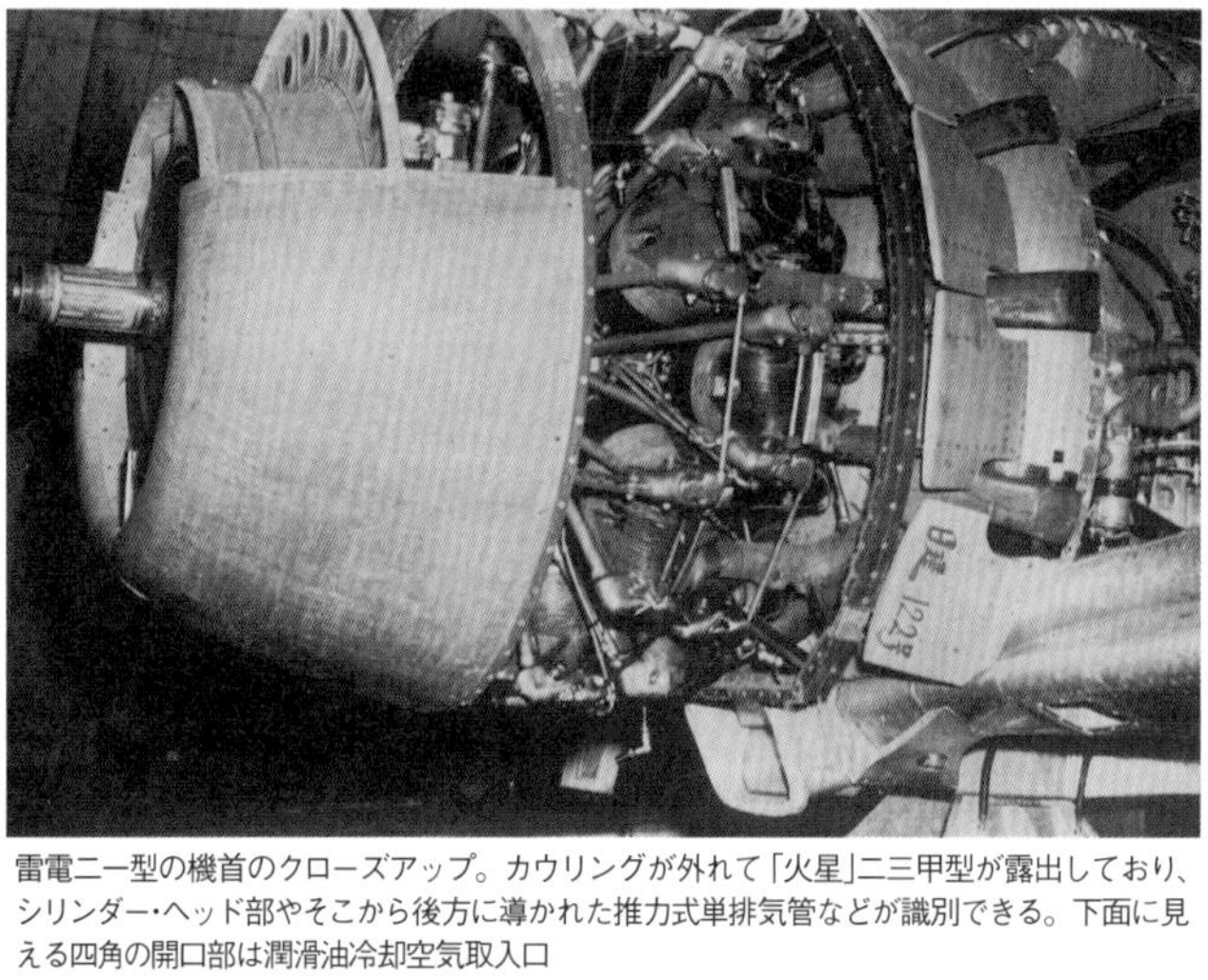

雷電二一型の機首のクローズアップ。カウリングが外れて「火星」二三甲型が露出しており、シリンダー・ヘッド部やそこから後方に導かれた推力式単排気管などが識別できる。下面に見える四角の開口部は潤滑油冷却空気取入口

前後列シリンダーのマスター・ロッド（主接合棒）の位置を隣り合わせ（360度の5／18位置）とし、なおかつクランク軸両端に2倍の速さで逆回転するマス・バランス（平衡重錘）を取り付けて振動を抑えていた。だが、三菱に限らず当時の日本の発動機設計技術者には、このような対処法は思いつかなかった。

三菱は、発動機取付架の防振ゴムの改良、さらには効率低下を忍んでプロペラ・ブレード付根の肉厚と幅を増すなど必死の改善策を施したが、前述したような発動機本体に起因する問題なので、根本的には解決しなかった。

この「火星」二三甲型を、排気タービン過給器併用に合わせて仕様変更したのが「火星」二三乙型である。しかし、J2M4雷電三二型として試作された排気タービン過給器装備機も、結局はそれ自体の品質不良で効果が出ず、不採用となった。

不調の排気タービン過給器に頼らず、「火星」二三甲型の過給器自体を少し大きくして全開高度を高め、高度7200mにおける第二速状態で1310hpを維持できるようにしたのが、「火星」二六甲型である（離昇出力は1820hpで変わらない）。

この「火星」二六甲型を搭載したJ2M5雷電三三型が、雷電の最後の量産型になったわけだが、敗戦2カ月前の昭和20年6月からの完成では、その効果の程を示す機会もなかった。

空気抵抗減をねらった特異な紡錘形 胴体

前述したように、雷電の機体設計にあたって堀越技師が最も腐心したのが胴体形状であった。直径の大きい「火星」発動機を包むカウリングを長く且つ先細りにして、胴体断面の最も太い部分を操縦室付近にくるようにする、いわゆる〝紡錘形〟にした。

当時、日本の航空機設計技術者の間では、正面空気抵抗が大きい空冷発動機搭載戦闘機の場合、最大速度600km／h以上を実現するには、機首を出来るだけ細くする、この紡錘形の胴体が効果的という論拠が支持されていた。堀越技師も、ただでさえ直径の大きい「火星」発動機ということもあって、雷電の胴体設計をこの論拠に則って行ったのだった。

だが残念ながら、この紡錘形胴体は、戦後になって一般的形状に比べて空力上のメリットは無いことが判明した。しかし、アメリカのNACA（国家航空諮問委員会）のごとき公の研究機関が存在しなかった日本では、堀越技師の判断も止むを得なかったといえる。

雷電の住友/VDMプロペラの変遷

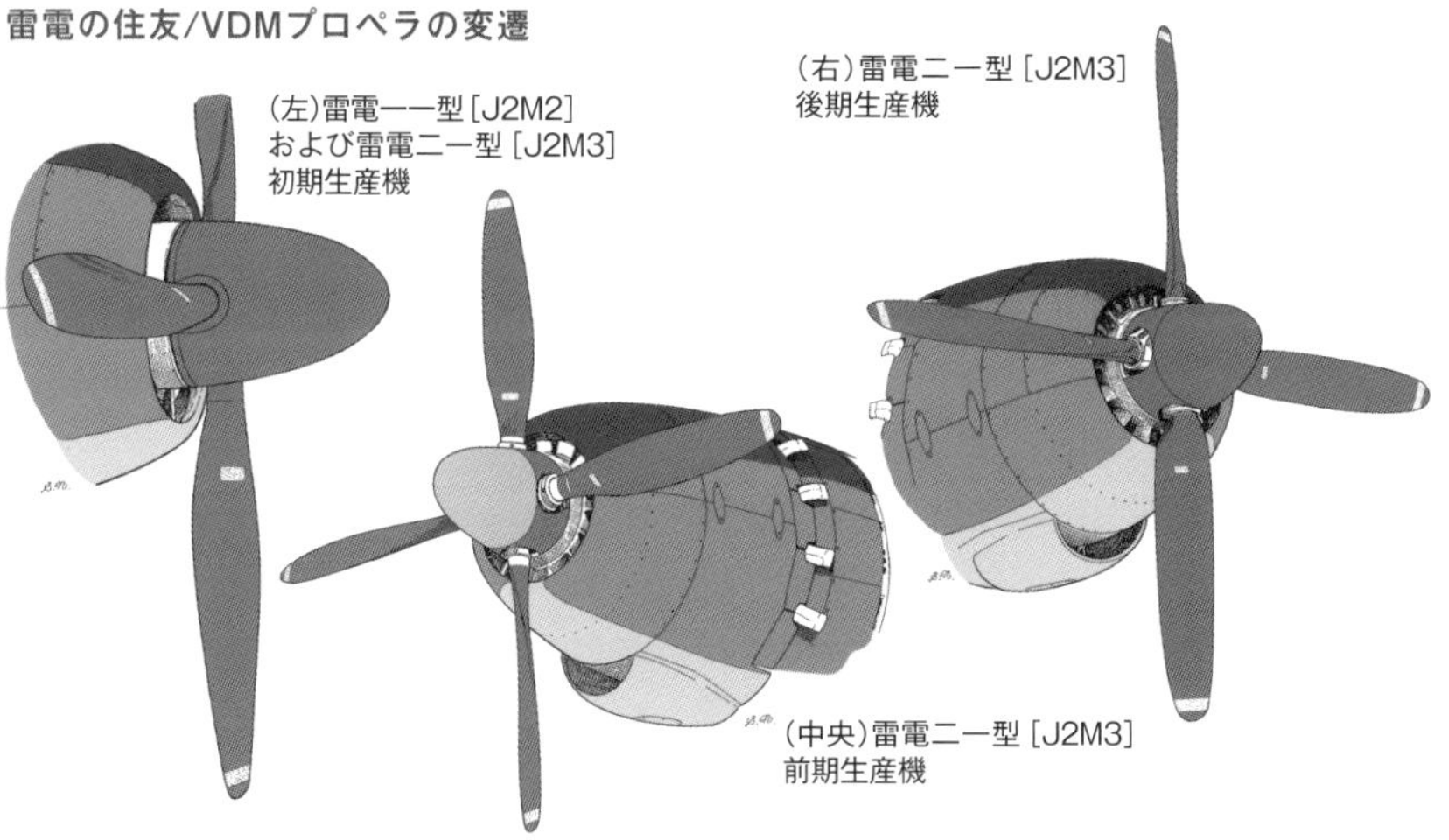

(左)雷電一一型[J2M2]
および雷電二一型[J2M3]
初期生産機

(中央)雷電二一型[J2M3]
前期生産機

(右)雷電二一型[J2M3]
後期生産機

雷電三二型[J2M3](空技廠製)の排気タービン過給機

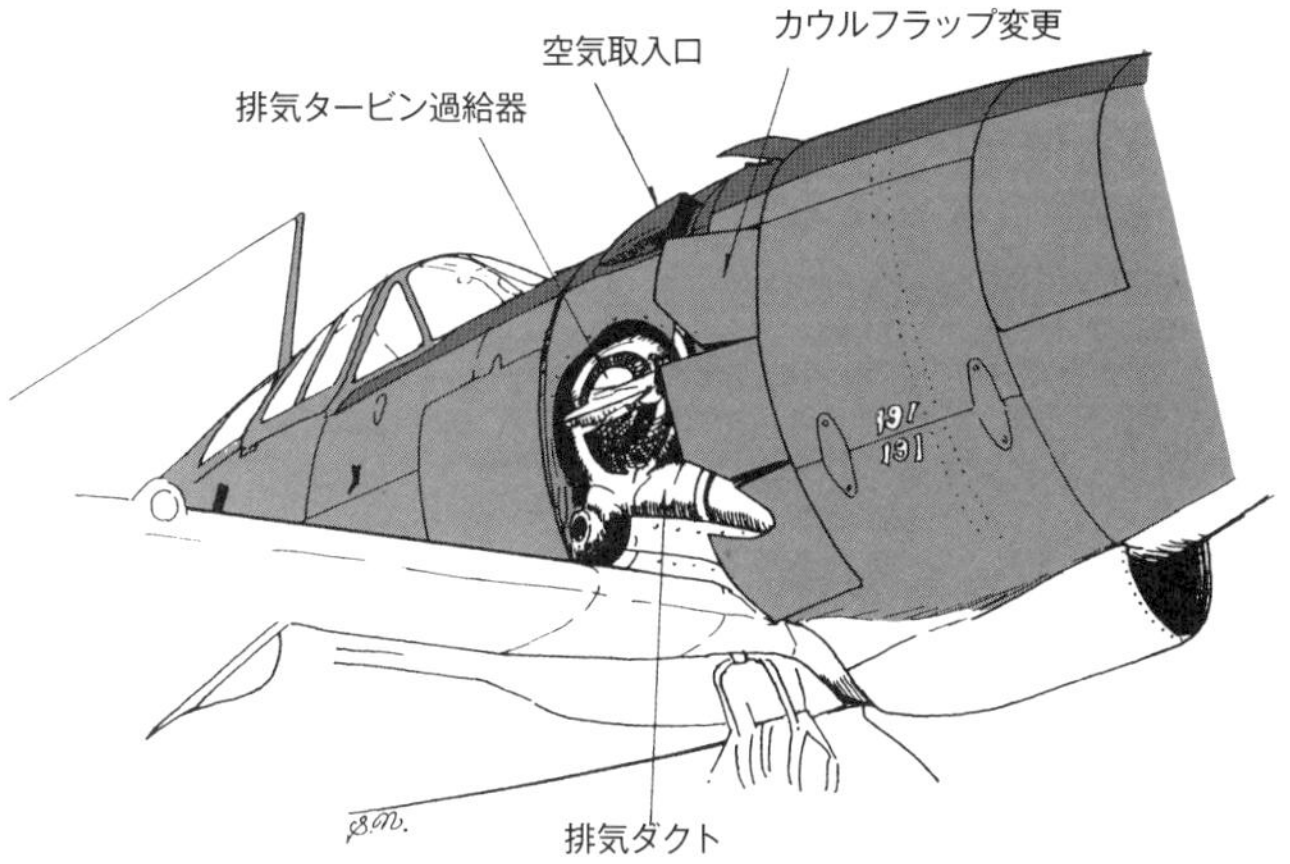

排気タービン過給器
空気取入口
カウルフラップ変更
排気ダクト

雷電一一型[J2M2]胴体構造図

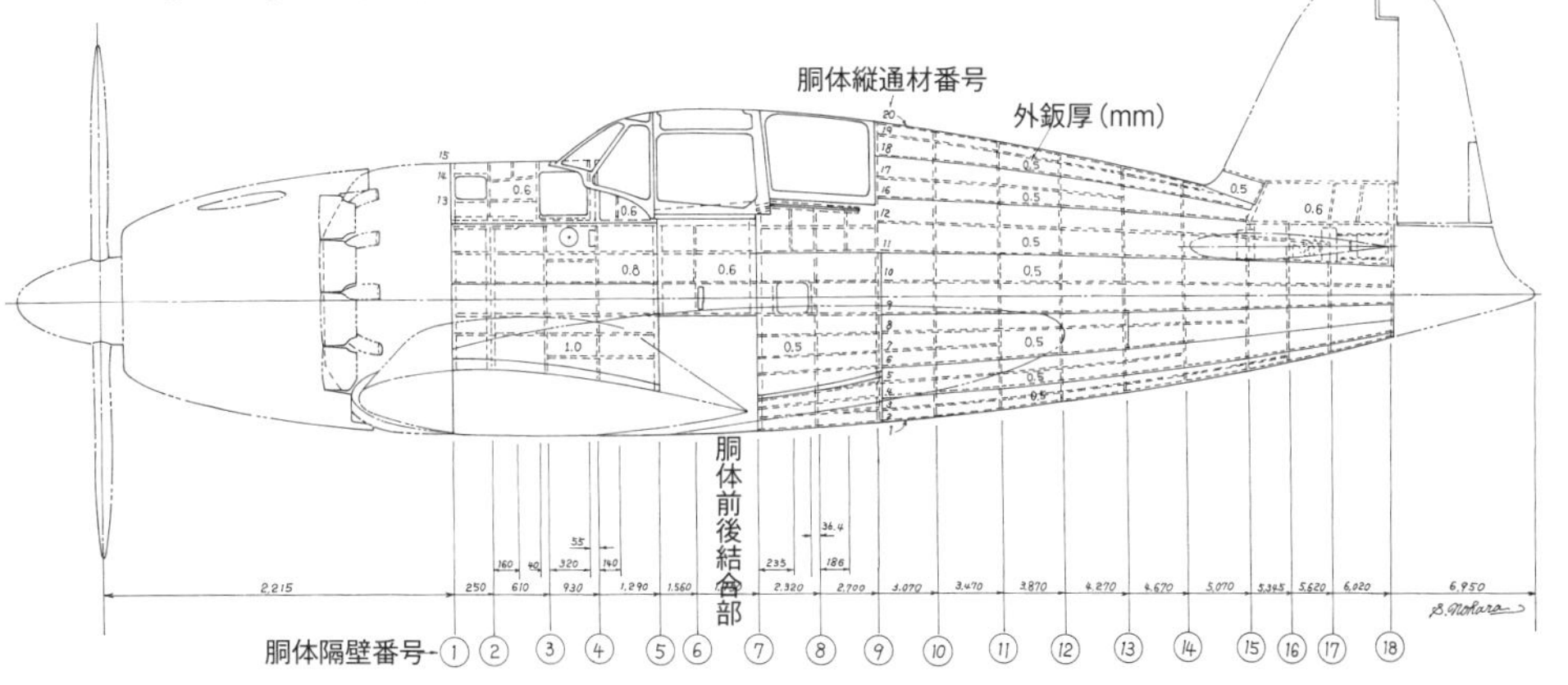

胴体縦通材番号
外鈑厚(mm)
胴体前後結合部
胴体隔壁番号

雷電二一型の組み立て中の前部胴体を右後方からとらえた写真。この切断部が第7番隔壁で、前部／後部胴体の接合部にあたる。左右幅が1.5mになる太い断面と、一体造りの主翼付け根にかけて大きく張り出たフィレットがよく判る

　結果的にリスクばかりが目立ってしまった胴体だが、骨組み構造などは当時の一般的な半張殻（セミ・モノコック）式で、零戦のそれと基本的には変わらない。骨組みは、防火壁および発動機取付架の固定部を兼ねる第1～18番までの隔壁（フレーム）に、第1～3番までの間の独立した3本を含め、計20本の縦通材を通して形成している。零戦と同じく、第7番隔壁部分で前後に分割でき、前部は主翼と一体造りになっていた。後部も垂直安定板が一体造りになっている点も零戦と同様である。第4～7隔壁間が操縦室区画であった。

　ちなみに、側面形で最も太い部分は、風防天井までも含めた第6番隔壁位置で、204cmもある。また、平面形で最も太いのは、第2番隔壁位置の約150cm。零戦の平面形最大幅は約108cm、双発の九六式陸攻でさえ約157cmだったから、雷電の胴体がいかに太かったかが判ろうというものだ。

　なお、胴体外鈑の厚みは零戦と同じで、主翼付根部が1mm、他の前部胴体が0・8mm、後部胴体の大部分を0・5mmとした。むろん、これらを骨組みに固定するのに使う鋲（リベット）は沈頭鋲である。

主翼
速度性能を重視した高翼面荷重のテーパー翼

　雷電は局戦という性格上、速度性能と上昇性能を第一義としたため、零戦のような軽快な運動性は求められなかった。したがって、主翼の翼面荷重は零戦二一型の107kg／㎡に比べて143kg／㎡ときわめて高い値だった。それでも、似たような性格で開発された陸軍の中島キ44（のちの二式単戦「鍾馗」）の約170kg／㎡に比べれば、かなり低い値ではある。

　主翼は全幅10・8m、面積20・5㎡の、総重量（J2M1で約2861kg）の割に小さなものを組み合わせた。構造は一般的な応力外皮単桁式で、その主桁は、零戦と同様の超々ジュラルミンの押出型材（ESDT）、および板材（ESDC）を用い、他の肋材（リブ）、縦通材、外鈑には一般的な超ジュラルミン材（SDCR、およびSDCH）を用いた。

　この主翼の平面形は、零戦とほぼ同じ翼端が円弧状の直線テーパー翼としたが、断面形については、付根部分を層流翼形（※）に近いものにしていた点が大きな違い。これは言うまでもなく、速度性能向上に供するためであったが、実際の効果はなかったらしい。なお、九六式艦戦で先鞭をつけた〝堀越ブランド〟の三菱製戦闘機の定番ともいえる翼前縁の捩り下げは、雷電にもしっかり継承されていた。

　肋材は1～23番まであり、主桁の前方第7番までが主脚、7～8番間が20mm機銃（J2M3以降は7～10番間）、主桁の後方2・5～6番間が翼内燃料タンクの収容スペースにそれぞれ充てられていた。23番より外側は翼端部品として、主翼本体とは別造りになっており、組立時にボルトおよび鋲留めナットにより本体に結合された。

　補助翼はフリーズ式で、ジュラルミン材の13本の肋材と、前縁部に箱形桁を有する骨組みに羽布張り外皮という構造だった。3箇所の蝶番金具で主翼本体の後方に取り付けられた。この蝶番部の内部に、操舵をスムーズにするための平衡重錘（マス・バランス）が組み込まれ、後縁には

雷電二一型［J2M3］主翼骨組図

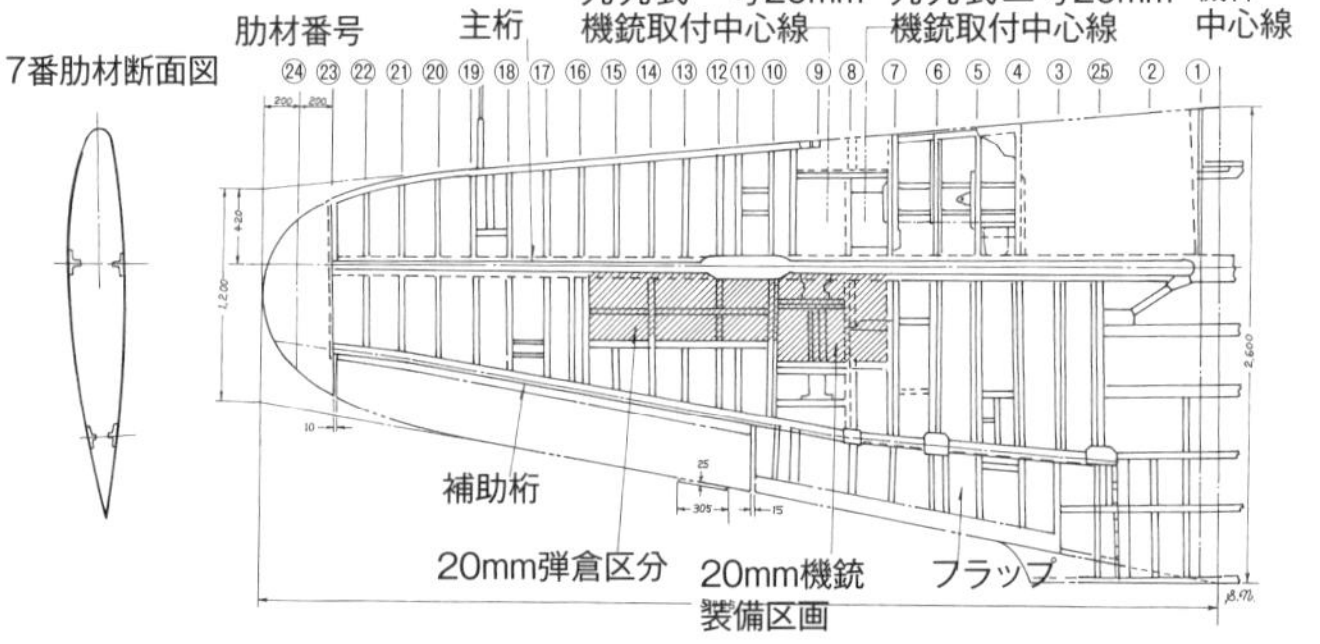

フラップ操作系統図
※十四試局戦の第3号機以降

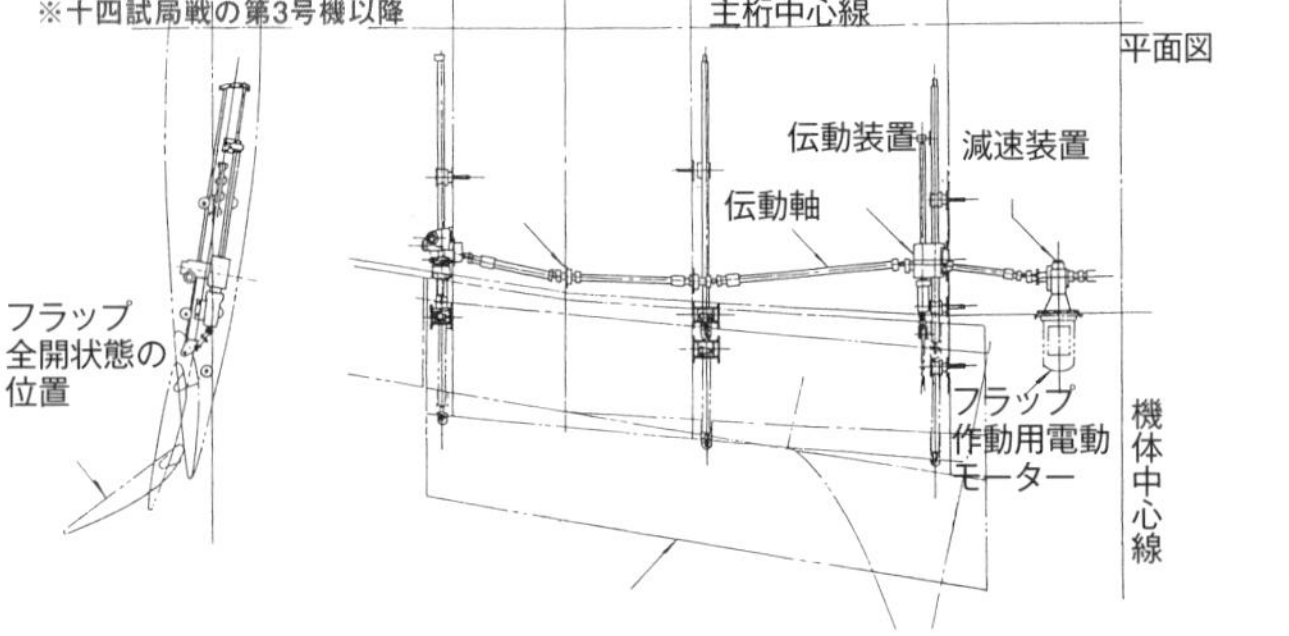

十四試局戦の右主翼後縁のクローズアップ。内側が全開状態のファウラー式フラップで、外側が補助翼。なお、十四試局戦は雷電一一型以降より補助翼の幅が長く、そのぶんフラップの幅が50cm短かった

※一般的な翼型に比べて、翼断面の最大厚部分が弦長の中央付近にあり、後方の絞り込みをきつくしてある翼型。空気抵抗が減じて速度が増す効果がある。

固定タブが付いている。

　運動性はともかくとして、翼面荷重が大きい雷電にとっては、離着陸時の安定を確保するために何らかの揚力向上策を考える必要があった。堀越技師がその答えとして採用したのが、ファウラー式フラップである。

　ファウラー式フラップは、零戦のスプリット式フラップのように前縁のヒンジを支点に単純に下がるのではなく、ガイド・レールに沿って後方に滑りながら下がる。これだと、下げたときに主翼後縁ラインよりフラップが後方に突き出る形となり、主翼面積が若干増加し、そのぶん翼面荷重も低くなって揚力が増すわけだ。

　フラップ自体は単桁式応力外皮構造で、試作機の十四試局戦では上面外皮が羽布張りだった。しかし、生産型のJ2M2以降では外皮はすべてジュラルミン鈑となり、左右幅も50cm増大している（そのぶん補助翼幅が狭くなった）。

　このファウラー式フラップは離着陸時だけではなく、空中戦の最中にいわゆる「空戦フラップ」としても使用できた。操縦桿頂部のハンドルとトリガーの操作により、急旋回時の失速をおさえ、旋回半径を小さくできる。

　また、作動方式を一般的な油圧ではなく、後述する降着装置と同じく電動モーター（操縦室の床下に設置）に依ったことも特筆される。三菱では、すでに3年前に試作受注した十二試陸上攻撃機（のちの一式陸攻）が日本軍用機として最初の電動モーター駆動システムを採り入れており、雷電はその2例目であった。

広さは十分だが視界不良の問題を抱えた 操縦室

　紡錘形の胴体ということもあって、雷電の操縦室付近の幅は150cmもあり、零戦を含めた当時の日本陸海軍単発戦闘機に比べると異様なくらい広い操縦室内となった。したがって、主計器板や各操作把手（レバー）、諸装置の配置も整然とした印象を受ける。

　もっとも、胴体が太いために操縦席からの前下方視界、さらにはファストバック式風防のせいで後方視界も悪く、零戦に乗り慣れた搭乗員ほど、この点だけで拒絶反応を示す者もいた。

　のちにJ2M6雷電三一型として、風防前方の機首上部を削り、風防の高さと幅を増す改修が行われたことをみても、この視界不良がいかに雷電にとって深刻な問題であったかが判る。

　風防は、前方固定部／中央可動部／後方固定部の3つのパーツから成り、前方固定部正面、同左右の5枚のガラスが10mmおよび6mm厚の半強化磨ガラス、他はすべて5mm厚のプレキシガラスという構成だった。各ガラスのフレーム部には防振ゴムが挟んであり、振動問題に苦しんだ痕跡は、こんなところにも表われていた。

　J2M3雷電二一型の生産第11号機（製造番号3011）以降は、前部固定風防の「遮風板」と称した正面ガラスの内側に、厚さ45mm（70mmという説もあり）の防弾ガラスを装備するようになった。これはB-29の防御火網が予想以上に強力であることが判明したことへの対処である。

　操縦室内正面の主計器板は、J2M2までは零戦のそれに似た計器配置だったが、J2M3以降は計器板の面積が大きくなり、各計器配置も一変した。これは機首上部に装備していた7・7mm機銃が廃止された故の措置であろう。

　座席は、試作機の段階では零戦と同じように搭乗員が装着する落下傘に合わせ、腰掛けたときに尻の下にクッション代わりとなるように対応する形だったと思われる。しかし、J2M2の生産機が完成し始めた頃には新しい背負式落下傘が採用されており、J2M3も含めた取扱説明書に

谷田部空に配備された雷電一一型の操縦室付近を左前方より見る。搭乗員との対比により操縦室内の広さがうかがえる

雷電二一型［J2M3］風防構成
プレキシガラス（5mm厚）
作動引手
中央部天蓋
後部天蓋
中央部天蓋開位置
遮風板
半強化磨ガラス（6mm厚）
プレキシガラス（5mm厚）
開閉軌条（レール）
プレキシガラス（4mm厚）

前部固定風防を真上から見る。前部正面（写真では中央上）のガラスが厚さ10mm、その左右の各2枚が厚さ6mmの半強化磨ガラスで、上面（写真では中央下）が厚さ5mmのプレキシガラスという構成だった

雷電一一型の生産第11号機以降から標準装備となった厚さ45mmの積層防弾ガラス。九八式射爆照準器は、この防弾ガラスの前に固定されている

雷電二一型の操縦室後方。肉抜き孔の開いた転覆時保護支柱の後ろに見える板が厚さ8mmの防弾鋼鈑。中央手前に見える湾曲したパイプは操縦室換気用空気出口

は、それに対応する背当て部が後方に丸く膨らんだタイプが図示されている。座席の右脇にある把手で座席の上下調整を行うようにしていたのも、零戦と同じである。

室内の左右幅が広いので、各操作把手、ハンドル、装備品の配置はすっきりしており、座席の左側壁には発動機関係操作把手筐、装備品台上には燃料タンク切換コック、修正舵操作輪、機銃安全装置スイッチなどが並んでいる。

座席の右側には、配電盤、無線機操作筐、自動消火装置操作筐といった箱ものをはじめ、床には降着装置操作把手、非常時の同操作用装置などが置かれている。

また、雷電の仮想敵は防御火網の強力な爆撃機とされていたので、風防正面内側の防弾ガラスに加え、座席背後の転覆時保護支柱に厚さ8㎜の防弾鋼板を取り付けていた。

なお、防弾装備については、昭和19年2月から生産に入ったJ2M3雷電二一型以降、胴体内の燃料タンク周囲にゴム膜を張った防漏措置が施されるようになった。欧米機に匹敵するほどとはいかないが、雷電の防弾対策は、日本戦闘機としてそれなりのものだったと言える。

後部固定風防内の台上には、J2M2の初期までは九六式空一号、それ以降は三式空一号無線電話機の送受話機が設置された。そのアンテナ空中線展張用の支柱が著しく前傾して取り付けてあるのは、垂直尾翼との間に張る空中線を少しでも長くして、送受信能力を維持するためであった。

雷電二一型[J2M3]操縦室前部詳細図

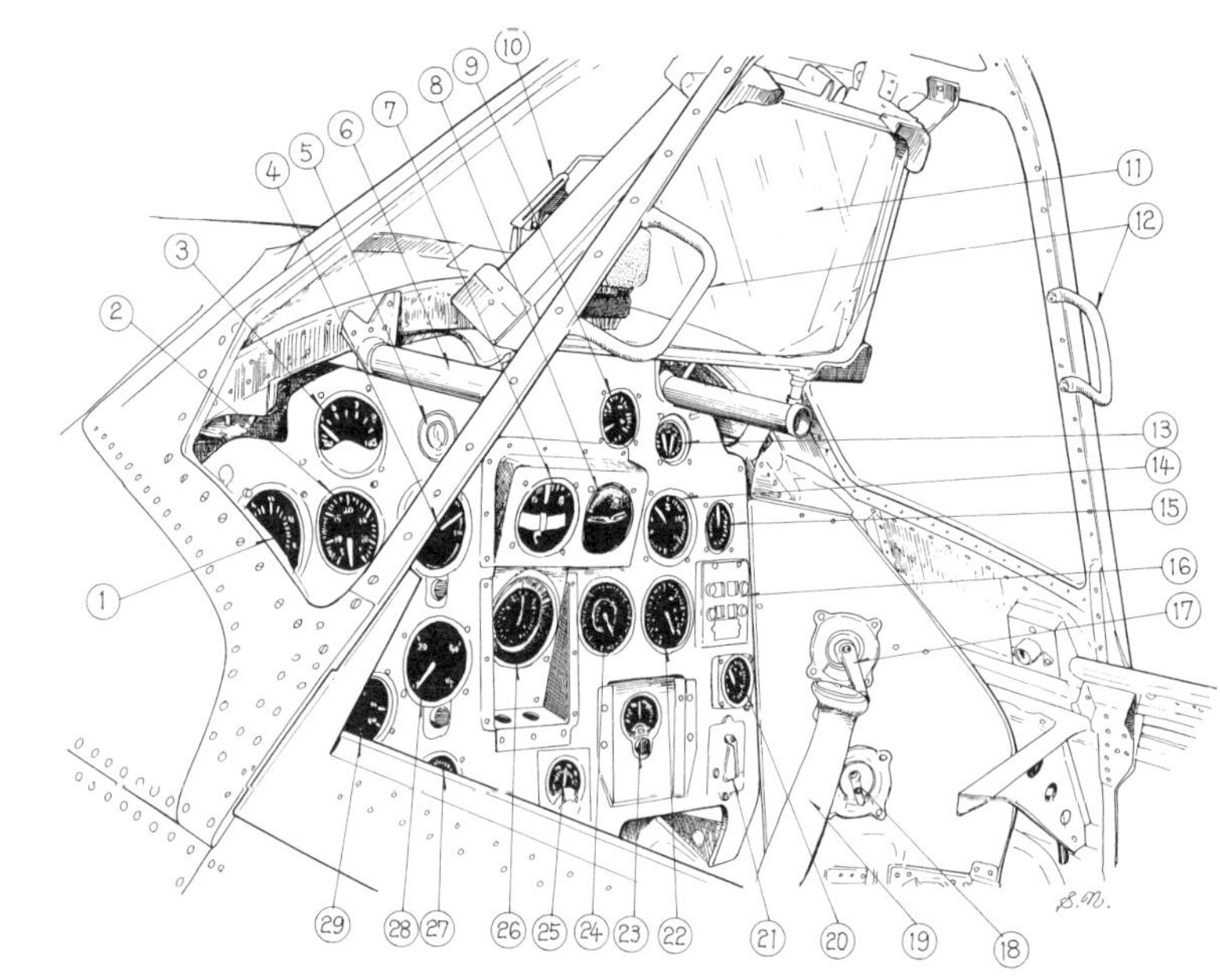

1. 排気温度計
2. 電圧回転速度計
3. 大気温度計
4. 燃料計
5. 燃料切替コック
6. 防弾ガラス取り付け架
7. 旋回計
8. 水平儀
9. 20mm二号機銃弾残量表示計
10. 九八式射爆照準器
11. 積層防弾ガラス（45mm厚）
12. 把手
13. 20mm一号機銃弾残量表示計
14. 昇降計
15. フラップ角度計
16. 脚位置表示灯
17. 筒温度調整把手
18. 潤滑油冷却シャッター操作把手
19. 操縦桿
20. 油圧計
21. フラップ操作スイッチ
22. 高度計
23. 酸素調節機
24. 速度計
25. 昇圧計
26. 九二式航空羅針儀
27. 航空時計
28. 胴体燃料タンク計
29. 油圧計

主脚構成図

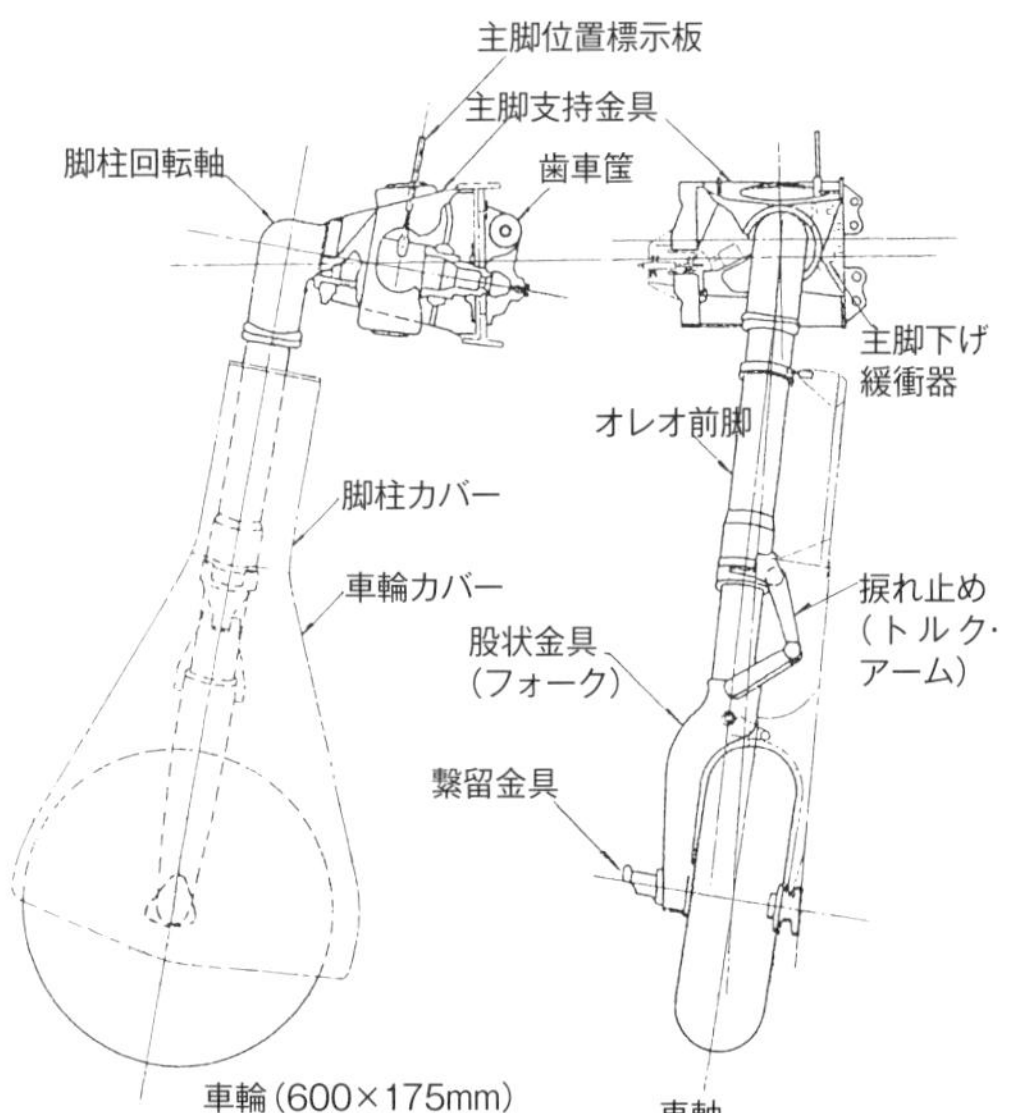

作動方式に電動モーターを採用した降着装置

主翼の項でも述べたとおり、雷電は一式陸攻に倣って、フラップ、降着装置の作動方式に当時一般的だった油圧ではなく、電動モーターを使った点が特筆される。

一式陸攻の大きく重い主脚は、その出し入れに必要な力も大きくなり、圧力漏れや圧力不均等などの欠陥に悩まされていた当時の油圧システムの現状からして、電動モーターに頼ったことも理解できる。しかし、雷電の降着装置はそれほど重くはなく、フラップも含めて電動モーターに頼った理由はいまひとつよく判らない。堀越ブランドの次作、十七試艦戦（のちの「烈風」）では油圧システムに戻っているからだ。

それはともかく、雷電の主脚はオーソドックスな内側引込式で、脚柱構造や覆の配置なども基本的には零戦と同じだった。ただし雷電は、全備重量が零戦に比べて1トン以上重いので、空気／油緩衝機

雷電二一型の左側主脚。基本的には零戦とほぼ同じ構造だが、全備重量が零戦より重いため脚柱の強度を高めてあった

構(オレオ)をもつ1本脚柱の強度は相応に高めてあり、生産性を高めるためシンプルな設計にしていた点が異なる。

　電動モーターによる作動方式は、左の併載図に示したようになっている。操縦室の床下に0・8馬力のモーターがあり、ここから歯車を介して左右の主脚、尾脚に回転軸が伸びていて、それぞれの付根にある歯車を回して上げ下げする。その回転比は1/1800で、モーターが約415回まわると主脚の回転軸が83度まわって完全な上げ(または下げ)の状態になる。上げ/下げの選択操作、すなわちモーターの回転方向の選択は、座席右側の床に設置した把手で行った。

　作動の確認は、計器板上に設置した赤(上げ)、緑(下げ)ランプの点灯状況、および左右主翼上面に突き出る指示板の出入り(主脚のそれに連動する)で行うことができた。

　空戦時の損傷あるいは故障によって電動システムが使えなくなった場合には、操縦室内右側に格納してある把手を、床の手動操作装置に嵌め込み、前後方向に約200往復すると脚下げ状態にできた。

　車輪は、零戦と同じ600×175㎜というサイズだった。ホイールのブレーキ構成なども同様で、尾脚自体も架構やソリッド・ゴム製車輪(150×75㎜)を含め、零戦のそれに倣っている。

降着装置作動系統図

手動脚下げの場合は把手を約200往復する
76.4回転
尾脚
連動回転軸
右ネジ
76.4回転
作動歯車
電動モーター(0.8hp/4,000rpm)
415回転
連動回転軸
9.22回転
連動回転軸
主脚
左ネジ
※槓桿部のカーブした矢印は回転方向を、回転数は脚下げ(または上げ)の行程における数値を示す。

射撃兵装
海軍戦闘機の中では随一の大火力を誇る

　局戦という性格上、雷電には強力な射撃兵装が望まれたのだが、試作発注にあたり海軍側から要求されたのは、7・7㎜、20㎜機銃各2挺という零戦と変わらぬものだった。

　機銃自体も、機首上部に備える7・7㎜機銃は、九七式七粍七固定機銃(携行弾数各550発)、左右主翼内に備える20㎜機銃も、九九式二号二〇粍固定機銃三型(同100発)とされ、零戦二二甲型以降のそれとまったく同じであった。

　しかし、防弾装備が強力なB-29の情報が集まるにつれ、7・7㎜機銃の実効果は疑わしくなり、J2M3以降ではこれを廃して、左右主翼内に20㎜機銃各2挺を装備することに改めた。この20㎜機銃は、J2M2までが用いたドラム弾倉式ではなく、外側の九九式一号四型(携行弾数各210発)、内側の九九式二号四型(同190発)ともにベルト給弾式を採った新型に更新された。

　ちなみに、この20㎜機銃は軸線が水平ではなく、上方に3度30分~4度30分の仰角をつけて固定された。これはB-29に対する攻撃要領が、直上方からの降下射撃が有効という判定に基づき、雷電の前下方視界不良を加味した見越し射撃の必要性から採られた措置だった。


雷電一一型[J2M2]九七式7.7mm機銃装備図

側面図
九七式7.7mm機銃
九八式射爆照準器
弾道覆(ブラスト・チューブ)
機銃発射把手
安全装置
発射ガス放出筒
胴体基準線
発動機同調装置接続部
正面図
右弾倉
左弾倉
打殻放出筒
操縦室床板

　これら射撃兵装の装填操作は、J2M3の生産第35号機までは油圧式だったが、不具合のため確実性を欠き、36号機以降では手動式に改められた。こんなところにも、当時の日本の油圧システムの信頼性の低さが表われていた。

　なお、正規の兵装仕様ではないが、雷電を装備した防空部隊のなかで最も戦力が充実

正面から見た雷電二一型。左右主翼の外側に見えるのが九九式20mm一号固定機銃四型、内側で銃身が突き出しているのが九九式20mm二号固定機銃四型である。いずれも水平軸線に対し3°30′~4°30′の上向角をつけて取り付けられていた

していた三〇二空では、司令小園安名中佐の発案による、いわゆる〝斜銃〟を装備した機体が存在した。これは、夜間戦闘機「月光」の生みの親でもある小園中佐の思い入れで、昼間迎撃戦力の中核でもあった零戦、雷電にもその主要武器である斜銃の装備を命じたことによって誕生した。雷電の場合は、操縦室まわりの余裕あるスペースを利用し、その左側床付近に九九式二号20㎜機銃三型1挺を、上方に10度、外方に30度の迎角をつけ、外鈑から少し銃身が突出する形で固定した。

この斜め銃により、B-29の右側をほぼ平行して飛びながら、必殺の射撃弾を送るという構想だったが、もとよりB-29と同高度で飛行すること自体が難しく、ましてや夜間飛行は単座戦闘機にとって極めて困難なことだったため、実効果はほとんど期待できず、早々に撤去された。

昭和20年5月にようやく制式兵器採用にこぎつけた五式30㎜機銃は、対大型爆撃機迎撃を本務とする雷電にとっては待望の射撃兵器だった。破壊力の点では20㎜機銃をはるかに凌ぎ、B-29相手の戦闘に効果が高いことは誰もが知っていた。雷電では、左右主翼内の20㎜機銃2挺分のスペースをそっくり利用して、ここに1挺ずつを固定するようにした。

時期的にいって、本機銃を装備できたのは、三菱の鈴鹿工場で生産されていたJ2M5雷電三三型の一部であり、三〇二空、三三二空に極く少数が配備されたようである。しかし、昭和20年6月頃には、日本陸海軍は来たるべき米軍の本土上陸作戦に備えるため兵力温存策を採っており、防空戦闘を控えていたことから、30㎜機銃装備のJ2M5が実戦においてその威力を示す機会はほとんど無いまま終戦に至った。

これまでに述べた射撃兵装の照準には、零戦と同じく九八式射爆照準器（ドイツのRevi3のコピー製品）を用い、それは操縦室正面計器板の中央上部に設置された。また戦争末期には、新型の四式射爆照準器（ドイツのReviC/12Dのコピー製品）を装備した機も一部にあったらしい。

雷電には、零戦と同程度の小型爆弾懸吊能力が要求され、左右主翼の20㎜機銃装備スペースの外側に、その投下器（懸吊架）を埋め込み式に各1個備えていた。懸吊能力は、三番（30kg）または六番（60kg）爆弾各1発までだが、雷電は零戦のように対艦船攻撃などに使用される訳でもなく、せいぜい空対空用の三番三号爆弾の使用が考えられるのみだった。しかし、これとて実戦で使用した例はほとんどなく、雷電の爆撃装備は有名無実に等しかった。

その他の諸装備

●自動消火装置

戦闘で被弾し、火災を生じたときに備え、雷電も当初より、零戦と同様な円環状管のノズルから発動機の後方に炭酸ガスを噴霧する消火装置を持っていた。しかし零戦の戦訓によって、火災の多くは無防備な主翼内燃料タンクに被弾して起こることが判った。そのため、雷電もJ2M3の第54号機以降では、発動機後方に噴霧するのではなく、主翼内燃料タンク周囲にノズル

雷電二一型［J2M3］射撃兵装および爆弾懸吊架
※左主翼を示す

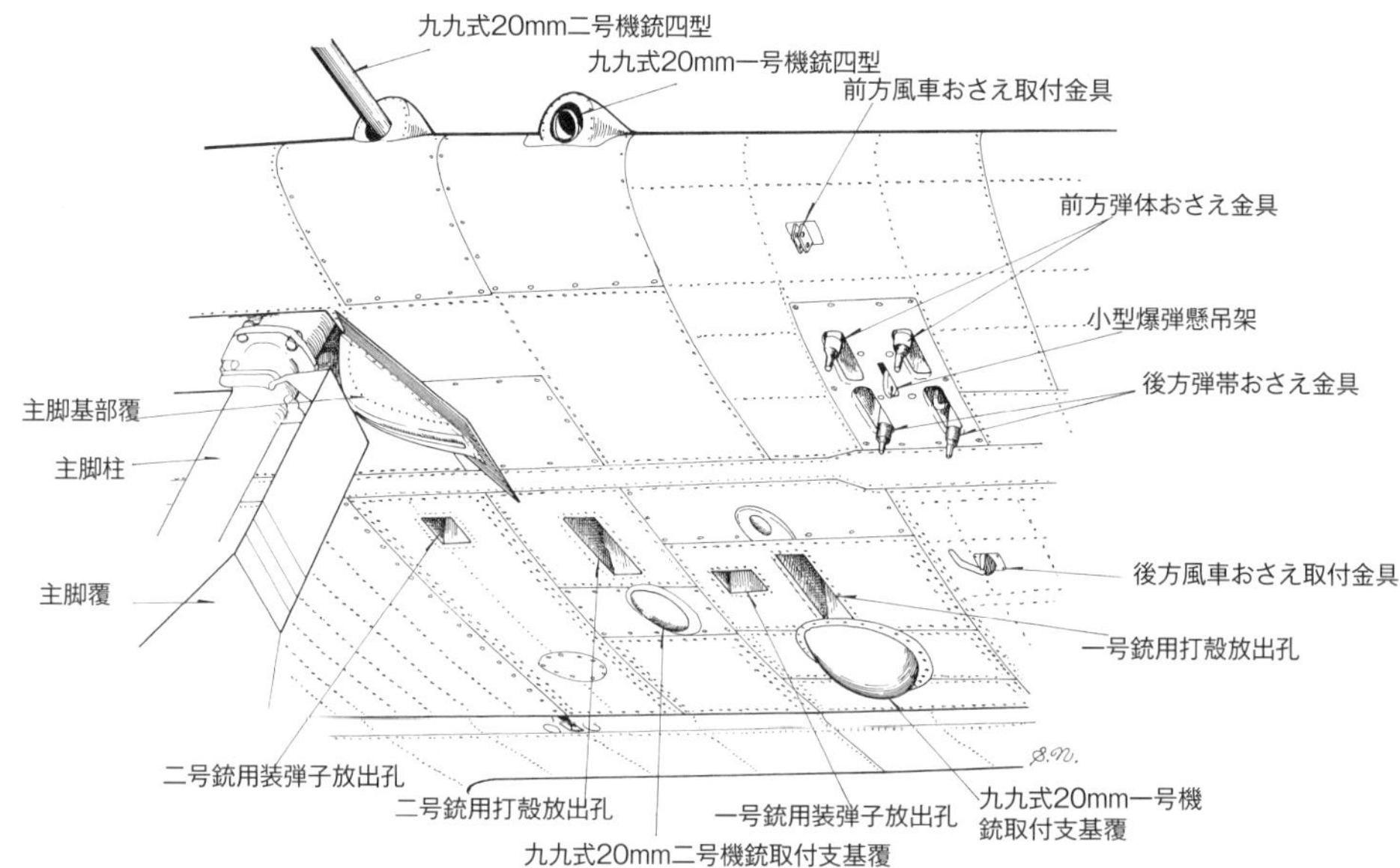

雷電二一型［J2M3］斜銃装備要領

斜銃用小型照準器
九九式20mm二号機銃（上方に10度、外側に30度の角度をつけてある）

雷電三三型の左主翼前縁に見える五式30mm機銃の銃身

管を巡らし、電気式の熱電発信器により、火災発生と同時に自動的に炭酸ガスが噴霧される方式に変更した。

●落下増槽

雷電には、零戦のような長大な航続力は求められず、巡航速度にて1時間、プラス空戦時の全力運転で25分が確保できればよしとされていた。しかし、外地への長距離移動も考えられたので、フェリー用に落下増槽装備が施された。基本的には零戦のそれに順じたものといってよく、胴体下面に容量２５０ℓの金属製落下増槽を懸吊し、操縦室内左側に設置した把手を引くことで投棄できるようにした。

昭和19年に入って、陸海軍共用の統一型落下増槽（木製または竹製）が導入されると、雷電もＪ２Ｍ３の第２０４号機から、これに対応する４点支持式の懸吊方法に変更した。統一型増槽は容量別に数種があったが、雷電が主に用いたのは、三型（３００ℓ）と四型（４００ℓ）である。

●水メタノール液噴射装置

「火星」二三甲型発動機以降が併用するようになった水メタノール液噴射装置は、良質の高オクタン価ガソリンが望めなかった日本の航空機用高出力発動機が、短時間に限って出力を増加させる手段として用いたものだ。

その原理は、過給器で圧縮され高温になった吸入空気を、発動機の気筒（シリンダー）に送り込む前に、過給器の出口付近に水メタノール液を霧状に噴霧し、その気化熱を利用して温度を下げるというものである。これによって気筒内の混合気の異常爆発／燃焼が抑えられ、出力増加につながる。水メタノール液のタンクは、胴体内燃料タンクの前部を仕切って設け、ここに１２０ℓを収容した。

●無線電話機

操縦室の項でも触れたが、雷電の無線装備は、Ｊ２Ｍ２の初期までが零戦二一型までと同じ九六式空一号無線電話機、それ以降は、零戦五二型以降と同じ三式空一号無線電話機であった。

九六式空一号では、送話機と受話機が別々のボックスになっていたが、三式空一号では一体化したボックスになり、マイクロホンも、酸素マスク内蔵型から咽喉型に変わった。どちらも水晶制御方式で、三式は九六式の改良型といってよい。三式空一号の周波数範囲は５０００～１万kc（キロサイクル）、入力は１００Ｗ、ユニット総重量30kgであった。

しかし、零戦の実例どおり、小型機用として設計された九六式空一号は、真空管の不良やアース処理の不適切などが原因で、雑音ばかりひどくてほとんど使いものにならなかった。三式空一号になっていくらか改善されたとはいうものの、昭和20年2月以降、撃墜したアメリカ軍機を検証し、アース処理が適切になるまで、遠距離の交信はほとんど不可能というのが実情だった。

水メタノール噴射システム

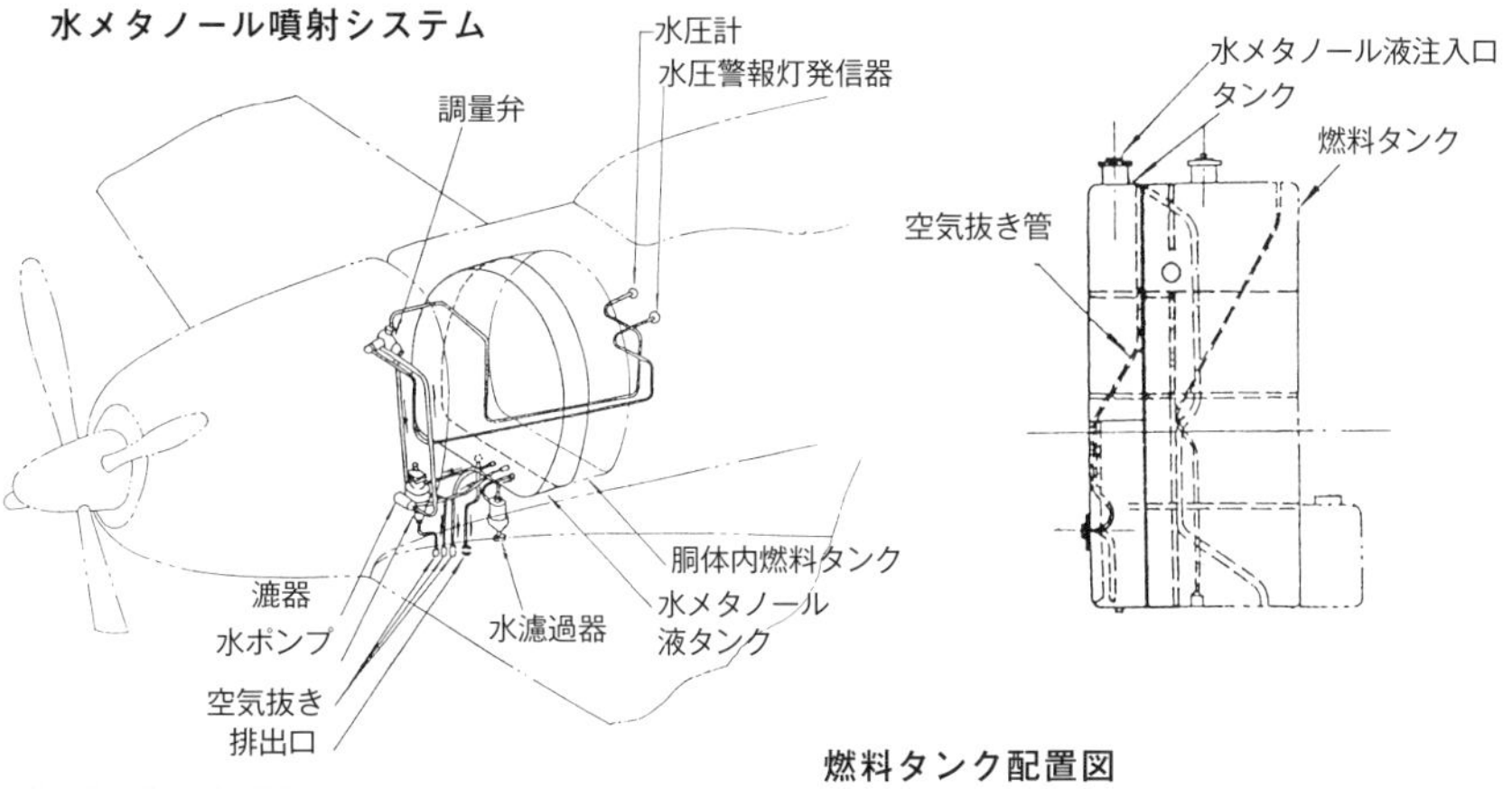

水圧計
水圧警報灯発信器
調量弁
水メタノール液注入口
タンク
燃料タンク
空気抜き管
胴体内燃料タンク
水メタノール液タンク
水濾過器
濾器
水ポンプ
空気抜き排出口

燃料タンク配置図

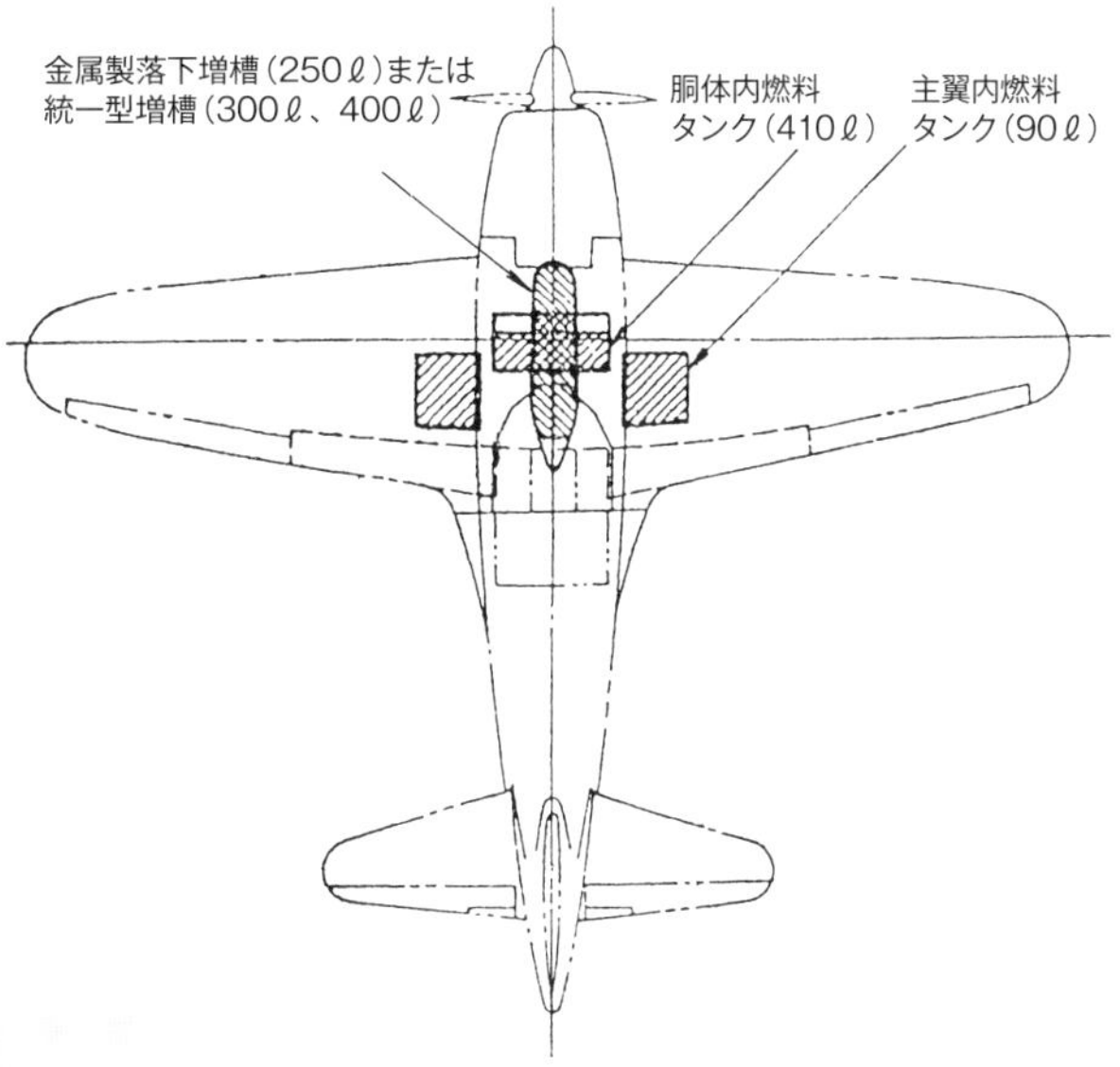

金属製落下増槽（250ℓ）または統一型増槽（300ℓ、400ℓ）
胴体内燃料タンク（410ℓ）
主翼内燃料タンク（90ℓ）

金属製落下増槽（250ℓ）を胴体下面に懸吊した三〇二空の雷電二一型

雷電二一型に搭載されていた三式空一号無線機。右の大きな箱が送受話器、その左の二つが管制器（操作ボックス）と副管制器、左手前に見えるのが受聴器。ユニット全体の重量は30kgを超えた

局地戦闘機「雷電」
開発の経緯

文／本吉隆　写真提供／野原茂

日本海軍初の、爆撃機迎撃を主任務とする陸上用戦闘機＝局地戦闘機として戦争末期に登場した「雷電」。本機の開発に当たっては、どのようなことが意図されていたのだろうか。高速・重武装を誇る異形の戦闘機が世に出た、その誕生の経緯に迫る。

日華事変を契機とする陸上用迎撃戦闘機整備の必要性

昭和12年7月7日に日華事変が始まると、海軍は基地航空隊だけでなく、母艦機および水上機隊を含めた艦隊の航空隊を含めて、持てる航空戦力の多くを動員して中国方面で大規模な航空作戦を開始した。

日華事変の航空戦は日本側優位に進んでいたが、兵力的に劣っていた中国空軍も日本の艦艇や陸上基地に対して果敢に反撃を実施しており、当時の日本側早期警戒網の貧弱さもあって、時折日本側に手痛い損害を負わせることもあった。また、一連の迎撃戦を通じて、中国空軍が使用していた近代的な全金属製の高速爆撃機を追従、迎撃するには、当時海軍が使用していた戦闘機では、速度・上昇性能共に不足であることも認識されることになる。

このような状況から、日本海軍は短い即応時間で敵爆撃機が飛行する高度に到達し、高速な金属製爆撃機を追尾することが出来る陸上用の迎撃戦闘機を整備する必要を認めた。

まず海軍は、この目的で使用する戦闘機としてハインケル社のHe112Bの導入を企図した。だが同機は最初の第一陣が納入された後の試験で、迎撃機として使用するには上昇力が不足であること、更に運動性能が劣悪であるとして、採用が見送られてしまった。He112Bの成績不良を見た日本海軍は、独自の要求に基づく陸上迎撃機の整備を決意する。昭和13年9月30日に「航空機機種並性能標準」の改訂が行われ、敵爆撃機の迎撃に特化した陸上戦闘機として、速度と上昇力を第一義とした「局地戦闘機（以下『局戦』）」への要求が盛り込まれた。翌月の10月には、性能標準に基づいた局戦の試作が三菱に内示された。しかし十二試艦戦（後の零戦）の試作に手一杯だった三菱がこれを辞退したため、局戦の開発は一旦流れる格好になった。

十四試局地戦闘機の計画要求案と三菱設計陣の取り組み

その一方で、この後も局戦に対する性能要求の検討は軍令部等で継続して行われており、それらの内容を反映した最高速度611km／時以上、高度6000mまで4分以内という「攻撃機の阻止撃破」を目的とした「十四試局地戦闘機」の計画要求案が三菱・中島の両社に対して内示されたのは、昭和14年9月12日のことだった。

この内示に対し、中島は当時試作中の機体の開発多忙を理由に試作を辞退したが、三菱の堀越技師を主務者とする設計陣は、航空本部と連絡を密にしながら要求の検討を開始した。この時点で、海軍は十四試局戦の試作一号機の完成見込みを昭和15年末としていたという。しかし三菱の設計陣がほぼ零戦の設計陣と同じという状況であったため、十四試局戦の試作開発は、零戦の開発作業に圧される形で遅れが生じていく。

本機の開発にあたり、まず問題となったのは使用エンジンの選定だった。当時実用化されている発動機の出力では、要求された性能発揮は不可能と算定されたため、開発途上のエンジンから候補を選ぶことになったが、「機体の試作発注時に公試運転を通過している」という要求もあって、候補に残ったのは愛知の「十三試ホ号（後のアツタ）」と、三菱の「十三試へ号改（後の「火星」）」の二つだけだった。

このうち液冷式の「十三試ホ号」は、機首前面の面積が絞れるので高速戦闘機の設計には適しているが、出力は1200馬力と低く、更に空冷式発動機に比べて信頼性や整備の面で問題があると見なされた。一方、三菱の「十三試へ号改」は、元が爆撃機用の空冷発動機のため大型で、機首前面面積や重量面で不利だったが出力は1430馬力

ソ連が1930年代半ばに開発した全金属製の高速爆撃機SB-2M-100。日華事変勃発後の1937年（昭和12年）9月に中華民国空軍に60機余りが引き渡され、揚子江上の日本艦艇や海軍航空隊が使用していた漢口飛行場などを爆撃した。本機の空襲による損害が、海軍に陸上用迎撃戦闘機の整備の必要性を認めさせるきっかけの一つとなった

海軍が当初、陸上用戦闘機として導入を企図したHe112は、あのメッサーシュミットBf109と新生ドイツ空軍の主力戦闘機の座を争った機体だった。Bf109との比較審査に敗れた後も輸出用として生産が行われ、うち12機が日本に渡って飛行試験に供されたが、上昇力の不足、（九六式艦上戦闘機に比して）運動性能が大きく劣る等の理由で不採用となった

と高く、信頼性等も液冷より有利と考えられた。また開発途上で不具合が出ても、同じ社内の発動機だけに迅速に問題に対処できる、という利点も無視できなかった。

海軍側と協議を重ねた結果、最終的に三菱の設計陣はより高出力で信頼性に富むと考えられた「十三試ヘ号改」を使用することを決定した。この発動機の選定と並行して要求性能も固められ、それを受けた「十四試局戦（J2M1）計画要求書」が海軍より三菱一社指定で提示されたのは昭和15年4月22日のことだった。

三菱重工業名古屋航空機製作所で完成した十四試局戦（J2M1）の試作6号機。紡錘型の胴体はのちの雷電にも受け継がれたが、「火星」一三型発動機を搭載した機首は雷電に比べてほっそりとしているのが判る。この写真の撮影日は昭和17年7月23日

この計画要求の内容は、以下のようなものだった。

○寸法：制限無し
○発動機：昭和一五年九月までに審査合格の空冷式発動機
○最高速度：高度6000mで325ノット（602km／時）以上、出来得れば340ノット（630km／時）以上を目標とする
○上昇力：高度6000mまで5分30秒
○実用上昇限度：1万1000m
○航続力：最高速時0・7時間、燃料容量は最高速時1時間分
○過荷重（増槽装備で）出力40％で4・5時間以上
○空戦性能：旋回並びに切り返し容易にして、一般の特殊飛行が可能なこと
○性能要求順位：速度、上昇力、運動性、航続力
○武装：20㎜機銃×2（弾数各60）、7・7㎜機銃×2（弾数550）、30kg爆弾×2（過荷重状態）

この要求は、零戦二一型と同じ武装を持ちながら、最高速度は70km／時以上高速化させ、高度6000mまでの上昇速度は2分縮める、というものであり、相当に過酷なものと言えた。だが三菱の設計チームは、優先される性能要求が明確な上に、寸法や着陸速度の要求が緩い分「零戦より御しやすい」と感じたという。

とはいえ、達成が困難であることは確かで、このため十四試局戦の設計は様々な新機軸を取り入れつつ行われた。外形の大きな「火星」発動機を装備するにも関わらず、抵抗が少なく高速発揮に適した機体形状とするため、延長軸と強制冷却ファンを採用して前面抵抗を減らし、全長の約6割の部位に胴体の最大断面を取り入れた紡錘形胴体としたことや、主翼の形状を抵抗の少ない半層流翼型としたことなどがその好例と言える。

この要求が出た時点で、十四試局戦の試作一号機の完成は昭和16年11月とされていた。設計チームはまだ零戦の設計・改正に大きく手を取られており、本機の開発に完全に注力することが出来なかったが、その中で設計陣は目標達成のために尽力した。

昭和15年末には一般計画審査と第一次実大模型審査にこぎ着けており、この際に海軍側は「風防が低すぎて視界不良」としたが、風防の高さを増すと抵抗が増大して速度が落ちる、と言う三菱側の指摘が受け入れられて改善が見送られてしまった。これは後に本機の実用化に大きな悪影響を及ぼすことになる。

翌年1月末の第二次実大模型審査の後、三菱では実機の設計図作成が開始された。この時期には当時整備中の戦闘機に比べて高性能が予測された本機には大きな機体が寄せられており、陸軍も昭和15年の研究方針で開発が決定されたキ60／キ63／キ64の各重戦の開発が順調にいかないことが明確になると、本機をキ65として採用する検討を開始したほどだった。

だが主翼関係の図面まで出図が終わった昭和16年7月、設計チームの重鎮である曽根技師が病に倒れ、翌月には設計主務の堀越技師も過労により長期療養を命ぜられたことにより、更に作業が停滞してしまう。

新たに設計主務となった高橋技師を、復帰した曽根技師が補佐する形で十四試局戦の設計作業がようやく進捗するようになったのは10月のことで、この影響で試作一号機の製造は遅れ、予定を約3カ月超過した昭和17年2月27日にようやく完成にこぎ着けた。

横須賀・追浜基地で錬成中の二番目の乙戦部隊 第三〇一海軍航空隊の十四試局戦（試作8号機までのいずれか）。この写真が撮影された昭和18年末～昭和19年初め頃には、すでに雷電二一型（J2M3）の量産が始まっており、風防が同型と同じものに換えられている

要求性能未達による十四試局戦改の開発

離着陸速度の高い局戦の特性を考慮して、試作一号機の初飛行は広大な霞ヶ浦飛行場で行われることになった。飛行場到着後にプロペラに不具合が見つかり、その改修に追われるなどの事態も生じたが、3月20日に無事初飛行を実施した。以後、試験飛行場を鈴鹿に変えて社内での飛行試験が行われ、この際に安定性・操縦性には問題はないが、視界不良で着陸が困難であることが指摘された。

昭和17年6月から7月に掛けて実施された海軍側の試験でも、安定性や操縦性は問題視されなかったが、速度・上昇性能共に要求された性能を下回っていること（速度570km／時程度、高度6000mまでの上昇時間は7分半程度）、更に離着陸時の視界不良を改善することが必要であることが指摘されてしまう。

性能不足は装備する「火星」一三型発動機の出力不足が主因と考えられた。このため前年12月22日に空技廠で開かれた「J2性能向上研究会」で、開発が決定していた発動機を出力強化型である水メタノール噴射装置付きの「火星」二三型系列に改めた「十四試局戦改（J2M2）」として開発が推進されることになった。

十四試局戦改は発動機換装に伴って強制冷却ファンの換装や発動機取り付け位置の変更が行われただけでなく、プロペラはVDM式の三翅から四翅へと代わり、排気管も推力式へと変更されるなど、多くの点が改正の対象となった。機体側も着陸を容易とするためのフラップの改修、水メタノール用タンク搭載に伴う燃料タンク容量・配置の変更等多岐に渡る改正が行われている。

武装も、翼内の20㎜機銃がそれまでの九九式一号機銃から大型弾倉を装備する九九式二号三型機銃に変更された。更に「視界を零戦並みに向上させる」という海軍側の要求に沿って、風防部の高さ増大と前面の曲面ガラスの廃止を含めた視界改善策も実施されたため、機体の印象も以前のものからかなり変化している。

十四試局戦改の最初の試作機である試作四号機は昭和17年10月13日に初飛行し、以後の試験で要求された飛行性能をほぼ満たしていることが確認された。しかし、新型発動機装備で発生した水メタノール噴射機構の不調により発動機が黒煙を噴出する上に、飛行中に激しい振動を発することを含めて、新たな問題も発生してしまい、これの解決に約1年を要してしまう。

当初、昭和18年4月頃には戦列化されると見られていた十四試局戦改が、これらの問題を解決し、「仮称『雷電』一一型」として量産にこぎ着けるのは、約半年遅れの同年9月までずれ込んだ（※）。

発動機を「火星」一三型から出力強化型の「火星」二三型に換装した十四試局戦改（J2M2）。問題となっていた前方視界向上のために風防が高くなり、前面風防の曲面ガラスも廃止された。プロペラもVDM式四翅に代わっている

雷電一一型の実用化と〝本命〟二一型の登場

十四試局戦改が初飛行した時期には、戦訓により降下性能が不足、敵重爆を迎撃するには火力不足であると考えられた零戦に代わり、基地航空隊の戦闘機隊の主力となる、より優速で高い降下性能と火力を持つ新戦闘機の配備が要望されていた。

当初、昭和18年春頃に戦列化が見込まれていた十四試局戦改は、零戦に代わる陸上戦闘機として配備するには好適と考えられ、海軍は昭和18年8月に三菱での零戦の生産を雷電に全面的に切り換えることすら考慮していた。これは雷電の実用化の遅れにより結局実施されなかったが、昭和18年10～11月に出された航空本部の生産計画では、雷電を18年度中に540機、19年度に1575機生産することが指示されるなど、なおも海軍は零戦に変わる主力戦闘機として雷電に大きな期待を掛け続けていた。

その中で、昭和18年12月に実用機判定された雷電一一型は、この時期より防空を主任務とする三〇〇番台の航空隊への配備が開始された。だが以後も機体側に不具合が続出したこと、視界不良のため離着陸困難として横空から雷電の生産停止が提案されるなど、運用側からの不評もあって、海軍の雷電に対する興味は早期に薄れていく。

このような状況もあり、昭和19年3月になると、海軍は対戦闘機用の「甲戦」としても使用出来る性能を有する紫電および紫電改（紫電二一型）に局戦（乙戦）整備の重点を置き、雷電の生産は削減する方針を固めてしまう。この結果、雷電は以後、防空部隊専用の局戦（乙戦）として、限定的に

飛行試験に向かう雷電一一型の生産機。写真の機体は空技廠飛行実験部の領収機で、操縦者は本機の木型審査にも立ち会った小福田租少佐が務めた。昭和18年～19年冬の撮影

※1「雷電」一一型が制式採用されて「仮称」の文字が取れたのは昭和19年10月のことで、同日に「雷電」二一型／三一型も制式採用となった。

鹿児島基地で翼を休める元山海軍航空隊（二代目）鹿児島分遣隊の雷電二一型(J2M3)。写真の2機は、プロペラ・ハブがスピナーの外に露出していることから同型の初期生産機であることが判る。胴体下面に見えるのは300ℓ増槽

戦後、連合軍による処分を待つ元中支海軍航空隊所属の雷電三三型（J2M5）。さらなる前方視界向上のため大型化した風防と、小型化した潤滑油冷却空気取入口といった三三型の特徴が見てとれる

生産・配備が進められていく。

このような逆風が吹く中でも本機の性能向上策は続けられ、昭和18年10月には一一型の武装・防弾強化型として、武装を20㎜九九式一号機銃・二号機銃を各二挺装備して20㎜機銃四挺装備とした当初「十四試局戦改一」・「試製雷電改」と呼称された雷電二一型（J2M3）が初飛行した。

二一型は四号機以降防漏タンクの装備が行われたのをはじめ、以後、防弾ガラスの装備や六番（60㎏）爆弾を搭載可能とするなどの改修を加えつつ雷電の主生産型となり、少数生産された機銃装備を九九式二号機銃四挺装備・爆装能力を強化した二一甲型（J2M3a）とともに終戦まで生産が継続された。

二一型に三三型用の「火星」二六型系列の発動機を装備した雷電二三型／二三甲型（J2M7／J2M7a）も試作されたが、これらは生産されていない。

続いて昭和19年1月に、高々度性能改善のため三菱と空技廠で排気タービン装備型の開発が開始された。だが、雷電三二型（J2M4）とされた三菱の試作機も、空技廠の試作機も発動機側に各種の不具合が発生した上に、性能向上が余り見られなかったため、後に開発中止となった。第二一空廠で十数機の二一型に排気タービンを装備する改修も実施されたが、これも実用に至らなかった。

横空から雷電の生産停止提案が出された昭和19年3月に開発が決定した「試製雷電改二」と呼ばれた雷電三三型（J2M5）は、風防の高さ・幅を増すと共に、風防前方の胴体正面側部を削るという第二次視界改善対策を取り入れ、発動機に全開高度を高めた新型の「火星」二六型／二六甲型を搭載して高々度性能向上を図った機体として開発された。

雷電三三型の試作機は昭和19年5月以降に飛行したが、新型発動機の生産・不具合改善にやや時間を取られたようで、横空審査部で生産型による試験飛行が実施されたのは昭和20年2月となり、実戦配備はそれ以降のことと思われる。三三型には二一甲型と同様の武装強化を施した三三甲型（J2M5a）も存在する。

三三型の胴体に二一型と同じ「火星」二三甲型を装備した暫定型の三一型（J2M6）も昭和19年6月以降生産が行われており、一部の機体は武装を二一甲型同様に強化した三一甲型（J2M6a）として完成した。また二一型以降の一部の機体には、20㎜機銃のうち二挺を五式30㎜機銃に換装したものもある。

海軍の戦闘機生産が対戦闘機戦闘を主体とする甲戦の零戦と、甲戦としても使用出来る乙戦である紫電および紫電改に注力された結果、対爆撃機戦闘専門の乙戦である雷電は重点生産機種には選ばれず、昭和19年春以降の生産数は月産30〜40機程度に抑えられていた。

だがB-29の本土空襲開始後、海軍は雷電を本土防空戦力の要となる乙戦として再評価し、重点生産機種扱いはしないものの、その生産拡大を企図してもいた。

昭和19年10月以降の生産計画では、雷電は月産100機前後の量産が予定されていたが、工場の被爆・物資不足等の理由により本機の生産数は以後も大きく伸びず、その結果として配備部隊数も増大せずに終わった。

だが配備された多いとは言えない数の雷電は、本来の局戦としては有効に使用出来る機体として、終戦まで相応の働きを見せ続けたのであった。

雷電の生産実績

生産年度	製造型式	4月	5月	6月	7月	8月	9月	10月	11月	12月	1月	2月	3月	年度合計
昭和16年	十四試局戦（J2M1）											1		1
昭和17年	十四試局戦（J2M1）	1	1	1	2	1	1							7
	雷電一一型（J2M2）							1	1	2			1	5
昭和18年	雷電一一型（J2M2）	2		3	4	5	16	15	21	22	17	20		125
	雷電二一型（J2M3）							1				6	9	16
昭和19年	雷電二一型（J2M3）	22	39	43	34	22	18	23	22	13	30	19	52	337
	雷電三二型（J2M4）					1								1
	雷電三三型（J2M5）		1											1
	雷電三一型（J2M6）			1								1		2※
昭和20年	雷電二一型（J2M3）	31	10	20	22									83
	雷電三三型（J2M5）			8	7	27								42
	生産機合計													618

※この表では、雷電三一型（J2M6）の生産数が試作機と生産機1機だけしか示されていないが、三〇二空、三五二空などの配備状況からすると、昭和19年秋以降に生産された、または既存の二一型（J2M3）から改造された機体が一定数存在したと推測される。
（基礎資料はアメリカ戦略爆撃調査団の太平洋戦争レポートNo.16による）

局地戦闘機「雷電」の部隊編制と運用

文／本吉隆　写真提供／野原茂

局地戦闘機「雷電」を装備した日本海軍の航空隊／戦闘飛行隊とは、どのような編制の部隊だったのだろうか。本稿では、昭和18年半ば以降の部隊編制とその変遷、さらには想定された雷電の運用と装備部隊における実際の任務について概説する。

海軍戦闘飛行隊の編制

雷電の実戦配備が最初に検討されたのは、雷電一一型が制式採用される前の昭和18年8月初頭のことだった。これは当時、十四試局戦改（雷電一一型）の試験に当たっていた羽切松雄飛曹長がラバウルの二〇四空に転出した後、格闘戦を避けて一撃離脱戦法で戦うF4UやP-38を零戦で捉えるのが困難であることから、速度および上昇・降下能力に秀でる雷電の配備を希望する意見書を横空に提出したことから始まった。

この提案に賛同した横空は、ラバウルの二五一空への転出予定者を含めて、一二名の搭乗員を十四試局戦改でラバウルに進出させる計画を立てている。この搭乗員数から見て、この十四試局戦改で構成される局戦隊は、一個中隊と予備機分にあたる12機（9＋3）で編成される予定だったと思われるが、これは試作機の機数が揃わないこと、同方面の航空戦緊迫により進出予定者の訓練を実施する日程が得られない、という理由で流れてしまった。この後も横空は一個中隊規模の十四試局戦改をラバウル方面に展開させることを検討したが、昭和18年10月にこの計画は放棄された。

最初の雷電装備部隊となったのは、石油資源のあるボルネオのバリックパパンの防空を任ぜられた、昭和18年10月1日に開隊した三八一空だった。この時点で三八一空の定数は9機編制の中隊三個の27機と、予備機9の計36機とされていたが、三八一空の開隊時期には未だ雷電一一型に実用上の多くの問題が残っていたことと、生産が進まず供給も捗らなかったため、まずは零戦五二型を装備してバリックパパンへの進出が図られた。

昭和19年3月の特設飛行隊制度導入により、三八一空は敵戦闘機との交戦を考慮した甲戦隊である零戦装備の戦闘第三一一飛行隊と、対爆撃機迎撃を主とする雷電装備の戦闘第六〇二飛行隊、夜間迎撃用の月光を装備する戦闘第九〇二飛行隊の三個戦闘飛行隊で構成される形に改編された。

このうち雷電隊である戦闘六〇二の定数は48機（四個中隊定数36機＋予備機12機）で、同隊がバリックパパン方面に進出したのは昭和19年9月頃のことだが、実際に同方面に進出した機数は定数にはるかに満たない10機程度だったと言われている。

続いて昭和18年11月5日にラバウル方面に進出する予定の三〇一空が開隊した。これは当初三八一空同様に局戦36機のみで編成される予定だったが、三八一空同様に部隊編成が捗らず、昭和19年3月の特設飛行隊制度導入後に雷電装備の戦闘六〇一と、零戦装備の戦闘三一六の二個飛行隊編制に変わった。戦闘六〇一の定数は、戦闘六〇二と同数であった。

「あ」号作戦発動の際、定数を満たしていた戦闘六〇一は硫黄島・サイパン方面に展開を予定していたが、敵機動部隊の戦闘機との交戦が予測されたため装備機を零戦に換えて同方面へと進出した。

「あ」号作戦で戦力を消耗した三〇一空は同作戦後に解隊されたため、ついに三〇一空は雷電で戦うことなく終わってしまった。また「あ」号作戦時に横空も3～4個中隊規模の雷電隊を編成して硫黄島方面へ展開する予定であったが、これも敵戦闘機との交戦が予測された影響で実施されなかった。

海軍航空隊編制(昭和19年7月)

1個航空隊:2～5個の飛行隊
1個飛行隊:3個中隊
1個中隊:1～3個小隊
1個小隊:1～2個区隊
1個区隊:4機単位で編成

●戦闘機主体の航空隊の編制例

戦闘機48機×4飛行隊
戦闘機48機×3飛行隊＋艦攻48機×1飛行隊
戦闘機48機×2飛行隊＋艦爆24機×1飛行隊
＋水爆24機×1飛行隊
戦闘機48機×2飛行隊＋艦攻48機×1飛行隊
＋艦爆48機×1飛行隊＋艦偵24機×1飛行隊

●特設飛行隊編制導入(昭和19年3月)

甲戦(制空戦闘機)
乙戦(局地戦闘機):乙飛行隊(12機×4個中隊＝48機)
丙戦(夜間戦闘機):丙飛行隊(12機×1個中隊＝12機)

※三〇二空などの局地防空任務に当たる航空隊には特設飛行隊制度は導入されず、昼間戦闘を主とする第1飛行隊(雷電、零戦装備)と夜戦部隊の第2飛行隊(月光装備)が存在し、後に第3飛行隊が編成された。

4機編隊導入に伴う戦闘機隊の定数変更

昭和19年春より本土防空用の航空隊の編成が開始された。その最初となったのは、横須賀を含む関東地区の防空に当たる三〇二空で、定数48機（四個中隊編制）の雷電隊と、夜戦隊および偵察機隊をその指揮下に置く形で昭和19年3月1日に開隊している。

これに続き、呉地区防衛に当たる三三二空と佐世保地区の防衛に当たる三五二空が昭和19年8月1日に開隊しており、この両航空隊は定数48機の雷電隊と夜戦隊で編成されていた。

昭和19年秋以降になると、ロッテ戦法の導入に伴って戦闘機隊の定数変更が行われ、一個小隊は4機、中隊は3～4個小隊で構成されて12～16機となった。この変更に伴い、この時期雷電を装備していた戦闘機隊は、三個中隊編制（36機＋予備12機）に変わったようだ。また本土防空に当たる三個の航空隊に対して、機数が少ない雷電を補う目的から、甲戦である零戦の配備も行われている。

このため三〇二空／三三二空／三五二空の昼間戦闘機隊は、甲戦・乙戦の混成といえるものとなったが、定数自体は甲戦隊1、乙戦隊1、丙戦隊1（定数24）を持つ三八一空に近いものになった（昭和20年4月の時点で、三五二空の装備機数は零戦と雷電が各39、月光他の夜戦が14と記録にはある）。

昭和20年2月頃、厚木基地の指揮所前に整列した三〇二空隊第一飛行隊隊員と、その後方に待機する雷電二一型

ただ各航空隊とも生産数が少ない雷電の定数を揃えることは、戦闘の損耗等もあって困難で、昭和20年8月1日の段階で海軍が保有する雷電の機数は総数で83機に過ぎず、うち可動機は36機のみであった。

雷電装備の航空隊は上記の五個のみで、この他には上海地区防衛にあたる二五六空（後に九五一空／上海分遣隊／中支航空隊飛行機隊）や、台南空を始めとする練習航空隊に一個小隊（3～4機）が配備された例がある。

岩国基地における三三二空の雷電二一型（手前右）と零戦二二型（手前左）。後方には月光一一型が見える。昭和19年9月頃の撮影

乙戦隊における雷電の運用

局地戦闘機（乙戦）は元来、基地施設を含めて重要拠点に来襲する敵爆撃機の迎撃が主任務とされていた。だが昭和18年春に海軍が雷電を零戦に代わる主力戦闘機と位置づけた関係で、同時期以降の一時期、雷電は「重要拠点を防衛するための迎撃機」という乙戦本来の任務だけでなく、対戦闘機戦闘用に用いる甲戦としても活動することが望まれていた。実施されなかったラバウル派遣の時、十四試局戦改が対戦闘機戦闘用の高速戦闘機として扱われていたことは、これを裏付けるものだろう。

一方、当初より乙戦隊として編成された三八一空や三〇一空では、雷電を甲戦として運用するつもりは余り無かったようで、対爆撃機戦闘を主体にして訓練を実施している。三〇一空のサイパン方面進出が検討された時、零戦隊が対戦闘機戦闘が苦手な雷電隊を支援するように望まれたのは、このためと思われる。

ただ本土防空にあたる三個の航空隊では、三〇二空での斜銃装備機は「旋回半径の大きい雷電と敵戦闘機が旋回戦を行えば、内側を旋回する敵戦闘機に当てられる」という小園中佐の理屈で装備が進んだと言われるし、呉地区防衛に当たる三三二空では対戦闘機戦闘を考慮しての訓練も実施したと言われているので、この時期でも甲戦を補う形で雷電による対戦闘機戦闘を行うことは考慮に入れていたと思われる。

最初に本機を実戦で使用した三八一空は、予定通り雷電を敵重爆迎撃任務に用いており、バリックパパンおよび比島方面で活動した。

昭和19年11月にマリアナを基地とするB-29の迎撃戦が始まると、高速で上昇力に秀でる雷電は、海軍航空隊にとって対B-29戦の切り札とも言える存在となった。

東京上空にF-13（B-29の偵察型）が侵入した後、三三二空でも対戦闘機戦闘訓練を実施しなくなったと言われるように、本機は対戦闘機戦闘を考慮しない対爆撃機迎撃専門の乙戦として、終戦まで関東・阪神・九州地区で活動することになる。だがしかし、本土上空における米陸軍および米海軍戦闘機の跳梁が激しくなると、本来の任務でない対戦闘機戦闘に巻き込まれて、損失を出すことも少なくなかった。

局地戦闘機「雷電」の戦法

速度と上昇力に優れ、重武装を備えた陸上戦闘機として開発され
太平洋戦争後期には、日本本土空襲による被害を抑えるため
米陸軍の重爆撃機B-29に果敢に戦いを挑んでいった「雷電」。
ここでは、その戦いで雷電が多用した典型的な戦法を紹介しよう。

解説・イラスト／坂本明

高高度を飛行する重爆撃機の迎撃に特化して開発された雷電は、高い上昇力(上昇率と上昇角)を有していた。反面、速度や武装を重視した機体なので翼面荷重が大きく、零戦のような操縦性の良い機体のつもりで急旋回を行うと機体が失速してしまったり、旋回半径が大きいなどの欠点を持った機体でもあった。しかし舵の効きは零戦より良く、横転も素早かったという。

このような機体であったので、戦闘機同士の格闘戦には不向き、高度をとって敵機(特に重爆撃機)の上空から駆け抜けるように降下しながら攻撃を行う一撃離脱攻撃が一般的な戦術であった。B-29を攻撃するために考案された背面攻撃は、一撃離脱攻撃を応用した戦術といえる。

ちなみに、機動性に劣る雷電で傑作戦闘機といわれるP-51を撃墜した例(雷電2機で摺り鉢戦法の編隊空戦を挑み、ウイングマン機が上空掩護し相手機の体勢挽回の機先を牽制し抑え込みつつ、リーダー機が後上方攻撃を繰り返す連携攻撃を繰り返すことで2機を確実に撃墜)もあるが、それは天才的な操縦技量と戦技を有していたといわれる赤松貞明中尉にのみできたことで、一般的ではない。

また、降下の際には発動機のシリンダー温計と油圧計に気をつけ、シリンダー温度を低下させないためにカウルフラップを閉め忘れないことなど必要な操縦操作がいくつもあり、手間のかかる機体であった。操縦が難しいためベテラン向けの機体で、操縦技術が未熟なパイロットには敬遠された機体でもある。

しかし、高高度域において敵の重爆撃機を迎撃できる数少ない機体であり、実際にあげた戦果も大きい。先にも書いたように戦術が限られていたため、迎撃戦闘で戦果をあげるには敵機を攻撃できる位置(敵機の上空)にある程度余裕を持ってつくことが重要であった。そのため敵機の来襲を素早く正確に探知し、迎撃態勢を採らせるためのシステムも重要な要素となった。

一撃離脱攻撃

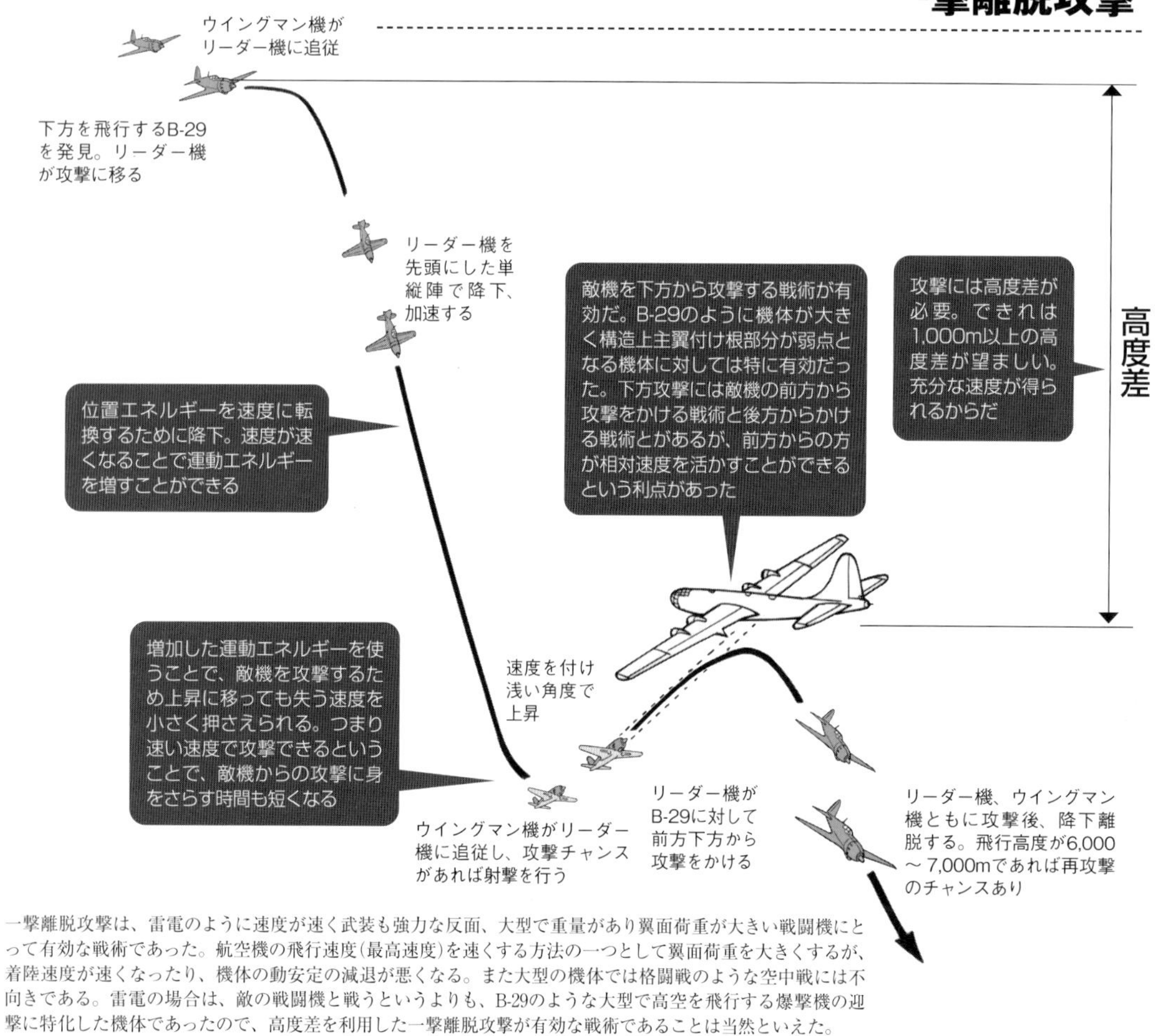

一撃離脱攻撃は、雷電のように速度が速く武装も強力な反面、大型で重量があり翼面荷重が大きい戦闘機にとって有効な戦術であった。航空機の飛行速度(最高速度)を速くする方法の一つとして翼面荷重を大きくするが、着陸速度が速くなったり、機体の動安定の減退が悪くなる。また大型の機体では格闘戦のような空中戦には不向きである。雷電の場合は、敵の戦闘機と戦うというよりも、B-29のような大型で高空を飛行する爆撃機の迎撃に特化した機体であったので、高度差を利用した一撃離脱攻撃が有効な戦術であることは当然といえた。
ちなみに、一撃離脱攻撃とは敵機の上方から降下しながら射撃を行い下方へ抜ける方法と、イラストのように上方から降下し速度を充分つけた後に上昇して射撃を行い、射撃後に降下離脱する方法がある。どちらの戦術をとるかは状況に応じてだが、後者の場合は比較的に射撃を行える時間が長いという利点があった。

背面攻撃（直上方攻撃）

強力な銃座を持つB-29に対して効果的に攻撃を行う方法として考案された戦術が、背面攻撃（直上方攻撃）であった。敵機の上方1,000m以上の高度から反転し、背面飛行になって降下角60度以上のほぼ垂直に近い角度で目標とするB-29を目がけて降下し、近接したところで射撃を開始する。敵機との距離が近いほど攻撃効果があり、相手がB-29のような重爆撃機の場合50m以内まで近接して射撃を行うのがベストであった。射撃後は背面飛行のままB-29の傍らをすり抜け一気に降下離脱する。

なお、この戦術は機体にマイナスG（負の重力加速度）がかかり搭載機銃の弾道が下がってしまうため、20mm機銃はやや上向きに取り付けられた（一一型）。雷電の場合、5,500～7,500mほどの高度を飛行するB-29が攻撃し易かったようだ。

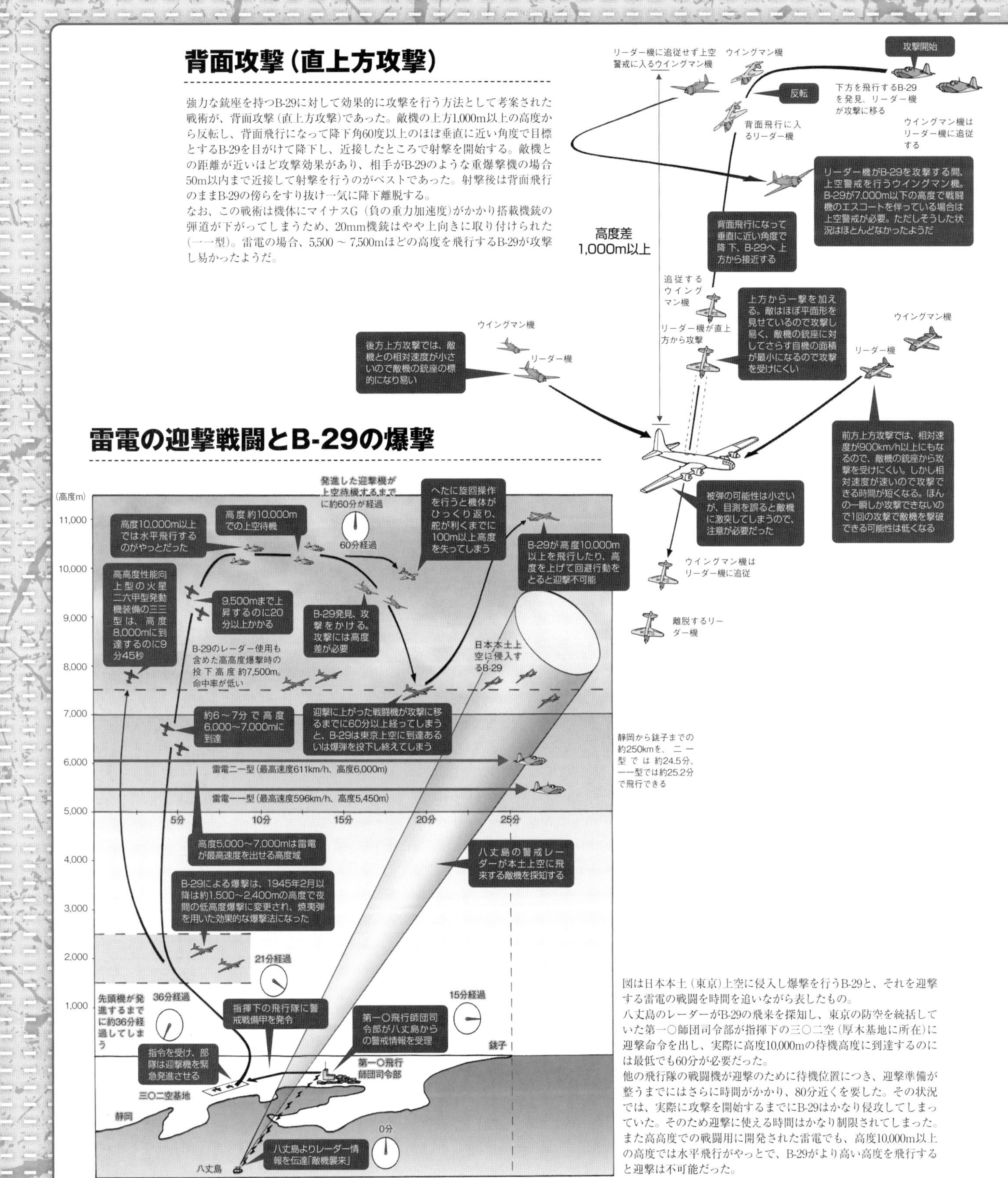

雷電の迎撃戦闘とB-29の爆撃

図は日本本土（東京）上空に侵入し爆撃を行うB-29と、それを迎撃する雷電の戦闘を時間を追いながら表したもの。

八丈島のレーダーがB-29の飛来を探知し、東京の防空を統括していた第一〇師団司令部が指揮下の三〇二空（厚木基地に所在）に迎撃命令を出し、実際に高度10,000mの待機高度に到達するのには最低でも60分が必要だった。

他の飛行隊の戦闘機が迎撃のために待機位置につき、迎撃準備が整うまでにはさらに時間がかかり、80分近くを要した。その状況では、実際に攻撃を開始するまでにB-29はかなり侵攻してしまっていた。そのため迎撃に使える時間はかなり制限されてしまった。

また高高度での戦闘用に開発された雷電でも、高度10,000m以上の高度では水平飛行がやっとで、B-29がより高い高度を飛行すると迎撃は不可能だった。

「雷電」各型の解説

文、写真および図版提供/野原茂

一一型から三三型まで、いくつかの型式があった局地戦闘機「雷電」。本稿ではそれらの各型式について解説する。生産期間が二年余りと短いため、零戦に匹敵するほど多くのバリエーションはないものの、漸次機体性能の向上、欠点への対策が施されており、そこに「雷電」の歩みを見ることができる。

十四試局地戦闘機[J2M1]
火星一三型を搭載する雷電の試作機/増加試作機

昭和14(1939)年9月に試作が内示され、翌15(1940)年4月にようやく正式な計画要求書が出された、雷電の試作(原型)機。

のちの雷電生産型と比較し、胴体そのものは変わらないが、発動機が「火星」シリーズ初期の一三型(離昇出力1430hp)で、プロペラも住友/VDM定速可変ピッチ式3翅(直径3・2m)を組み合わせていたのが大きく異なる点だ。

カウリングは長く、カウルフラップも面積の大きいものが片側3枚ずつに分けられ、排気管は集合式になっているなど、機首まわりのイメージはかなり違っていた。

また、空気抵抗をできるだけ抑えるために風防の高さを極力低くし、前方固定部に曲面ガラスを使用していたこともあって、見るからに視界が悪そうだった。

この欠点は、初飛行後の海軍側によるテストが始まったときに、真っ先に要改修点として指摘された。計8機つくられたJ2M1の第何号機からその改修が実施されたのか不明だが、第三〇一海軍航空隊に配備されたそのうちの1機、"ヨC-106"号機は、生産型一一型[J2M2]と同型の風防に改修されていたことが写真で確認できる。

なお、J2M1の最終号機である8号機が完成したのは、昭和17(1942)年9月と記録されている。十四試局戦の試作当時は、通常、試作(原型)機は3機程度発注されるのが慣習なので、4号機以降は増加試作機になったと思われる。

雷電一一型[J2M2]
火星二三型を搭載する雷電の最初の制式型

発動機のパワー不足やプロペラの不具合などもあって要求性能を満たせなかったJ2M1は、早々に海軍から見切りをつけられ、その最終号機完成の翌月(昭和17年10月)には、手まわしよく改良型J2M2の試作1号機が完成した。

実は、三菱も「火星」一三型のパワー不足には懸念を抱いており、同社の発動機部門では、J2M1の初飛行の頃には改良型「火星」二三甲型の実用化の目途をつけていた。同型は離昇時の回転数を2450rpmから2600rpmに引き上げ、減速比は0・684から0・500に下げ、燃料供給を気化器経由から気筒(シリンダー)内への直接噴射式に変更。さらに水メタノール液噴射装置も併用して、離昇出力を一気に1820hpにまで高めることに成功した。

海軍もさっそく本発動機への換装とそれに伴う諸々の改修を加えた新型を、十四試局地戦闘機改[J2M2]の名称で製造発注したというわけである。

「火星」二三甲型に組み合わされたプロペラは、同じ住友/VDM製だが、4翅タイプ(直径3・3m)になった。なお、このプロペラの直後に付く強制冷却ファンも、J2M1の直結式から、ギアを介して回転数を増す増速式に変更されている。

発動機の換装に合わせて、これを覆うカウリングも再設計された。長さがいくぶん短縮され、カウルフラップは片側4枚ずつに、排気管も集合式から推力式単排気へと変更されたので、外観はかなり変化した。風防の改修はすでに

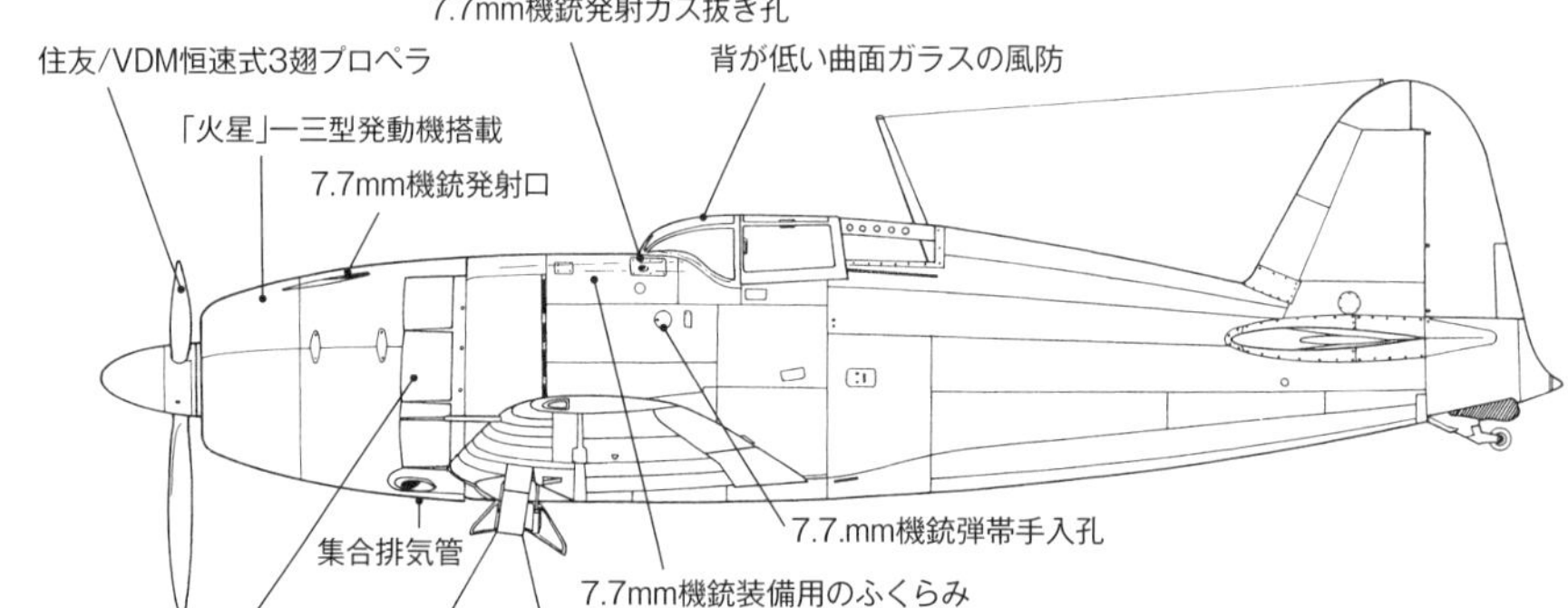

主翼後縁のファウラー・フラップを全開状態にした十四試作局地戦闘機の6号機

十四試局地戦闘機[J2M1]諸元

全幅	10.80m
全長	9.90m
全高	3.82m
自重	2,191kg
全備重量	2,861kg
エンジン	三菱「火星」一三型(1,430hp)×1
最大速度	578km/h(高度6,000m)
武装	九七式7.7mm固定機銃×2、九九式20mm二号固定機銃三型×2
爆弾搭載量	30kg×2
乗員	1名
1号機完成年月	昭和17年2月

雷電一一型[J2M2]諸元	
全幅	10.80m
全長	9.70m
全高	3.88m
自重	2,527kg
全備重量	3,300kg
エンジン	三菱「火星」二三甲型(1,820hp)×1
最大速度	596km/h (高度5,450m)
上昇力	高度6,000mまで5分38秒
実用上昇限度	11,680m
航続距離	1,055km (正規) /2,520km (過荷)
武装	九七式7.7mm固定機銃×2、 九九式20mm二号固定機銃三型×2
爆弾搭載量	30kg×2
乗員	1名
1号機完成年月	昭和17年10月

昭和19年夏、厚木基地で発進に備える三〇二空第1飛行隊の雷電一一型。写真の機体は機銃に上向角をつけた後期生産型

J2M1の途中から、再設計された大型のものに変わっている。

また、J2M2ではフラップの幅が50㎝外側に延長され、そのぶん補助翼の幅が短縮された。

テストの結果、J2M2の性能は、海軍側が要求していた値(最大速度で602㎞/h、高度6000mまでの上昇時間5分30秒以内)になお少し不足していたものの、J2M1に比較すれば相応の改善はみられていると判定された。その結果、J2M2をして最初の生産型にすることが決定され、三菱に量産準備が下命されたのである。もっとも、J2M2はこのあと、新たに振動問題に悩まされたこともあって量産ペースは遅く、昭和18(1943)年8月までは月産数機ずつしか完成せず、ようやく月産10機台になったのは翌9月のことである。

結局、雷電一一型として制式兵器採用の手続きがなされたのは、その量産がすでに8カ月も前の昭和19(1944)年2月に打ち切られたあとの、同年10月のことであった。この事実からして、海軍が雷電の〝実用兵器〟としての価値を見極めるのに、かなりの逡巡をしたことが見てとれる。J2M2の生産数は、125機前後という少数にとどまった。

なお、J2M2の生産過程において、機首下面に潤滑油冷却用の空気取入口を張り出したこと、さらには射撃兵装に対する上向角の付与(7・7㎜、20㎜機銃双方とも3°30′~4°30′)などの改修が施されている。

雷電一一型[J2M2](初期生産機)

住友/VDM恒速式4翅プロペラ
カウリング再設計
「火星」二三甲型発動機搭載
カウルフラップは4枚に
推力式単排気管
7.7mm機銃発射ガス抜き孔
7.7.mm機銃弾帯手入孔の位置変更
九九式二号20mm機銃

雷電一一型[J2M2](後期生産機)

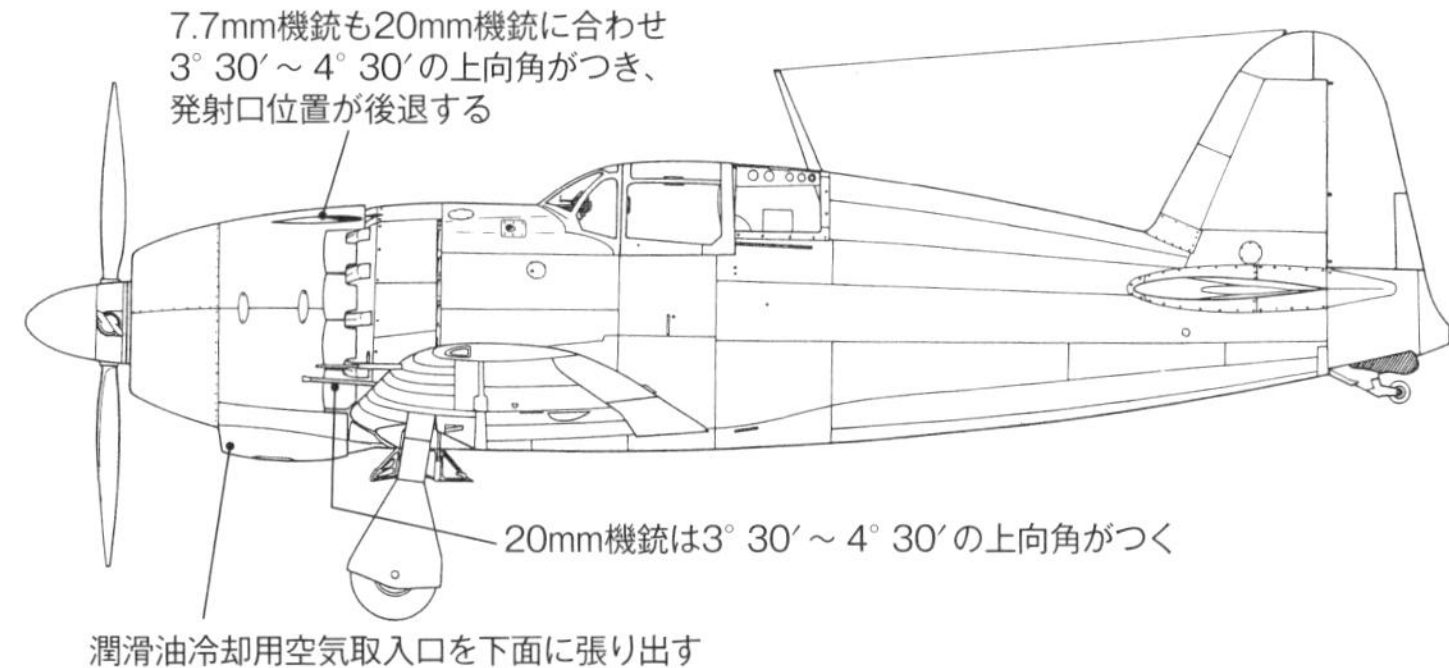

雷電二一型[J2M3]
武装を20㎜4挺に強化した雷電の最多生産型

そもそも、雷電が仮想敵としたのは、来襲してくる敵の大型爆撃機であった。J2M2の1号機が完成した頃、断片的に入ってくる情報によれば、アメリカ陸軍航空軍が実用化を進めている新型四発重爆ボーイングB-29は、その防御火網と防弾装備の強力なことが予測された。現下の南太平洋方面における戦況に鑑みても、アメリカ軍機の防弾対策の強固なことは、海軍航空上層部にも折に触れて上告されてきていた。

そうした影響もあって、J2M2の射撃兵装では、B-29に対して明らかに力不足と認識され、その強化と、あわせて防弾対策を施した新型を開発することが決められた。それが[J2M3]の記号を付与された型で、機首上部に装備していた九七式7・7㎜機銃2挺を廃止し、代わって左右主翼内に20㎜機銃各2挺ずつを装備することにした。

その20㎜機銃も、J2M2が用いていたドラム弾倉(100発入)式の九九式二号三型ではなく、ベルト給弾式に改めて携行弾数を増やした九九式二号四型(内側の機銃・携行弾数190発)と九九式一号四型(外側の機銃・携行弾数210発)に更新された。4挺合計で携行弾数は計800発となり、J2M2の計200発に比べて実に4倍の強化になった。無論、4挺とも見越し射撃の都合を考慮した3°30′~4°30′の上向き角をつけて固定された。

防弾対策としては、操縦室内の風防正面内側に厚さ45㎜の防弾ガラスを追加(生産第11号機から、70㎜説もあり)し、胴体内燃料タンクにのみゴム板を被せて、被弾時の防漏/防火能力を高めたことが挙げられる。ちなみに、座席後方の転覆時保護支柱に装着している8㎜厚の防弾鋼板については、J2M1の段階ですでに標準となっていた。

J2M3は、艤装面においてもいくつかの改良がなされており、最も大きな変化は、操縦室内の主計器板の配置が一新されたこと。これはJ2M2までの機首上部内に装備していた7・7㎜機銃の廃止に伴う措置と思われる。

雷電にとって、通常はほとんど使用する機会がない胴体下面の落下増槽も、J2M3では従来までの零戦に順じた懸吊方式の、金属製250ℓ入りに代わり、途中から新たに陸海軍共用の「統一型」と称する木製または竹製のタンクを使用するようにした。懸吊方法も、爆弾懸吊金具に順じたものとし、飛行中のブレを抑えるために前後2箇所を支える4点支持式を採るようにした。統一型落下増槽は、容量別に数種が存在したが、雷電が適用対象にしたのは三型（300ℓ）と四型（400ℓ）である。

同様に実戦での使用機会はほとんどなかったものの、J2M3では左右外翼内に小型爆弾（30〜60kg）の懸吊架が埋め込み式に装備された。

なお、振動問題に悩まされた雷電を象徴するかのように、J2M3ではプロペラの改修が頻繁に行われ、生産機が初期／中期／後期と分けられるように、少なくとも外観上の相違が明らかな3種のプロペラが確認できる。

また正規の生産仕様ではないが、帝都防空の重責を担った第三〇二海軍航空隊に配備されたJ2M3のなかには、司令小園安名中佐の強い意向により、操縦室の左側に上方へ10°、左方向に30°の角度をつけて九九式20㎜機銃1挺を装備した機体があった。これは夜間戦闘機「月光」が装備した斜銃の変則型ともいえ、B-29と平行した位置で飛行しつつ、必殺の射弾を送り込もうという発想だった。しかし現実には、そのように飛行すること自体が困難であり、ほどなく全て撤去された。

J2M3は、昭和18（1943）年7月に海軍の試作機名称基準

雷電二一型[J2M3]

側面図

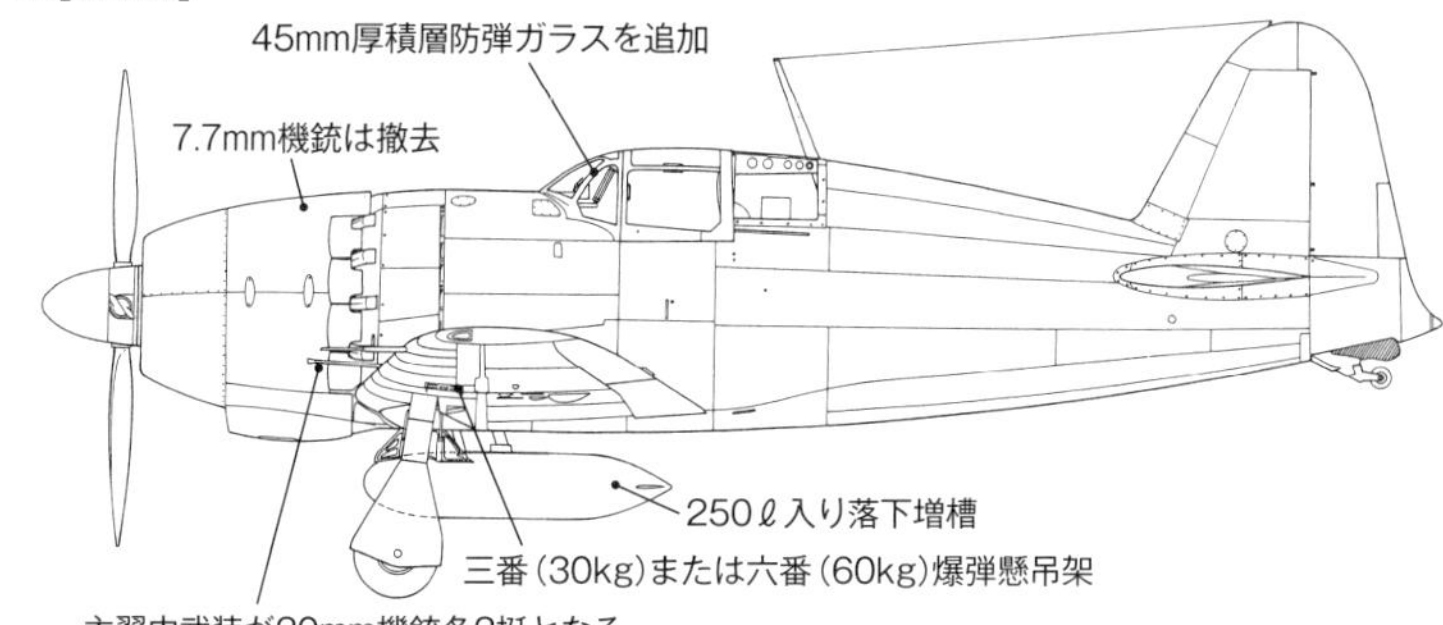

前面図

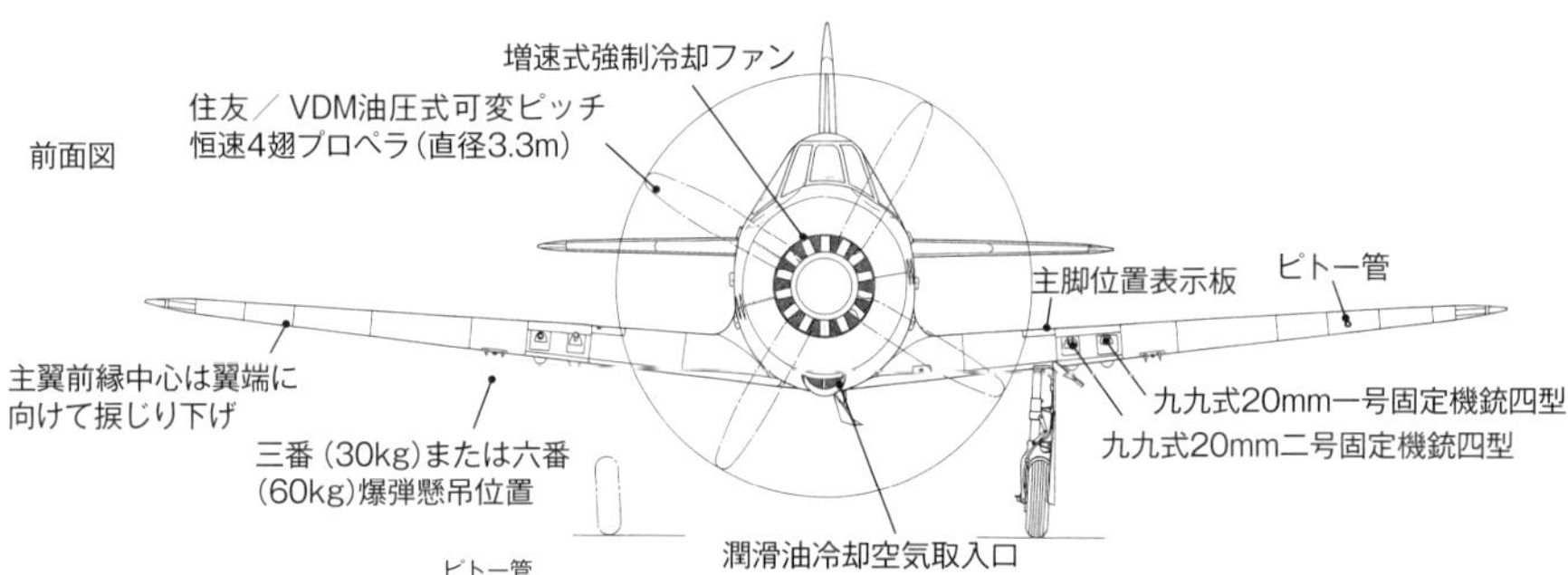

上面図

ピトー管
編隊灯
一号機銃用弾倉（210発入）
二号機銃用弾倉（190発入）
九九式20mm一号固定機銃四型
九九式20mm二号固定機銃四型
潤滑油視量計点検用蓋
補助翼操作桿点検ハッチ
補助翼
補助翼固定タブ
水メタノール液注入口蓋
胴体内燃料タンク注入口蓋
主脚取付支持金具点検孔蓋
フラップ
二号機銃支基点検孔蓋
主脚ウォーム歯車筐部点検孔蓋
弾倉蓋
翼内燃料タンク
注入口ハッチ
二号機銃点検孔蓋
一号機銃点検孔蓋
昇降舵
20mm機銃前部点検孔蓋
昇降舵修正舵
翼端灯（左が赤／右が青）

当初は「試製雷電改」とも呼ばれていた雷電二一型。写真の"コ-J2-34"号機は空技廠飛行実験部に領収された1機

雷電二一型[J2M3]諸元	
自重	2,538kg
全備重量	3,499kg
最大速度	611km/h（高度6,000m）
上昇力	高度6,000mまで5分50秒
実用上昇限度	11,520m
武装	九九式20mm一号固定機銃四型×2、九九式20mm二号固定機銃四型×2
爆弾搭載量	30kgまたは60kg×2
乗員	1名
1号機完成年月	昭和18年10月

※機体寸法、エンジン、航続距離の項目は一一型に準ずる。

が改訂されたのに伴い「試製雷電改」の固有名称で呼ばれるようになり、昭和19（1944）年10月、J2M2ともども制式兵器採用手続きがなされた際に雷電二一型と命名された。

試作（原型）機の完成は昭和18年10月、生産は19年2月から始まり、三菱工場では昭和20（1945）年4月までに計308機がつくられた他、神奈川県の厚木基地に隣接した海軍の高座工廠にて敗戦までに128機がつくられている。

長崎県大村基地に展開した佐世保鎮守府隷下の三五二空乙戦隊の雷電二一型・青木義博中尉の乗機。胴体側面に分隊長を示す電光マークを描いた有名な機体である

雷電三二型［J2M4］
排気タービン過給器を装備した高々度飛行性能向上型

雷電の仮想敵であるB-29は、排気タービン過給器にものを言わせて高度1万メートル付近を悠々と巡航飛行して来襲する。そのため雷電にも、局地戦闘機として最大速度と上昇力に秀でるのは無論のこと、B-29に対抗できる高々度飛行能力が求められたのは当然の成り行きであった。

通常、「火星」二三甲型発動機を搭載するJ2M2、J2M3の最大速度が発揮できるのは高度6000m付近である。これを9000〜1万m付近にまで引き上げるには、B-29に倣って排気タービン過給器を併用する以外にない。そうした考えのもとに開発されたのが「J2M4」であった。

もっとも、当時の日本における排気タービン過給器の開発はまだ手探り状態といってよく、それを行っていた三菱の発動機部門も含め、石川島、日立の各民間メーカーの試作品についても、実用化の目途は立っていないのが現状だった。しかし事は急を要するため、J2M4は三菱のほか、海軍航空技術廠（空技廠）自らの手でも併行して開発することにされた。

先に試作機を完成させたのは空技廠のほうで、昭和19年半ば頃にはJ2M3、後述するJ2M6（雷電三一型）各1機を改造して2機を製作した。改造の要領は、発動機後方の右側に排気タービン過給器を配置し、その上方に空気取入口を新設。推力式単排気管が無くなったので、カウルフラップも再設計した。発動機本体は変わらないが、排気タービン過給器併用に対応するため補器類の変更が行われたので、J2M4の発動機名称は「火星」二三乙型と呼称された。

さっそく飛行テストが実施され、「その効果はいかに？」と期待されたのだが、排気タービンを稼動させると尾部に激しい振動が発生したうえ、高々度における飛行性能向上もほとんど見られないことが判明した。空技廠は、この振動対策として操縦室右側の胴体に整流板を付けたり、主翼付根後縁のフィレットを大きくするなどの改修を施したが、事態は好転しなかった。

雷電三二型［J2M4］（空技廠製のJ2M6改造機）

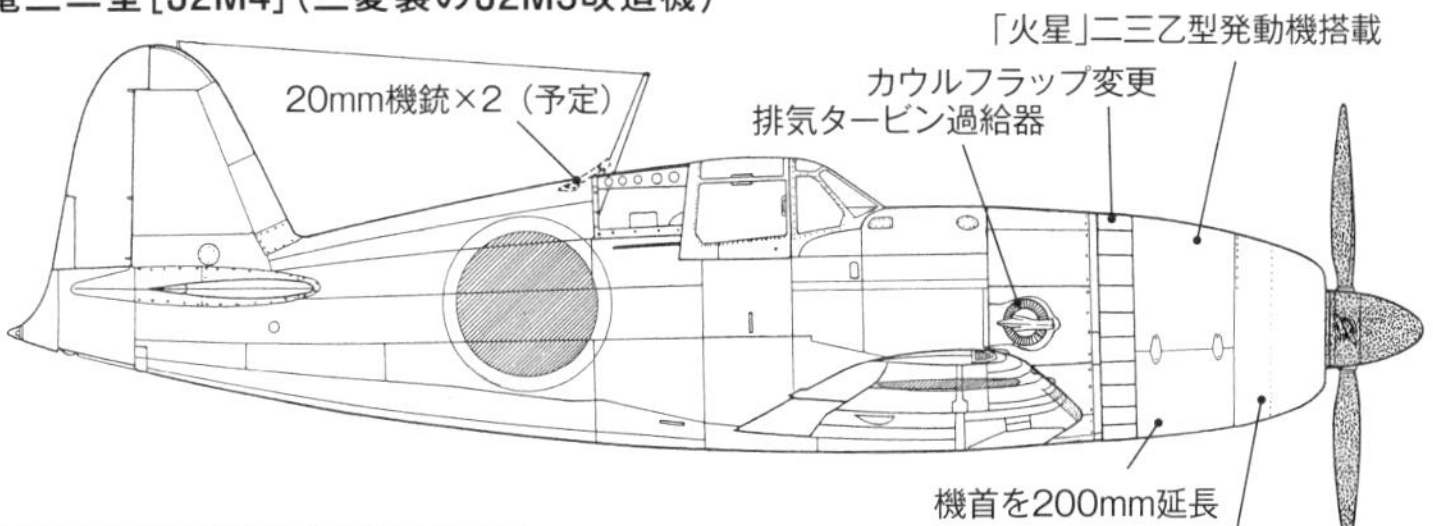

雷電三二型［J2M4］（三菱製のJ2M3改造機）

「火星」二三乙型発動機搭載
カウルフラップ変更
20mm機銃×2（予定）
排気タービン過給器
機首を200mm延長
潤滑油冷却器をカウリング前縁に移動

雷電三二型［J2M4］諸元	
自重	2,823kg
全備重量	3,947kg
エンジン	三菱「火星」二三乙型 排気タービン装備（1,820hp）×1
最大速度	580km/h（高度9,200m）
上昇力	高度10,000mまで19分30秒
実用上昇限度	11,500m
航続力	全速0.5h+巡航3.0h
武装	九九式20mm一号固定機銃四型×2、九九式20mm二号固定機銃四型×2
爆弾搭載量	30kgまたは60kg×2
乗員	1名
1号機完成年月	昭和19年8月

※機体寸法の項目は一一型、二一型に準ずる。

三菱製の雷電三二型試作機の排気タービン過給器付近を中心に捉えて撮影された写真

雷電三三型［J2M5］

側面図

風防大型化に伴い後方支持架を変更

「火星」二六甲型発動機を搭載

J2M6と同じ視界向上対策

潤滑油冷却空気取入口が小型化

前面図

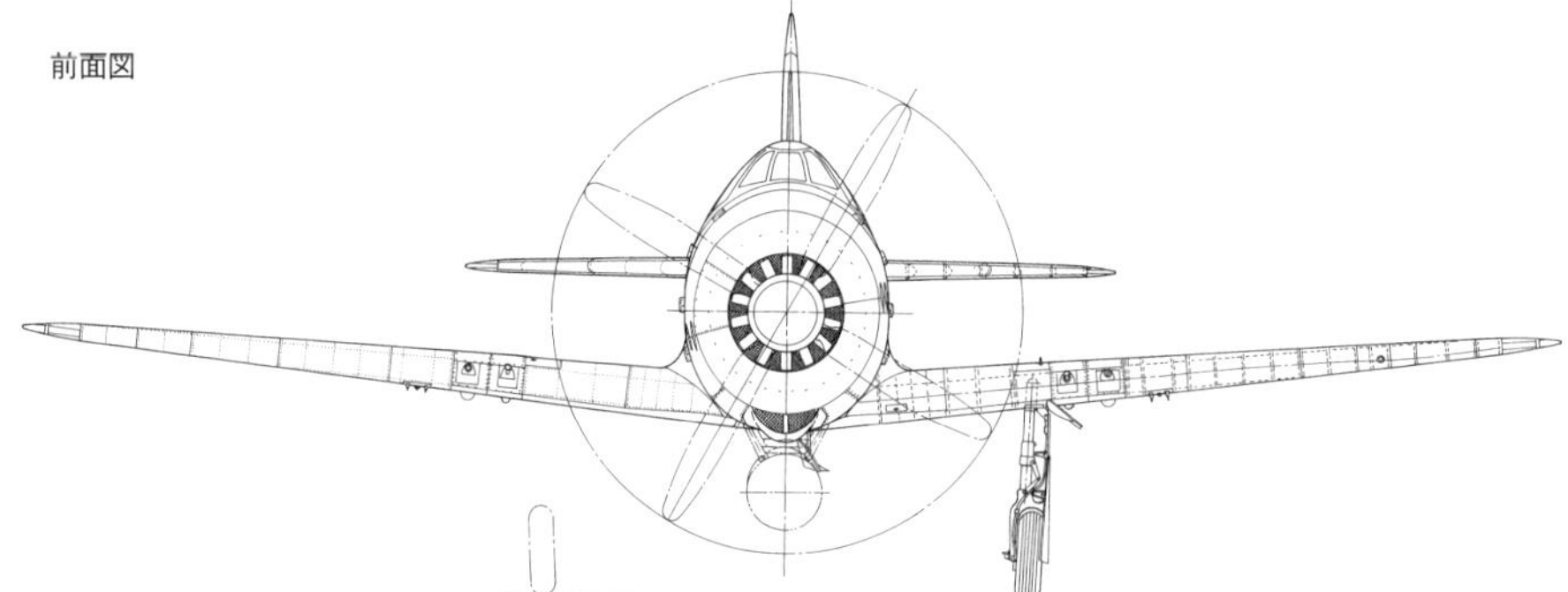

雷電三三型［J2M5］諸元	
自重	2,839kg
全備重量	3,482kg
エンジン	三菱「火星」二六甲型（1,800hp）×1
最大速度	615km/h（高度5,585m）
上昇力	高度6,000mまで 7分10秒
実用上昇限度	11,500m
航続力	全速0.5h＋巡航1.5h
武装	九九式20mm一号固定機銃四型×2、九九式20mm二号固定機銃四型×2
爆弾搭載量	30kgまたは60kg×2
乗員	1名
1号機完成年月	昭和19年5月

※機体寸法の項目は一一型、二一型に準ずる。

終戦後の昭和20年10～11月頃、米軍の手により横須賀・追浜基地に空輸されてきた雷電三三型。30mm機銃を装備した本機は、元三三二空所属機と思われる

一方、三菱製のＪ２Ｍ４試作機は少し遅れて８月に完成した。やはりＪ２Ｍ３を改造したのだが、空技廠製と異なり、ある程度量産を意識していたせいもあって、かなり念の入った改造設計になっていた。排気タービン過給器の配置は、空技廠製機とほぼ同じ位置としたが、スペース的な余裕をもたせるため、防火壁より前の機首を20㎝前方に延長し、タービンの内部への埋め込み度合いを深くして、気流の乱れを最少限に抑えるようにした。カウルフラップは細分化され、潤滑油冷却器はカウリング前部内に移動したため、下面に突出していた同空気取入口も廃止するなど、機首まわりの外観は極めてスッキリした形になった。

テストの結果、排気タービン過給器は不安定だが一応それなりに稼働し、空技廠製機のような振動問題も出なかった。しかし、肝心の飛行性能は高度９２００ｍにて最大速度５８０㎞／ｈにとどまり、期待したほどの成果は出なかった。結局、海軍航空本部はＪ２Ｍ４に量産化の意義なしと判断、その開発は中止されることに決まった。

したがって、Ｊ２Ｍ４にも一応は雷電三二型の型式名称が付与されたが、制式兵器として採用されたわけではないので、正しくは「仮称雷電三二型」と表記すべきである。

なお、Ｊ２Ｍ３を配備された九州・大村基地の第三五二航空隊では、隣接する海軍第二十一航空廠にて少数機が空技廠製のＪ２Ｍ４に順じた改造を施されたものの、実戦でその効果をあげた形跡はない。

雷電三三型「Ｊ２Ｍ５」発動機の全開高度を引き上げた雷電最後の生産型

排気タービン過給器の実用化が甚（はなは）だ頼りない現状だったこともあって、雷電の高々度性能を向上させる手立てとしてもうひとつ考えられたのが、「火星」二三甲型発動機の過給器を少し大きくして、その全開高度を高めることだった。

この改良を施したものは、「火星」二六甲型（離昇出力は少し低下して１８００hp）と呼称し、第二速状態の公称出力は、高度７２００ｍにて１３１０hpを維持し得た。なお、燃料供給方式は「火星」一三型と同じ気化器式に戻されている。本発動機を搭載する新型は「Ｊ２Ｍ５」の記号を付与され、Ｊ２Ｍ４の試作と併行して進められた結果、少し早い昭和19年５月にその１号機が完成した。

Ｊ２Ｍ５は、後述するＪ２Ｍ６が一足早く導入した大型風防と、前部固定風防の前方左右の胴体断面の〝削ぎ落し〟を継承しており、その他、機首下方内部の潤滑油冷却器の埋め込み度合いを深くして同空気取入口の突出度を小さくする、などの改修も加えられ

た。

テストの結果、J2M5は、J2M3に比べて上昇性能がかなり低下(高度6000mまで7分10秒。J2M3は同5分50秒)したが、最大速度はわずかに向上し、高度7000~8000m付近では、さらに明瞭なる速度向上が認められた。海軍はJ2M5の量産価値ありと判断して、「仮称雷電三三型」の名称を付与し、ただちに三菱に対して生産準備にかかるよう命じた。

しかし、当のB-29による空襲、東海大地震などで三菱工場が大きな被害を受けたこともあって、「火星」二六甲型発動機を含めて部品製造ラインが思うように動かなかった。

結局、昭和20(1945)年6月に入ってようやく量産機が完成し始めたものの、2カ月後には終戦を迎え、わずか42機がつくられたのみにとどまった。これらのうち、少数が三三二空、三〇二空、中支空などに配備されたが、目ぼしい実績もないまま終わった。なお、三三二空に配備されたJ2M5のうちの一部は、新型の五式30㎜機銃一型を左右主翼内に1挺づつ装備していたが、記号、型式名が別途付与された形跡はない。

後述するJ2M6は、実際にはJ2M3の風防まわりを改修しただけの応急型といってよく、J2M5に先がけて量産に入っており、実質的にはJ2M5が雷電として最後の量産型になった。

すでに三菱工場は昭和20年4月にJ2M3、J2M6の量産を打ち切っており、鈴鹿、三重両工場のラインはJ2M5のみに絞られていた。

雷電三一型[J2M6]

雷電三一型[J2M6]諸元

自重	2,574kg
全備重量	3,435kg
エンジン	三菱「火星」二三甲型(1,820hp)×1
最大速度	589km/h(高度5,450m)
上昇力	高度6,000mまで5分38秒
実用上昇限度	11,520m
航続距離	1,055km(正規)
武装	九九式20mm一号固定機銃四型×2、九九式20mm二号固定機銃四型×2
爆弾搭載量	30kgまたは60kg×2
乗員	1名
1号機完成年月	昭和19年6月

昭和19年秋、三菱の鈴鹿工場で完成したのち、厚木基地の三〇二空に空輸中の雷電三一型。高さ、幅ともに大きくなった風防が確認できる

雷電三一型[J2M6] 風防周りを改修したマイナーチェンジ型

[J2M6]は記号的にはJ2M5の後に計画され、試作機も同型より1カ月遅れの昭和19年6月に完成した。だが、実際にはすでに同年秋頃には量産機が出始めており、ベースとなったJ2M3の量産打ち切りとともにそれも終わっているので、最後の量産型というわけではない。

内容的にみても、J2M6は、いわばJ2M3の風防周りだけをJ2M5仕様に改修しただけのものといえる。とかく悪評の高かった操縦席からの視界不良だけでも早急に改善しておこう、という意図が察せられる。

その風防は、J2M3に比べて高さ(5㎝)と幅(8㎝)を増し、前部固定風防の前方左右の胴体断面を"削ぎ落とした"のがポイントである。これとは別に、中央の可動式風防には補強用の縦枠が追加されている。

三菱工場の生産実績記録では、J2M6はJ2M3のそれに含まれてしまっているため、具体的な製作数は不明だが、一定数がつくられたことは間違いなく、三三二空、三〇二空、中支空などへの配備が確認できる。

なお、J2M6は、J2M2、J2M3とともに昭和19年10月に制式兵器採用が決定しているので、「仮称」の名は冠しない。

＊＊＊

以上で紹介した各型の他、雷電には次に示すような生産型が計画、もしくは試作された。しかし、いずれも量産には至っていない。

●雷電二一甲型[J2M3a]
J2M3の射撃兵装を、すべて九九式二号四型20㎜機銃に統一した型。昭和20年2月以降、J2M3の生産ラインは本型に変更される予定だったと言われるが、現存写真は皆無であり、計画または試作のみに終わった可能性が高い。

●雷電三一甲型[J2M6a]
J2M6を、J2M3aに順じた射撃兵装に変更した型。その他、主翼主桁、主脚にも補強策が講じられる予定だったらしいが、計画のみに終わったようである。

●雷電二三型[J2M7]
J2M3の発動機を、J2M5と同じ「火星」二六甲型に換装しただけの型。試作機は完成したようだが、量産には至らなかった。

●雷電二三甲型[J2M7a]
J2M3aの発動機を「火星」二六甲型に換装した型。本型も試作機の完成のみに終わっている。

成層圏に轟く雷鳴
局地戦闘機 雷電の戦歴

開発に手間取り、戦力化が予定より大幅に遅れた局地戦闘機 雷電。一時期は零戦の後継機とも目された機体だったが、その戦歴は偉大なる三菱製艦上戦闘機に比べれば、寂しいものと言わざるを得ない。だが、戦局が不利になるにつれ、対爆撃機で高い迎撃能力を持つ雷電はその真価を発揮していった。本稿ではその戦いのあらましを見ていこう。

文／松田孝宏　イラスト／イヅミ拓
写真／野原茂

局地戦闘機 雷電関連地図（太平洋方面）

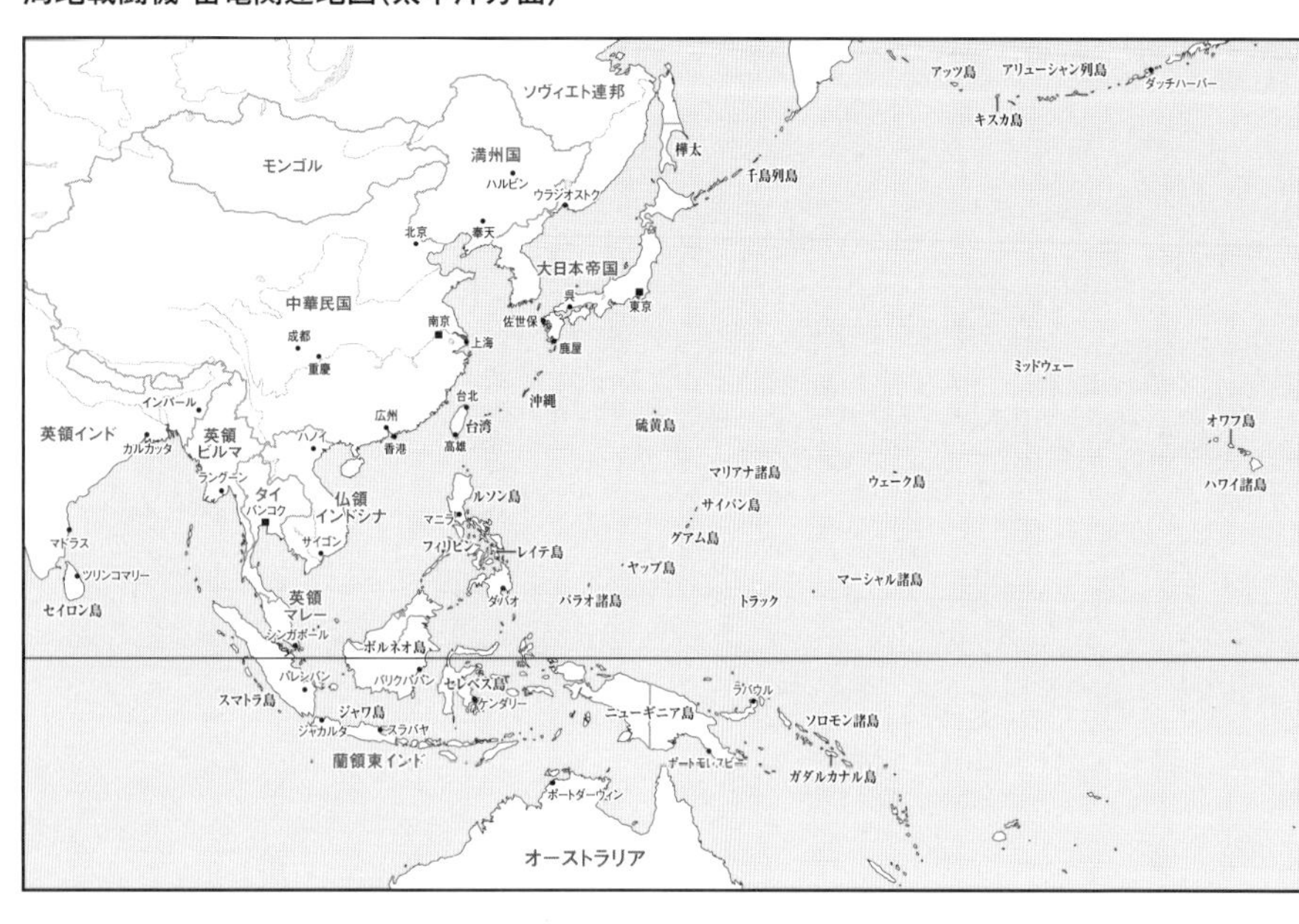

雷電隊の誕生

昭和18年（1943年）10月、計画から4年目にして、ついに雷電は実戦配備されることとなった。

同時期の昭和18年10月1日、最初の雷電隊として第三八一海軍航空隊が編成された。

三八一空はセレベス島のケンダリーに配備される予定だったものの、雷電の数も搭乗員の訓練も足りず、本隊は館山基地に置かれている。

飛行隊長の黒澤丈夫大尉は射撃の名手であり、雷電で殉職した帆足大尉の同期生であった。戦友のためにも、士気は高かったと想像できる。

昭和19年（1944年）元旦、先発隊の零戦がバリクパパンへ進出し雷電隊も続く予定であったが、訓練中に1機が空中分解を起こし、取り止めとなった。このため、三八一空の雷電が初陣を迎えるのはまだ少し先、昭和19年9月となる。

三八一空が訓練に励んでいる昭和18年11月5日、第二の雷電隊、三〇一空が横須賀で誕生した。ミッドウェー海戦で大量撃墜を記録した藤田怡与蔵大尉が飛行隊長となったものの、三〇一空は薄幸だった。進出先が何度も変わり、「あ」号作戦でも雷電隊（戦闘第六〇一飛行隊）は零戦に機種改変して戦うなど、雷電の目立つ戦果はない。

しかも、三〇一空は昭和19年7月10日付けで解隊となったため、「二番目に編成された雷電隊」としてのみ名を残すことになった。

ただし三〇一空の訓練で事故が続出したため、雷電不要論や風防の改良など、思わぬ余波ももたらしている。

続々編成される雷電隊

三〇一空に続く三〇二空こそ、雷電はもちろん、月光や零戦などで本土防空戦において奮戦した、海軍初の防空戦闘機隊であった。開隊は昭和19年3月1日、追浜であったが下旬には厚木へと移動している。

三〇二空は中国戦線やラバウルで勇名を馳せ、斜銃の発案者でもある小園安名中佐を司令とし、雷電乗りには350機撃墜を自称する赤松貞明少尉ほか、一癖も二癖もある野武士が顔を並べていた。帝都防空の要となる三〇二空の活躍は、改めて詳述する。

四番目の雷電隊として、昭和19年8月1日に岩国で三三二空が開隊した。司令の柴田武雄大佐はかつて源田実と戦闘機無用論で論争し、のちにはロ

厚木海軍基地における雷電（写真手前3機）。雷電の後ろには零戦五二型が見える。さらに奥の双発機群は月光

ケット戦闘機秋水部隊の三一二空司令ともなる人物である。

　続いて8月10日、大村で草薙部隊と自称した三五二空が開隊した。すでに雷電を経験した搭乗員が多かったのが特徴だが、来栖幸雄上飛曹のように「お前、顔が丸いから雷電向きだ」と指名された搭乗員もいた。

　三三二空と三五二空は、主に九州方面の防空戦闘に従事することになる。

バリクパパン邀撃戦（三八一空）
雷電の初陣となったのは油田地帯、蘭印（オランダ領東インド）バリクパパンでの邀撃戦だった。三八一空戦闘六〇二の雷電およそ10機は、昭和19年9月30日から開始された米軍の攻撃を迎撃し、四発重爆B-24などに対して痛撃を与えている。

雷電隊、戦闘開始

　雷電の初陣を飾るのは、最初に編成された三八一空であった。昭和19年9月、バリクパパンに展開していた三八一空にようやく雷電が届けられ、雷電隊である戦闘第六〇二飛行隊を率いる黒澤少佐（進級した）らは訓練を再開した。

　バリクパパンは燃料廠があったため、戦闘六〇二はガソリンに不自由することなく訓練を積み、まだ交戦も少なかったためみっちり練度を上げることができた。

　三八一空自体も対重爆撃機の研究と訓練を積んでおり、対爆撃機兵器である三号爆弾の訓練も開始されていた。雷電の初陣として、理想の状況だったと言える。

　そして、バリクパパンの邀撃戦において、雷電隊が訓練の成果を発揮する時が来た。

　昭和19年9月末、米軍はバリクパパンへ本格的な空襲を開始した。日本の石油地帯を叩き、継戦能力を削るためである。

　9月30日、72機のB-24が来襲。この報告を聞いた三八一空からは約10機の雷電が、一緒に展開していた三三一空からは零戦が飛び立つ。

　高度４０００ｍで侵入してくるB-24に対し、まず三八一空の月光が、続いて三三一空の零戦が攻撃をかける。しんがりは雷電隊で、最も得意な高度による直上方攻撃だ。

　出撃したのべ78機の日本軍機は、B-24撃墜7機（不確実2機）、撃破10機を報じ、雷電は1機を撃墜したと見られ、損害はない。米軍側によれば喪失は4機だが、B-24の指揮官たちは日本戦闘機隊の技量の高さを報告しており、三八一空と三三一空は敵側にも高評価を得たことになる。

　米軍の空襲は5回、10月8日まで行なわれたが、三八一空と三三一空が健闘したため、3回目の空襲では護衛戦闘機としてP-38、P-47が付くようになった。さしもの雷電と零戦も苦戦を強いられるが、最後まで雷電隊は機体も搭乗員も損失はなかった。雷電の戦果は不明だが、5回の空襲で米軍は通算してB-24を22機、戦闘機を9機失っており、三八一空と三三一空は大健闘したと言える。雷電の初陣としても、賞賛されるものだ。

　ちなみにほぼ同時期、三八一空の雷電隊は陸軍船団の上空直掩を行なった。局地戦闘機の運用として珍しい例で、雷電としても唯一の例であった。

B-29と対決、九州の防空戦

　雷電隊が誕生した昭和18年10月から昭和19年6月は、中国の成都からB-29が飛来して北九州を空襲し、またサイパン島が陥落したため、東京空襲も時間の問題となっていた。

　三五二空は昭和19年8月の八幡地区空襲ですでに防空戦闘を行っていたが、この時は雷電隊は不参加であった。この時期、三五二空に雷電の稼働機がなかったためだ。

　雷電隊が初めてB-29と対決するのは、10月25日の大村地区昼間空襲の時である。三五二空から杉崎大尉率いる雷電8機が出撃し、高度８０００ｍで攻撃を開始する。初めての戦果は、ベテラン名原安信上飛曹による2機撃破となった。他の雷電は、初めての迎撃ということもあり振るわず、雷電1機が大破した。

　雷電隊の戦闘は、しばらくは九州方面で続く。

　昭和19年11月11日の大村地区夜間空襲では三三二空と三五二空が雷電を出撃させたが、B-29の捕捉はかなわなかった。

　この時、昭和19年2月に上海で開隊された二五六空から配備間もない雷電が出撃、B-29を攻撃したが、こちらも戦果はない。この二五六空は中国大陸の雷電隊として昭和19年（１９４４年）12月15日に解隊されるまで活動を続け、九五一空上海派遣隊へ吸収されている。

　11月21日は昼間に大村地区に来襲した61機のB-29を迎撃すべく、三五二空と大村空から74機が出撃し、うち雷電は16機であった。

　この日の戦果は目覚ましく、三五二空の雷電は3機を撃墜、2機を撃破した。雷電も1機が失われたが、ようやくB-29撃墜を果たし、三五二空と大村空では雷電の戦果を含む12機を撃墜、陸海軍から感状を授与された。

　一方、三三二空はこの時期、九州で戦う一方、雷電および零戦隊を阪神地区防空のため鳴尾基地へ進出させていた。

　鳴尾での初めての空戦は12月22日のことで、越智明志上飛曹の雷電が1機を撃墜、三三二空の初戦果を記録して飛行長からウイスキーを贈られた。

　初めて関西に侵入したB-29と戦ったのも、三三二空であった。

　昭和20年1月19日、川崎航空機の明石工場を狙って関西に初飛来したB-29を三三二空は雷電7機、零戦5機で邀撃。うち5機を撃破したが、いずれも雷電の戦果であった。

　しかし戦後の調査によれば、この空襲で明石工場の生産力は90パーセントが喪失したとされており、雷電の苦闘は続く。

雷電の生産と海軍高座工廠

　ここで少し雷電隊の戦闘から離れ、苦難をきわめた生産、とりわけ高座工廠について触れたい。彼らの生産作業もまた、戦いと呼ぶにふさわしいからだ。

　B-29による名古屋の空襲は、生産工場を狙ってのものだったが、その中には雷電を設計した三菱の工場も多数、含まれていた。

　これらは昭和19年12月から翌年の4月までに、空襲でほとんど破壊されてしまう。また、12月7日、名古屋を襲った東南海地震も生産施設に甚大な被害を及ぼした。

　海軍の機体を製造する第三製作所は、鈴鹿に疎開して作業を続けるが、その間に雷電を生産したのは神奈川県高座（三〇二空のある厚木に近い）にできた高座海軍工廠であった。

　高座工廠は昭和19年4月1日に正式に発足し、操業を開始した。生産1号機が完成したのは6月末のことであったが、悲しいかな、かなり問題の多い機体となっていた。

　とはいえ、三菱の工場は疎開でかなり生産効率が落ちており、しばらくは高座工廠に頼るほかなかった。品質も徐々に改善されていき、三〇二空にも高座工廠製雷電が運ばれた。工廠に勤務していた早川金次が納品に行った際、「自分たちのつくった雷電のあの太い胴体に、桜のマークが三つつけてあったのを見て大いに感激したのを覚えている。パイロットの話では、空中戦で敵機を3機撃ち落としたそうである」という。

　これらの雷電の生産は、主に台湾出身の少年工員たちが主となって行われた。劣悪な環境で軍隊式の制裁も食らいながら、少年たちは懸命の作業を続けた。

　終戦を高座工廠で迎えた三島由紀夫は、著作『仮面の告白』で、台湾少年との交流に触れている。三島は少年たちにお伽噺を聞かせ、少年たちは三島に台湾語を教えたという。

　過酷な生活の中、「彼らは台湾の神が自分たちの生命を空襲から守り、いつかは無事に故国へ送り帰してくれる」と信じていたが、残念ながら空襲などで64名が犠牲になった。

　少年たちの製造した雷電は128機に上るという数値があるが（アメリカ戦略爆撃調査団による）、このうちの何機かは日本本土防空戦で戦果を挙げ、日本国民を守ったに違いない。

三〇二空も参戦

　話を雷電の戦いに戻そう。米軍がマリアナを基地とすると、そこからも日本本土、とりわけ帝都・東京ほか関東地方への空襲が可能となった。

　帝都防空戦の主役は、なんといっても厚木の三〇二空である。

　三〇二空は小園司令を筆頭に個性的な人物が多かったが、飛行長と飛行隊長はともに水上機出身、零戦隊の森岡大尉も元艦爆隊、夜戦隊も水上機や陸攻の出身者が占めるなど、他機種から転じた者が

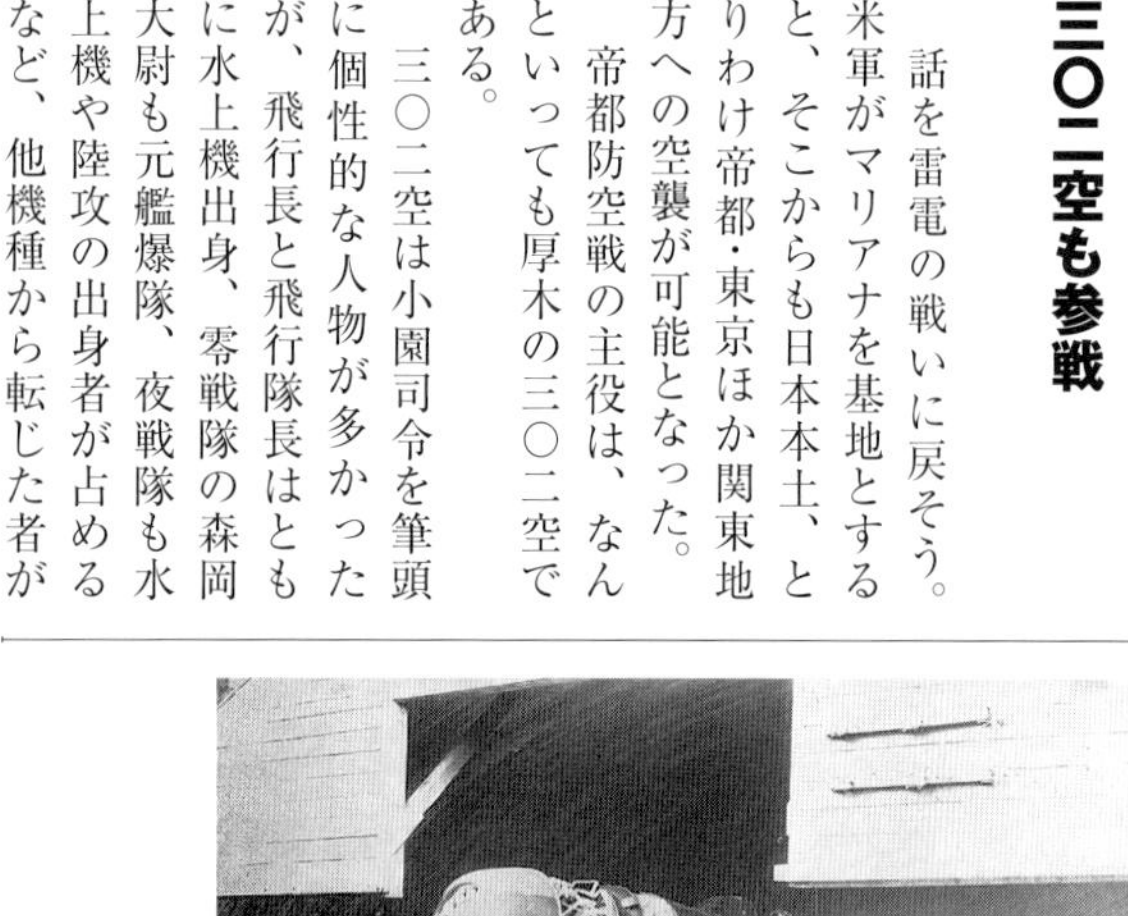

高座工廠のカマボコ型生産工場で生産途上にある雷電

北九州防空戦（三五二空）

大陸方面から飛来し、北九州の工業地帯を狙うB-29に対し、大村基地の三五二空は雷電による防空戦を展開した。昭和19年11月21日は、雷電隊のみでB-29撃墜3機、撃破2機を記録するなど、特筆すべき活躍を見せている。イラストは機体側面に稲妻マークを記した三五二空の青木義博中尉機。

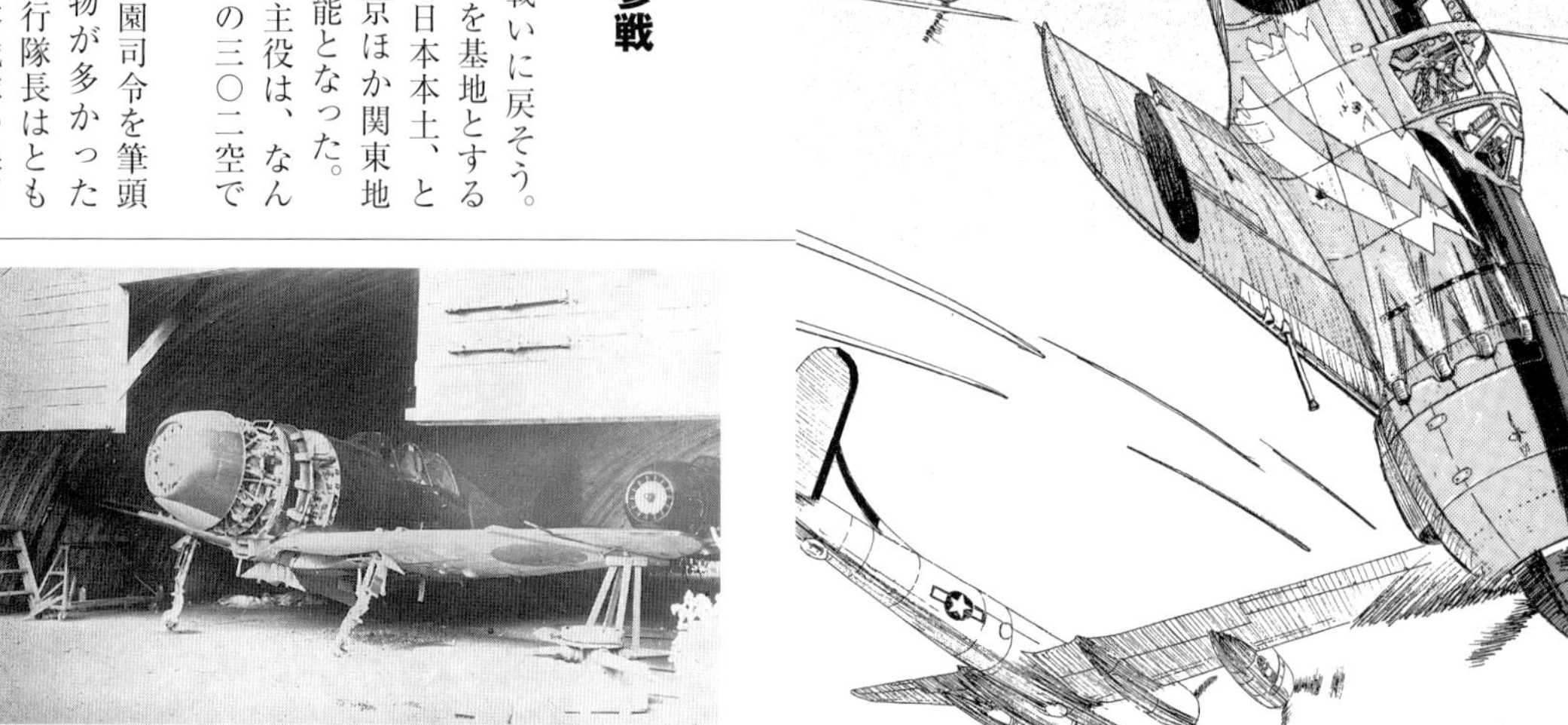

多くいた。

他の雷電装備部隊が定数不足に悩んでいたのに対し、三〇二空は零戦に機種転換した戦闘第六〇一飛行隊（三〇一空）から雷電を譲り受けるなど恵まれた環境でもあった。

さらに厚木の雷電は、小園司令がラバウル時代に発案した斜銃（前方へ30度上向きに傾斜して取り付けた固定機銃）を装備した機体も多かった。もっとも、斜銃は搭乗員たちには不評で、小園司令に知られぬよう外したこともあるという。

このように他の航空隊とはひと味違う三〇二空であったが、サイパン島が陥落してから、本土の大都市が空襲を受ける可能性はもはや確定という状況だった。

すでに九州で雷電隊が戦っていた昭和19年11月1日、1機のB-29（F-13）が偵察のため東京上空に飛来した。三〇二空では、飛行隊長の山田九七郎少佐、第一分隊長の宮崎富哉大尉、第二分隊長の伊藤進大尉らが操る11機の雷電が、零戦や月光とともに出撃する。

しかし、高度1万mを飛ぶB-29には追いつけず、三〇二空の初陣は得るところなく終わった。

高空でエンジンの出力が急激に落ちるため、雷電に限らず当時の日本戦闘機で排気タービン過給器装備のB-29を捕捉することは容易ではなかった。B-29もジェット気流に流されたりと思わぬ誤算があったが、彼我の技術力差は歴然としていた。これが排気タービン装備の雷電三二型の登場をうながすが、三〇二空や三五二空に配備された三二型が所定の性能を発揮することはなかった。

帝都防空戦

三〇二空の雷電が初めてB-29と対決するのは11月24日で、B-29にとっても東京初空襲となった。

空襲警報が発令されると、正午から三〇二空の主力機が次々と離陸を開始した。午後3時半までの戦闘で、三〇二空が挙げた戦果はわずかに撃破1機。これは待機空域がB-29のコースから外れていたこともあるが、雷電はもちろん零戦、零夜戦、月光、彗星、銀河と、全力出撃した結果としてはやはり物足りなさは否めない。ちなみにB-29を攻撃した雷電はのべ48機で、損失はなかったものの目立つ戦果もない。

三〇二空の雷電隊が初戦果を挙げるのは、12月3日の東京昼間空襲で、B-29の目標は武蔵野製作所である。

76機のB-29に対し、三〇二空は77機（雷電は24機）を出撃させ、11月24日の反省から広範囲に展開した。視界が良く、好天ということもあって三〇二空は善戦し、9機を撃墜（不確実3機）、8機を撃破した。雷電は3機の撃墜が記録され、1機がエンジンが止まり海没、1機が大破、2機が被弾した。海没した雷電は30㎜機銃を特設したいわばカスタム機で、搭乗員の杉滝巧上飛曹が機銃弾を見事命中させると、B-29は空中分解したという。

12月27日は三〇二空にとって昭和19年最後の防空戦となったが、哨戒区域がB-29のメインコースから外れていたため、撃墜不確実1機、撃破3機となった。

昭和20年1月9日は、三〇二空の雷電にとって4回目の邀撃となるが、この頃になると隊員たちも高高度の空戦に慣れ、戦法も確立されつつあった。戦果は撃墜4機（不確実3機）、撃破10機で、雷電も撃破を記録している。

2月10日は、新たに第一分隊長となった寺村純郎大尉をはじめ、35機の雷電がB-29に立ち向かう。寺村大尉は両翼の機銃弾を撃ち尽くしたが、斜銃も駆使して同航戦も展開、被弾したものの1機を初撃墜した。

数少ない斜銃の戦果を、大戦を生き延びた寺村は戦後の手記で「同航の射撃となるので、20㎜の曳痕がB-29の大きな胴体に入っていくのがよく分かるが、敵の曳痕もなかなかいいところを狙って、私の飛行機に近づいてくる（中略）絶対にマリアナまで帰れまいと思ったとき、初めて会心の笑みが浮かんできた」と記している。斜銃で攻撃する際は飛行コースが固定されるだけに、被弾の危険性も高いことが理解できる一文だ。

この日、三〇二空全体では撃墜3機、撃破5機の戦果を報じ、しかも雷電の喪失は1機もなかった。

なお、関東には三〇二空のほか、横須賀空、谷田部空、神ノ池空などに少数の雷電が配備されていた。横須賀空の雷電は邀撃戦闘に参加したこともあり、その際は「空の宮本武蔵」こと武藤金義飛曹長ほか、日華事変以来の超ベテランばかりが出撃している。

厚木基地で翼を並べ、出撃を待つ三〇二空の雷電隊。本土へ高空から襲い来るB-29を迎撃するには、上昇力に優れる雷電といえども、探知後逸早く出撃する必要があった

南九州防空戦(竜巻部隊)

南九州方面へ多数来襲した米軍機を迎え撃つべく、三〇二空、三三二空、三五二空の雷電隊が鹿児島・鹿屋に集結した。名付けて「竜巻部隊」は昭和20年4月27日以降、2週間にわたり激戦を繰り広げた。

雷電対アメリカ戦闘機

B-29を相手に奮戦を続ける雷電隊であったが、昭和20年2月から米軍は機動部隊の空母から艦載機を飛ばし、日本本土を襲うようになる。

B-29の空襲も夜間が主体となるため、雷電隊は苦戦を強いられるが、防御機銃を撃つだけのB-29と違い、こちらを撃墜しにくる戦闘機はやっかいな相手であった。

2月16日、米機動部隊の空母から飛び立った艦載機が初めて関東地区に来襲した。雷電も邀撃に上がるが、未熟な搭乗員が操る雷電は夜間戦闘機とともに空中避退を命じられた。雷電で対戦闘機戦闘は不利とされていたためだ。

ただし、寺村分隊長や坪井大尉のようにこの日、F6Fと互角に渡り合った例もある(しかも、寺村分隊長は初めての対戦闘機戦闘であった)。この戦闘からF6Fには対等の戦闘ができると分かり、以後、三〇二空の雷電は積極的に戦いを挑むようになる。

3月10日の東京大空襲に雷電の出番はなく、4月になるとB-29や米艦載機以上の強敵が現れる。それが、米陸軍のP-51である。

多大な出血の代償に硫黄島を手中にした米軍は、同地から第二次大戦でもトップクラスの優秀機、P-51をB-29の護衛として随伴させるようになる。

4月7日、東京に来襲した約90機のB-29を、三〇二空ほか陸海軍防空戦闘機隊は邀撃するが、誰もが機首の尖った小型機を陸軍の三式戦闘機「飛燕」と信じて疑わなかった。これが初登場となるP-51で、味方と思い込んでいた日本戦闘機は不意を突かれ、黒滝健治飛長の雷電ほか、三〇二空も大きな犠牲を出す。

さらに4月19日は、P-51のみが厚木基地銃撃にやって来た。飛び立った雷電隊は3機が撃墜され、地上銃撃で3機が破壊された。

一部のベテランを除けば雷電にとってP-51は脅威であり、F4U、F6F以上の強敵であった。

竜巻部隊の戦い

昭和20年4月、米軍は沖縄攻略を開始した。日本側、特に九州の航空隊は沖縄の米軍を攻撃するものの、米軍はこれを封じるべく3月27日から九州の航空基地、中でも特攻機が出撃する基地をB-29で空襲するようになる。

日本海軍は三〇二空、三三二空、三五二空から雷電隊を九州に集めて対抗手段とし、三つの航空隊から合計43機の雷電が鹿屋に進出した。

雷電隊は「竜巻部隊」と自称し、総指揮は三〇二空の飛行長・西畑喜一郎少佐が、空中指揮は同・第一飛行隊長の山田九七郎少佐が執った。鹿屋基地は雷電に期待を寄せており、一式陸攻などの大型機を一時、他の基地に移動させて受け入れてくれた。

最初の戦闘は4月27日のことである。B-29来たるの報告を受けた竜巻部隊は、19機の雷電で出撃。19機といえばそれなりの数だが、本来ならば41機が「キーン」という独特のエンジン音で飛翔するはずだった。雷電のエンジン不調、工作精度の悪さが表面化した一例だ。しかしこの日は、三三二空の中島大尉が竜巻部隊の撃墜第一号を記録した。

翌28日も来襲したB-29を26機の雷電が邀撃、この日は撃破13機にも及んだ。

5月に入っても竜巻部隊は戦闘を続けたが、機材、搭乗員の補充もままならず、稼動機は徐々に減り、5月10日には8機となってしまった。

このため、5月12日に竜巻部隊は解散となり、それぞれは原隊に帰っていった。竜巻部隊は4月27日から2週間にわたり7回の交戦を数えたが、戦果は撃墜4機、ほぼ撃墜4機、撃破46機とされている。

竜巻部隊の解散と時を同じくして、米軍も九州航空基地の攻撃を打ち切り、本州の空襲を再開するのである。

雷電最後の戦い

昭和20年も6月を迎えると、陸海軍は本土決戦を呼号するようになった。

温存策もあって各航空隊は積極的な出撃を控えていたこの時期、三〇二空の赤松貞明中尉(進級)が、河合繁次飛曹長とともに、2機のP-51と遭遇。雷電より低高度で飛んでいたP-51に接近し、河合機が上昇を許さぬようカバーしつつ、赤松中尉が2機とも撃墜に追い込んだ。ベテランらしい、雷電の掉尾を飾る活躍である。

しかし、戦局はもはや挽回不能となっていた。

鈴鹿に疎開していた三菱の工場も、空襲で焼けた。もはや日本に安全な場所はなく、三菱で雷電を製造することはほぼ不可能となった。

三〇二空や三三二空なども、6月、7月に組織的な戦闘を行うことはなかった。

8月15日、太平洋戦争が終わったこの日も雷電は戦っていた。未明から敵機動部隊接近の情報が入っていた三〇二空では、早朝に来襲した艦載機を邀撃すべく、雷電4機と零戦8機が出撃していった。

そして、蔵元善兼中尉と武田一喜上飛曹の雷電が帰らなかった。この戦いが初陣、そして最後となった蔵元中尉は「今日上がったら、降りたくない」と言いながら出撃していったという。

三〇二空は小園司令が徹底抗戦を叫び、隊内や周辺部隊にも同調者が出たものの、未遂に終わった。

8月22日、寺村分隊長らの前で雷電ほか戦闘機のプロペラが外され、タイヤの空気が抜かれていった。

鳴尾の三三二空では、玉音放送後、八木司令が全員特攻を訓示し、17日には林藤太大尉と越智明志上飛曹が接近する敵機動部隊（実は誤報であった）の索敵に出撃していった。発見後は体当たりを命じられていたが、幸いなことに2機ともエンジン不調で不時着している。

雷電の最後の飛行は、昭和20年11月3日のことである。三三二空の雷電4機が、米軍へ引き渡しのため日の丸を消し、星のマークを描いて追浜まで飛行していった。これに従事したのが林大尉、渡辺光允大尉、松本佐市飛曹長、斉藤栄五郎飛曹長である。

林大尉の戦後談話によれば、この時の雷電は生産されてすぐ終戦となり、一度も飛んだことがなかったという。このために再度集まった整備員らは最後の奉公とばかりに汗と油にまみれ、林大尉も整備を手伝った。

その夜、搭乗員と整備員たちは別れの杯を酌み交わし（引き渡し後、捕虜になるという噂があった）、飛行場を後にした。関係者たちは、これが最後と手を振って見送る。

現地に到着後、雷電に別れの礼を捧げた林大尉は米兵にジープで久里浜駅へ送られ、「オーケイサヨナラ」の一言ですべては終わった。21歳の林大尉にとっては、「屈辱の我が最後の飛行」だったという。

これをもって、日本人が雷電を飛ばしたのは最後となった。

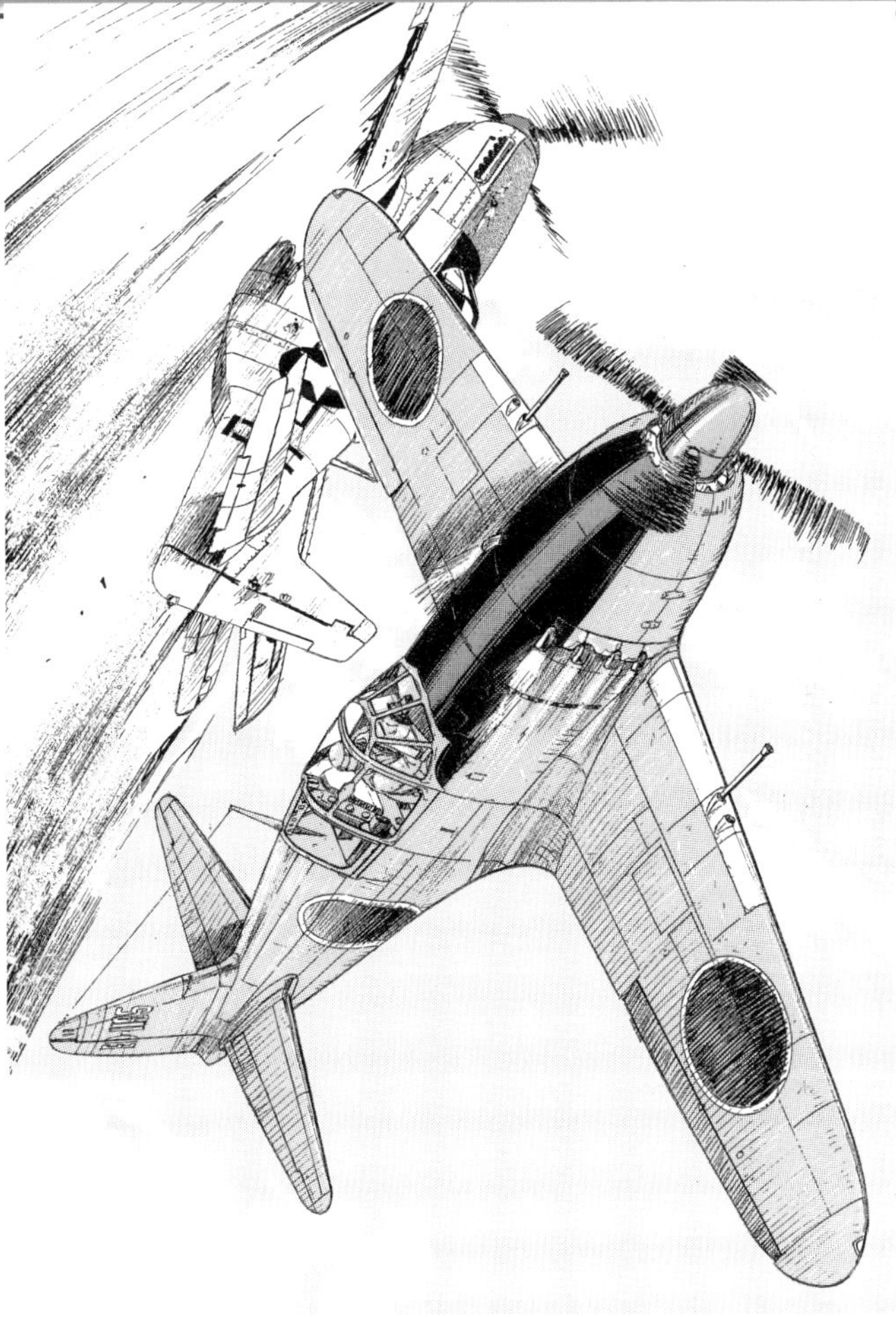

P-51との戦い（三〇二空）

昭和20年3月の硫黄島陥落の前後から、米陸軍はB-29に護衛戦闘機P-51を随伴させるようになり、B-29に対する迎撃はより難しくなった。だが、中には赤松貞明中尉のように、対戦闘機戦闘では不利と言われる雷電でP-51を撃墜した例もある。ベテラン搭乗員の操る雷電ならば、第二次大戦最高の傑作機とされるP-51にも十分対抗可能だったのだ。

雷電の戦果と評価

短く苦しい戦いで、雷電の戦果は少ないと言わざるを得ない。

渡辺洋二氏が『世界の傑作機』誌上で発表した雷電撃墜リストを参考とすると、主敵であるB-29の撃墜は14機（偵察機型のF-13含む）、不確実が4機（「おおむね確実」もここに含まれる）、どちらとも取れないのが1機である。戦闘機も撃墜確実なのがF6Fが2機、P-51が1機。

渡辺氏はこの他、日付けが確定できない撃墜が10機余りと推定しているが、ここで挙げた数字を合計しても40機弱である。

いかに苦しい戦いであったことか、いかに報われない戦いであったことか。

しかし、味方から「殺人機」、「『雷電』国滅ぼす。国滅びて『銀河』あり」と言われた雷電に対する米軍の評価は高い。アメリカが接収した雷電を用いて行なったテストでも、良好な環境だったにせよ、基本スペック以上の数値を出している。

堀越二郎、奥宮正武共著の『零戦』によれば、戦後アメリカで発行された航空雑誌に「雷電は（中略）B-29の迎撃に日本機中第一の働きをした」と記されたという。

この、米軍の評価こそ、幸薄い局地戦闘機への最大の賛辞である。

降伏後の昭和20年11月3日、海軍搭乗員の手で米軍へ引き渡される雷電。機体側面には米軍の星マークが記されている

局地戦闘機「雷電」関連人物列伝

蒼空を駆け昇った雷の剣士たち

文／松田孝宏（オールマイティー）

零戦のように生産機数も多くなく、紫電改のように鮮烈な戦歴にも乏しい雷電であるが、それでもやはり語り継がれるべき人物たちは数多い。ここでは著名な搭乗員を中心に雷電に関わった人々の戦いを紹介していこう。階級は終戦時、あるいは戦死時。

雷電パイロットを代表する豪傑の中の豪傑、赤松貞明

350機撃墜を自称する「日本撃墜王」 赤松貞明(さだあき)中尉

「まァ数の点では、私ほど墜しているものは世界に一人もいないということは言えましょう」（原文ママ、『日本撃墜王』より）

驚くべきインパクトで自らの戦果を誇る赤松は、三〇二空のみならず雷電搭乗員を代表する存在である。

日華事変以来のベテランで、扱いの難しい雷電も難なく操縦、搭乗員たちの指導者的存在でもあった赤松は人並みはずれて腕力が強く、その反面、身も軽かった。

卓越した身体能力にくわえて戦闘機の操縦者としても超一級で、昭和20年6月の空中戦では遭遇した2機のP-51を、いずれも撃墜した。この時は河合繁次飛曹長のアシストも有効だったが、別の日も20機ほどのP-51編隊を発見すると、手近の1機に煙を吐かせると急上昇で離脱した。深追いを避けたわけだが、離脱の際は敵機に照準の機会を与えぬよう、一瞬も真っ直ぐには飛んでいない。

小園司令の信頼が厚かったのは言うまでもないが、どこの隊でも「松ちゃん」と親しまれ、赤松を欲しがった。

ある日のことだが、お守りとして持っていた愛妻の毛（つまり……）を紛失、総員集合をかけて探したこともある。お茶目な性格でもあるのだ。

酔った時などは、自分の撃墜戦果を350機と称した赤松だが、実際には27機程度とされている。しかし赤松の真価は、数字などに左右されるものではない。

戦後は『日本撃墜王』を著し、昭和55年2月22日に逝去した。享年69。

雷電を乗りこなした水上機出身のエース 坪井庸三大尉

予備学生出身で水上機から転科しながら、三〇二空の雷電の初戦果を記録した一人が坪井庸三大尉である。

昭和19年12月3日、犬吠埼付近の上空から直上攻撃をかけ撃墜したとされている。ただしこれは、誰かの戦果と重複した可能性も高い。

むしろ坪井の殊勲は、対F6F戦にある。

昭和20年2月16日。この時期、空母艦載機が本土に来るようになっていたが、対戦闘機戦闘が苦手とされた雷電隊は、空中退避を命じられていた。

しかし坪井は、敵を求めて飛行していた第一分隊長、寺村純郎(すみお)大尉と合同したところ、4機のF6Fと遭遇した。坪井たちの高度は3000m、敵はさらに500mほどの高位から一撃をかけてくる。

坪井、寺村機はこれをかわし、おのおのが2機のF6Fを相手とした空戦が始まった。坪井機は2機を相手取りながら1機を撃墜し、雷電でもF6Fに対抗できることを実証した。

残念ながら昭和20年4月1日に戦死したが、雷電と零戦による戦果はB-29が2機（うち1機は協同）、F6Fが4機（偵察機型含む）であった。雷電によるエースという可能性もあり、雷電を語るうえで見逃せない人物である。

異常なまでに斜銃にこだわった小園安名

最強防空飛行隊の総元締 小園安名(こぞのやすな)大佐

日本海軍航空隊において、最も豪傑を謳われた司令が小園安名であろう。

中国戦線やラバウルでのエピソードにも事欠かないが、ここでは斜銃と三〇二空について記述する。

三〇二空の司令となった小園は、過剰なまでに斜銃にこだわった。ラバウル時代、自らが発案し二式陸上偵察機（のちの夜間戦闘機 月光、三〇二空にも配備された）が戦果をあげたために愛着と自信も深かったのだろうが、雷電はもとより、零戦、月光、彗星、彩雲など三〇二空の配備機にことごとく斜銃を取り付ける勢いであった。

隊員たちは猛反対するが、小園は頑として譲らない。仕方なく隊員たちは不承不承(ふしょうぶしょう)、斜銃装備機で出撃している（こっそり外した例も多いが）。

豪放で懐が広く、部下思いの小園はそれだけ慕われていたのだ。

三〇二空は小園の人柄や統率に心酔した部下が多かったため士気は高く、防空戦における戦果は海軍でもトップクラスとなった。

小園を語るうえで避けて通れないのが、終戦日の反乱である。断固として徹底抗戦を主張、周囲に抗戦をよびかけるビラを散布した。小園がマラリアで入院したことから未遂に終わったが、このために禁固刑の判決を受け、昭和27年に出所した。

昭和35年11月5日逝去、享年58。

テストにも実戦にも長けたベテラン 小福田租(こふくだみつぎ)少佐

昭和15年、まだ「J2」と呼ばれていた雷電の第一次木型審査に立ち

戦後も自衛隊で活躍した小福田租

会ったのが、空技廠飛行実験部でテストパイロットをしていた小福田である。

明治42年、岡山県に生まれる。昭和6年に海軍兵学校を卒業し、昭和8年から霞ヶ浦で海軍航空の道に入る。

当時すでに十二空で日華事変を戦っていたベテランで、現場での経験から邀撃戦闘機の必要性を痛切に感じていた一人である。

木型審査の際、小福田の抱いた印象は有名な「中で宴会ができる」ほど広い操縦席と、視界の悪さであった。ことに視界に関しては、はっきりした見解を示せなかったことを戦後も悔やんでいるが、不明確なコンセプトを示した海軍にも責任はあるはずだ。

試作1号機に海軍側で最初に搭乗したのも小福田である。この時は離着陸時の視界不良と、着陸速度の速さを指摘、若年搭乗員が乗りこなすには十分な訓練が必要と結論した。

それから間もない昭和17年7月、小福田は第六航空隊の飛行隊長に転勤していった。

しかし後任の帆足大尉が殉職したため、ソロモンの戦いを経た小福田が再び空技廠飛行実験部員として雷電に関わった。のちに排気タービン装備の雷電の審査も、小福田の担当となっている。

小福田は戦後『『雷電』（J2）の悪口をいわれると、なんだか腹が立った。身びいきというか、あるいは手塩にかけた飛行機への愛着というようなものだったかも知れない」と語ったが、愛着が強いだけになかなか進まない雷電の改善に焦ることもあった。そのため、三菱の技師たちを殴ったこともある。さすがに三菱側も抗議、小福田はすぐに冷静になって謝罪したが、前線帰りだけに現場の苦労も肌で感じており、辛い立場が想像できる。

小福田は以後も三菱の新型艦上戦闘機、烈風にも関与し、終戦を三沢基地で迎える。

戦後は航空自衛隊の幹部として空将まで昇進し、企業の取締役も歴任。平成7年7月29日、逝去した。享年86。

雷電に命をかけた熱血漢
帆足工大尉

小福田大尉の後任として、海軍で雷電（当時はJ2M2）の主務者となったのが帆足工大尉である。帆足は空母「翔鶴」の戦闘機隊長として真珠湾から珊瑚海海戦を戦った経験を持ち、十二試艦戦（のちの零戦）の実用試験にも参加しており、最良の人事といえよう。

職務熱心な帆足は雷電の改善に腐心し、深夜まで検討を続けることもあった。

自身と同様の熱意を他にも求め、三菱の曽根技師に徹夜の作業を要求、できないと断られるや「たるんどる」と殴ったこともある。

しかしこうした鉄拳制裁もその場限りのもので、帆足の一期上の志賀淑雄大尉などは「竹を割ったような素直な性格の好青年」と評している。名古屋に戻る三菱の本庄技師を「ついでだから」と零戦の胴体に乗せて送るなど、厳しい中にも思いやりのある人物であった。

しかし昭和18年6月16日、帆足は帰らぬ人となる。

その日の、鈴鹿で行なわれた試験で、雷電で飛行した帆足は、振動対策の改良点を指摘、予定されていなかった再度の飛行を希望した。

しかし、飛び立った雷電は上昇して間もなく墜落、投げ出された帆足は殉職した。この原因は約3カ月後、なかば偶然に確定するが、海軍と三菱の受けた衝撃は大きかった。

殉職後、帆足は少佐に進級している。

零戦と逆コンセプトの機体を設計
堀越二郎

改めて記すまでもなく堀越は、零式艦上戦闘機の生みの親である。

雷電開発当時は第二設計課長の地位にあり、すでに傑作機、九六艦戦をものにしており、雷電の計画要求を示された昭和14年9月は、十二試艦戦の作業に忙殺されていた。

十四試局戦、すなわちのちの雷電の設計には、堀越を筆頭に零戦とほぼ同一のチームがあたることになる。

雷電は新機軸として後方へ滑り出す方式のファウラー・フラップを採用したほか、零戦での反省も踏まえて部品点数の減少や工作の簡易化も図られた。

だが堀越は昭和16年10月から、過労のため休養を余儀なくされる。身体が頑強とは言いがたいのが、堀越の泣き所であった。

あとをついだ高橋己治郎の努力で雷電は昭和17年10月に初飛行し、やがて堀越も復帰した。

雷電開発における堀越最大の痛恨事は、帆足工少佐（殉職後）の殉職であろう。海軍側が堀越ら三菱側を責めなかったため、むしろ堀越は穴があれば入りたい心境だったという。堀越はこの事故を忘れられず、戦後の昭和23年、鈴鹿に旅行した際に殉職の地に立って帆足の冥福を祈っている。

その後、堀越は次期艦戦、烈風にシフトするものの、烈風は実戦に出ることなく終戦を迎えた。

戦後は三菱の参与を経て退職、東京大学、防衛大学などで教鞭を取った。

昭和57年1月11日逝去、享年78。

言わずと知れた零戦の生みの親、堀越二郎

雷電設計の「中継ぎ」役
高橋己治郎

雷電の設計主務であった堀越二郎が過労で倒れると、あとを引き継いだのは昭和16年当時、ドイツのハインケル社へ派遣されていた高橋己治郎であった。担当は攻撃機であったものの、三菱には戦闘機設計は堀越がトップの1チームしかなかったため、仕方のない措置であった。

堀越の右腕である曽根技師の補佐を受け、高橋の設計チームと工作部は試作1号機の完成に邁進する。すでに日米は開戦し、日本軍の連戦連勝に社内は沸いていた。

苦労の甲斐あって昭和17年3月の初飛行に成功し、本格量産型の二一型の製造が始まっても高橋は改修型の作業を続けていた。

高橋は昭和19年8月、排気タービンを装備した三二型の1号機が完成すると、ロケット戦闘機秋水の設計に移行、以後は櫛部四郎技師が担当した。堀越、高橋、櫛部と、こうも担当者が替わる戦闘機も珍しい。

一番大変な時期に雷電を担当した高橋の功績は、あまり語られることがない。東大航空学科出身の優秀な技術者であったが、戦後間もなく亡くなった。

バーチャル体験記

雷電のパイロットになってみよう！

殉職者の多さから「殺人機」ともあだ名され、零戦に乗りなれた海軍搭乗員の一部からは敬遠されたとも言われる局地戦闘機 雷電。では、その雷電のパイロットは、どのように雷電を乗りこなしていたのだろうか？ 雷電に乗る、とある下士官パイロットの視点を通じて、実際に雷電に搭乗する様子を見てみよう。

文／伊吹秀明　イラスト／土屋明正

離陸から着陸まで～「殺人機」で死なない方法

「お前にはこれからタメに乗ってもらう」

赤松貞明少尉は、意味ありげにニヤリとしながらそう言った。

「タメ？」

「相撲取りの雷電為右衛門のタメだ。どうだ、似ているだろう？」

俺は、少尉が指さす機体に目を向けた。厚木基地の駐機場に佇む新型戦闘機は、零戦を見慣れた目には異様にずんぐりとした姿に映った。

なるほど。相撲取りの体型にも見えなくはない。雷電為右衛門といえば江戸時代の力士というくらいしか知らないが、その強さたるや半端ではなかったそうだ。そう思って見れば、膨らんだ胴体は巨大な力こぶのように頼もしく感じる。

しかし、俺はこの戦闘機の別のあだ名をすでに知っていた。「殺人機」とか「爆弾」という物騒な名だ。

九六艦戦、零戦といったこれまでの海軍戦闘機とは全く違う性格を持つ三菱の十四試局地戦闘機。それが「雷電」という名を与えられ、開隊したばかりの第三〇二航空隊に配備されるようになったのは昭和19年3月のことだ。

この雷電、かなりの問題児という評判だった。とにかくクセが強くて、扱いにくい。量産型の一一型になって多少は改良されたものの、まだ事故が多発。「週に一度は海軍葬」というくらいに殉職者が出て、「殺人機」と陰口を叩かれるようになった。飛行練習生を終えたばかりの若手どころか、零戦で経験豊富な中堅以上のパイロットでも尻込みするような難物なのだ。あげくの果ては「雷電国滅ぼす、国滅びて銀河あり」などという言葉まで現れたとか（銀河は海軍の新鋭陸上爆撃機）。

ところが、ここに正反対のことを口にする男がいる。「雷電が一番だ。今の世の中にこんな傑作機はない」と言いきる赤松少尉だ。

粗野で強引なところはあるが、海軍きっての叩き上げの戦闘機パイロット、赤松貞明。俺も飛練時代は補助教員だった赤松さんに絞られたものだが、その腕前には大きな信頼を置いている。そんな赤松少尉が現在三〇二空において雷電パイロットの訓練法や戦法の案出を率先して行っているという。

「まあ、お前なら、何とかタメを乗りこなせるだろうよ」

これは期待に応えなくてはならん。俺を含めた戦地帰りの下士官パイロットたちは、ただちに三〇二空の雷電部隊に編入され、その洗礼を受けることになった。ガリ版刷りの操縦教本に目を

雷電といえば三〇二空、三〇二空といえば赤松貞明少尉（当時）。厚木基地の三〇二空はニュース映画「海軍雷電戦闘機隊」として紹介され、当時国内でも著名な航空隊だった。この三〇二空を代表するパイロットが"自称350機撃墜"のエース、赤松少尉である

通し、搭乗経験者から注意点を聞き、地上滑走を行い、あとはいよいよ飛ぶだけ。零戦のような複座の練習機型がない雷電は、結局のところ、ぶっつけ本番で覚えていくしかない。

まずは起動前点検だ。担当の整備員と一緒に、クマンバチのような紡錘(ぼうすい)形の機体を左からぐるりと回って異常がないかを見る。

点検が終われば、いよいよ搭乗となる。左主翼下の足掛を引き出し、それを足場に機上に登る。風防を開けて操縦席に着いた。中は「宴会ができる」と評されたほど広く、零戦のざっと2倍に感じるほどだ。体は動かしやすいが、スロットルなどの操作レバーに手が届きにくい気がする。

座席の上下作動、フラップの作動を確認。電源スイッチを入れて、計器類を確認。潤滑油、作動油、水メタノールの搭載量を確認。整備員が手動ポンプにて燃料を注射する際には、燃圧にも目を配る。

管制把手(はしゅ)を標準位置にして(オイルシャッター閉、カウルフラップ全開、MCレバー最濃など)、電気系統スイッチの切り換え試験を行う。……異常なし。

「前離れ! コンタクト!」と前方地上員たちに注意を促す。イナーシャを回していた整備員が機体から離れるのを確認して、スターター結合レバーを引く。

よし、かかった。一拍置いたあと、「火星」二三甲型エンジンが起動。プロペラが回転し、たちまち操縦席の中が零戦より大きな爆音と震動に満たされる。強制冷却ファンのキィーンという金属音が耳をつらぬく感じだ。

油温が40度以上になるのを確認。筒温、排温計にも注意しつつ、1分間辺り1200から1300回転で暖機運転を行う。十分にエンジンを温めてから離陸点に向かうわけだが、ここで大きな関門を越えなくてはならない。

そう、操縦席からは、なんと前が見えないのだ。教本にも「視界極めて不良なるをもって特に注意を要す」と書かれているように、雷電は地上の三点姿勢だと前が全く見えないという問題点があった。

風防を開けたまま、座席を最高位置に上げ、さらに中腰になった姿勢を保つ。蛇行運転で前方を確認しながら(斜めになった状態なら前が見える)、ようやく滑走路端の離陸点へ到着した。

教本にあった零戦と違う雷電の離陸前注意点を頭で繰り返す。……方向修正舵を右5度から10度。昇降修正舵を俯角7度。フラップは15度。ピッチレバーは過回転防止のため80パーセントに。そして「特に見張りを厳重にせよ」と。

「あれだな。……いくぞ」

地上員から「離陸よし」の手旗信号を待って、スロットルを開く。

あれというのは、厚木基地の外に生えている松の木だ。俺は先任搭乗員の助言を聞き、離陸方向に目標になるものを定めていた。その松を目がけて突進。速度がついて尾輪が浮き上がると、やっと前方視界が開け、松以外のものも見えてきた。続いて主車輪も地を離れて、離陸完了だ。

高度20mに上がらないうちに急いで脚を引き込みにかかる。機速が速くなると風の抵抗で収納しにくくなるからだ。車輪の収納は油圧式だった零戦と違って電動式。脚標示灯は青から赤へ。およそ7秒で左右の主脚、尾輪、全部が収容される。

機首を上げ、スロットルいっぱい。爆音とともに宙を駆け上がる。

なんという上昇力だ! 飛行機ならどれでも天に昇る気持ちを体感できるものだが、こいつは次元が違う。雷電の上昇角度と上昇率は零戦と比べても段違いで、主翼の下から地平線が見えてくるほどの急角度で駆け上っていくのだ。もう空しか見えない。

あわてて鼻の頭をつまんで息を抜き、耳の中と外の圧力を等しくする。これを忘れると上空との気圧差でひどい頭痛に見舞われることになる。

高度3000まで上がったところで水平飛行に移行。エンジンのブーストは+150ミリ、回転数は2500。やや慣れてきたところで、いくつかの特殊飛行を試す。ずんぐりとした見かけによらず、機体は操舵によく反応する。横転のすばやさは零戦よりも上だ。

ただし、いくら調子よく感じても、零戦のような旋回操作は禁物と言われていた。やろうとすれば、いきなり失速したり、とんでもない機動を始めることがあるそうだ。さらにエンジンが止まれば、

着陸速度が速く、着陸速度付近での失速も多く報告されている雷電。「殺人機」とのありがたくないあだ名を頂戴した所以だが、これを乗りこなすことで得られる高い性能と引き替えならば、俺には悪くない取引と思える

主翼の小さな雷電はストーンと落ちるだけ。もうひとつのあだ名の「爆弾」は、ただ見た目だけから付けられたわけではない。

　猛烈な爆音と震動の中で1時間近くの慣熟飛行を行ったところで、最大の難関といえる作業に入る。着陸だ。雷電の事故で一番多くの殉職者を出しているのが、着陸の失敗によるものだという。

　とくに厄介なのが零戦よりもはるかに速い着速（着陸速度）だろう。時速85ノット（153㎞）で突っこんでいくことに恐れをなして速度を緩めてしまうと、失速という罠が待っている。その瞬間に地面に激突だ。

　あらかじめの打ち合わせ通り、厚木基地までの進入高度を高めにとって降下。カウルフラップを閉じて筒温を下がらせないようにすることも忘れない。

　筒温計、油圧計に気をつけ、微妙なスロットル操作を行いつつ降りていく。プロペラピッチ低。AC最濃。速度計が140ノットを示したところで脚を下ろし、フラップも10度ほど下げる。ここでも速度が急に落ちないよう注意。

　飛行場上空で場周旋回を行い、第4旋回でちょうど100ノットまで落とす。三点姿勢に持っていくため機首を引き起こす。風防を開いて座席を上げてはいるが、それでも見えにくい。この時点で頼りになるのは自分の目と操縦桿の感触だけなのだが、これでは……。喉がひりつく。なるほど、これが恐怖というやつか。

感情を押し込み、85ノットで着陸姿勢に持っていく。……ドンと弾むように接地。止まらない。車輪が滑走路を捉えても、まだ機速は落ちない。しかし、ここで急ブレーキは危険だ。滑走路いっぱいを使い、行き脚が収まってきたところでブレーキを踏み、ようやく雷電は停止した。

　左右後方を見張り、やはり蛇行運転で駐機場へ持っていく。筒温が150度以下になったのを確認して、エンジン止動。全スイッチ「断」を確認。整備員と機体の外観点検を行ったあとに、報告に向かう。

「一発で着陸とは、さすがだ。たいてい初めてのやつは何度かやり直すんだが。……どうだ、乗っていて気持ち良かったろう？」

「少尉の言った通りでしたね。こいつは最高の戦闘機ですよ」

　赤松少尉と同じように、俺もニヤリと笑いかえす。ウソではない。雷電の操縦桿を握りながら俺は、恐怖と同時に目が覚めるような堪らない快感を感じていた。

　素直な飛行特性を持つ零戦と違って、雷電は離陸から着陸までの間、まったく油断を許さない。その強烈な刺激に戦闘機乗りとして魅力を覚えたのだ。

雷電、B-29を迎え撃つ！

　細かい改修、運用の工夫、さらにパイロットたちが訓練を重ねることによって事故の頻度は減っていったように思うが、雷電はまだ危険な飛行機だった。赤松少尉や俺のようなのは少数派で、多くのパイロットは嫌々乗っているか、あるいは他の部隊では絶対に零戦から乗り換えようとしないパイロットもいると聞く。

　それでも雷電に対する海軍の期待が高まっているのは、米軍の新型爆撃機B-29の存在があるからだ。昭和19年の初夏に北九州、秋には関東地方にも敵重爆はその姿を現した。「超空の要塞」と呼ばれるB-29の高空性能と速度に対して、零戦では明らかに力不足だった。雷電を擁する第三〇二航空隊では、パイロットの慣熟訓練を行いつつ、首都圏防衛の準備を進めた。

　しかし、米軍の攻勢の規模と早さは、我が軍の予想を大きく上回っていたようだ。昭和20年に入ると、日本各地がB-29や空母艦載機の空襲を受けるようになった。

　4月には沖縄戦が始まった。圧倒的な兵力差を埋めるべく、我が軍の攻撃の主体は特攻となった。基地となった南九州には、陸海軍の航空部隊が集結。そこに襲来する米重爆を迎え撃つべく、雷電部隊も派遣されることになった。我々三〇二空だけではなく、鳴尾から三三二空、大村から三五二空も馳せ参じ、通称「竜巻部隊」の名の下に一大邀撃戦が展開されることになったのである。

　そして今日も――。

鹿屋基地に空襲警報が鳴り響く。

基地といっても、4月下旬現在、建物の大半はすでに爆撃で破壊されている。だが、雷電は周辺の掩体壕に分散されていて被害は

雷電を装備する三〇二、三三二、三五二空の3個航空隊が集った通称「竜巻部隊」。鹿屋基地に展開し、南九州へ襲い来る敵爆撃機群を迎え撃つ。雷電は新たに導入された4機編隊の区隊を組み、B-29の侵入する高空へ向けて飛び立った

少なかった。機体は未明のうちに掩体壕から列線に出され、整備員たちが発進態勢を整えている。

「頼みます。ビー公をやっつけて下さい」

「おう！」

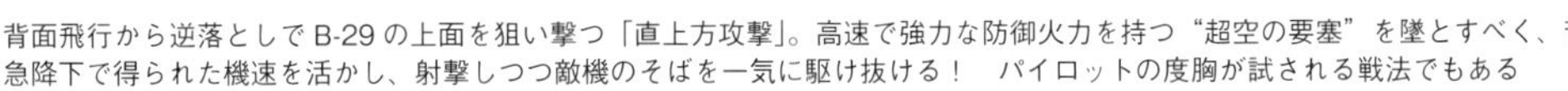

背面飛行から逆落としでB-29の上面を狙い撃つ「直上方攻撃」。高速で強力な防御火力を持つ“超空の要塞”を墜とすべく、苦心の末、編み出された必殺戦法だ。急降下で得られた機速を活かし、射撃しつつ敵機のそばを一気に駆け抜ける！　パイロットの度胸が試される戦法でもある

隊員たちの戦意は旺盛だ。エンジンの発動を終えた整備員と交代で乗り込む。雷電は俺が初めて乗った二一型から三二型に替わっている。航空手袋をはめつつ、計器類に視線を走らせる。時間節約のため、酸素マスクはすでに装着済みだ。エンジン、異常なし。整備員に「チョーク、払え」の手信号を出す。

一番機が爆音を上げて発進。ペアを組む3番機の俺もスロットルを開く。三〇二空では、落下式増槽は上昇力が落ちるため原則として装着せず、機内増槽を改造したものを装備していた。

発進後は素早く4機ずつの編隊を組み、無線で敵情を聞きながら、ひたすら上昇を続ける。会敵が予想される高度6000mまで5分38秒。零戦五二型よりも1分半早い。たったそれだけの差と思うかも知れないが、高速で飛来する敵機を捕捉するには数秒でも早い方がいいのだ。

いまだに雷電を嫌い、零戦に固執するパイロットは多い。それは事故が多いという理由だけではなく、雷電では零戦のような格闘戦ができないからだ。しかし、空母での運用を前提とした艦上戦闘機と雷電を旋回性能で比較する方が間違いだ。雷電はあくまでダイブ・ズームの長槍戦法を取るべき機体なのだ。空戦の主流はすでに格闘戦から一撃離脱、単機戦から編隊戦となっている。

「敵機、発見」

雑音まじりの無線。各航空隊の符号が飛び交う。示された方向に目をやると、雲の間から黒点が幾つも見えてきた。やがてそれらは憎っくき四発機B-29の形となっていく。

「各区隊は攻撃態勢に入れ」

飛行隊長からの命令が下る。好都合だ。敵編隊の高度5000に対し、こちらは高度差1000mの優位から攻撃に入れる。

長機の合図を確認して、バンクを返す。2機ずつのペア2組の区隊（4機編成を海軍では区隊と呼称。陸軍では小隊）ごとに攻撃位置へ占位していく。

B-29に対する攻撃方法は当初、後上方、前下方からの射撃が多かったが、前者は敵の強力な防御火網に捕まりやすく、後者では高速ですれ違うため射撃時間がわずかしかないという欠点があった。

そこで考案されたのが直上方攻撃だ。上空から約45度の降下角で突入を開始。別名、背面攻撃と呼ばれるように背面飛行から垂直降下に入り、敵機の操縦席あるいは主翼付け根を狙い撃ちして、60から70度で下方に抜けるという戦法である。敵と激突の危険があって実に際どいが、これがもっとも成功率が高い攻撃方法とされた。

始まったな。

より近くに占位していた区隊がB-29の梯団に攻撃を開始した。積極果敢に巨大な敵に向かっていく。3つの雷電隊、それぞれの競争意識もあるが、何よりも本土を蹂躙する敵重爆への憎しみ、国を守ろうという気持ちが強い。

こちらも定石通り、一番機が敵梯団の端機を狙って降下を開始した。一気に逆落としから射弾を浴びせて突き抜ける。

直撃！　だが、左主翼から黒煙を噴き出したものの、速度も高度もさほど低下した気配はない。さすがは超空の要塞と称するだけはある。

このまま帰してなるものか。傷を負った敵機に引導を渡すべく、後方警戒についていた列機の俺も攻撃に入る。狙いをつけて反転。背面飛行から逆落としに入った。

その途端、空が真っ赤になる。それまでまばらだった敵の防御火網が一気に濃くなった。なにくそ！　負けじと、敵重爆の弾幕の中に突入した。

機銃の照準環の中でB-29の姿はたちまち大きくなる。もう両翼はフィルターからはみ出しているくらいだ。だが、これでまだ200mは離れている。

「敵がでかいから距離感が狂うんだ。ビー公を確実に仕留めるには、ぶち当たると思うくらい近づけ」

赤松少尉の言葉を思い出し、さらに接近して発射把柄を押しこんだ！　4挺の20㎜機銃が吠え、激突するような近くを一瞬で航過。風切り音と爆音で耳が閉ざされる。

どうだ？　首を巡らせた俺の目に、主翼の付け根から炎を曳きながら落ちていくB-29の姿が映った。まさに雷の一撃。

重爆殺し、雷電ならではの戦果だった。

雷電仮想戦記

死闘！空戦高度一万

「超空の要塞」を名乗る爆撃機B-29は、敵ながらあっぱれとも言うべき性能を備える傑作機だった。成層圏を高速で飛ぶB-29を迎撃するのは、多くの日本陸海軍戦闘機にとって、難しい任務である。戦闘機パイロットたちに残された道は、座して国土が焼かれるのを見るのみ……だったのだろうか⁉

文／伊吹秀明　イラスト／大野安之

高々度の地獄

来るなら、早く来やがれ。

そう悪態をつき、何度も操縦桿を握る自分の手を見てしまう。手袋を本当にはめているのか確認するためだ。保温に優れた革の手袋も、ここではあってないようなものだった。パイロットにとって重要な指先の感覚がほとんど感じられない。

昭和20年、春。陽射しが温かくなり、地上ではポカポカした陽気が続いている。だが、ここは完全に別世界だった。

上空に上がれば上がるほど気温は下がっていく。普通の飛行高度3000mでも、地上より20度は低い。5000mで30度低下。たとえ真夏でも、零度ということだ。

そして俺は現在、高度1万mの高みにいる。計器板の左上にある大気温度計の針は零下50度近くを指していた。零下50度！　いったい、どれだけの日本人がこれだけの極寒を経験しているだろうか。皮膚感覚としては冷たい、寒いから痛いに変わり、やがてはその痛みすら感じなくなっていく……。

邀撃戦を任務とする乙戦隊では身軽さが命ということで、冬でも厚めの綿入り飛行服を着るものはいなかった。ニクロム線の入った電熱服もあるが、搭載しているバッテリーの容量が小さいため、隊では着用は奨励されていない。

酸素マスクのお陰でかろうじて意識は保っていられるが、つまるところ、寒さに対しては歯をガチガチ鳴らしながら、ひたすら耐え忍ぶしかないのだ。

高度1万mでは人間同様、飛行機もいつものようには行かない。あれほどの圧迫感を覚える雷電の大きな爆音と振動さえ、この高度ではか細く、かろうじて感じるほどだった。

日本機の中では抜群の上昇力を誇り、高度6000mまでは5分台で上がれる雷電二一型も、そこから上では見えない壁にぶち当たったように急速に力を失う。空気が薄くなるにつれ、エンジン性能が低下するのだ。

9500mまで上がるのに20分から30分もかかり、油漏れやベーパーロック（気圧が低いため燃料が配管の中で気化して、供給が止まる現象）などを起こさなかった調子の良いエンジンの機だけが、40分をかけて1万mに達することができた。

しかも、この高々度では雷電はやっと浮いていられるという状態だ。翼面荷重が大きい分、機動は容易ではなく、高度が下がりそうになるたびに失速寸前まで機首を上げるという動作の繰り返しだった。

「……来たか！」

寒さの中で耐えていると、ようやく航空眼鏡の端に無数の機影が現れた。四発機の集団だ。10機前後のB-29の編隊がいくつか、梯団（ていだん）を作って飛んでくる。

急いで周辺を見回すが、ペアを組む長機も、他の友軍機の姿もない。俺一人だ

高度1万mを飛ぶ雷電二一型とB-29群。雷電の「火星」二三甲型エンジンの過給機は遠心式スーパーチャージャー（機械式過給機）であり、B-29のエンジンが備えるターボチャージャー（排気タービン式過給機）に比べると、一定高度以上での性能低下が著しかった。

けだ。

父島の電探が敵爆撃機群を捕捉したという報を受け、緊急発進した我が第三〇二航空隊・雷電隊だが、高度1万mまで上がれたのは一部のみ。そのわずかな機も、ジェット気流に流されないよう機位を保つのが精一杯だから、散り散りばらばらだ。空戦の基本は4機編成の区隊が基本だと叩き込まれてきたものの、これでは編隊を組むことさえもできない。

三式空一号無線電話機で呼びかけても、返ってくるのは雑音だけだった。1万mという高さにおいては、雷電は単機としても、集団としても威力を発揮できないということか……。

こうなったら俺一人でやってやる。

幸い、敵はまだこちらに気づいていないようだ。しかも、わずかながら我が方が上に占位している。この高々度では滅多にない直上方攻撃の好機なのだ。まつ毛を凍らせ、震えながら待ち続けた甲斐があった。

両手をこすり合わせ、指先が動くことを確かめる。

高度を保つため操縦桿を引きつけ、フットバーを踏んで旋回。最適な降下点を得るために当たりをつける。急旋回を試みると一気に数百mは落ちるので、ゆっくり、ゆっくりと。

今だ!

スロットル全開。プロペラピッチ高。

大胆に先頭機を狙って降下に入った。

背面飛行から垂直降下。

射爆照準器のOPLの中で敵機の姿がみるみるうちに大きくなる。もはやカムフラージュの必要もないのか、キラキラと目立つ銀色の巨体。その悠然とした態度が気に食わない。

これを食らえっ!

発射把柄を押しこんだ。

「?」

反応がない。4挺の20㎜機銃とも沈黙したまま、目標と交差。たちまちB-29とすれ違い、攻撃チャンスは一瞬にして潰えた。

「くそっ!」

弾は出なかった。途上で試射をしたときは問題なかったのだが、厳寒の空で待つ間に故障したらしい。

何事もなかったかのように重爆の群れは頭上を通過していく。これから1時間も経たないうちにやつらは焼夷弾の雨を降らし、我が同胞を殺戮していくのだ。

それが分かっていながら、俺は歯噛みしながらやつらを見送ることしかできなかった。情けない。あまりの不甲斐なさに腹わたが煮えくりかえる。

スーパー・フォートレスの宴

数週間後——この日も、超空の要塞B-29の編隊は日本を焦土にすべく進攻していた。

「ああ、ちょっとアイシングしていますね、確かに」

航空機関士のクラークは、30分おきに記入を義務づけられている日誌を閉じ、計器板に目をやった。スロットルのセッティングを一定にしているのに、マニホルド圧力が低下している。キャブレター(気化器)が着氷している証拠だった。

日本機が届かない、あるいはたどり着いても半死半生の状態という高度1万mをB-29は平然と飛行している。空気が薄い高々度でも飛べる排気タービン過給機装備のライトR-3350エンジンのお陰だった。だが、その高い工業技術の産物も、丁寧なメンテナンスと操作があって初めて力を発揮する。

クラークはキャブレターについた氷を除去するため、スロットルを戻し、ターボ過給機でマニホルド圧力を調整した。圧縮された吸気の熱で氷を溶かすのだ。その作業の完了を機長に報告し、次に前部と後部の油圧、燃圧、潤油、シリンダーヘッド温度を点検し、すべての発電機とキャビン過給装置も見て回る。10名のB-29クルーのうち、フライト中に一番忙しいのが機関士なのは確実だろう。

そのフライトは片道およそ7時間に及ぶ。マリアナ諸島の各飛行場を発進後、最初の1時間は燃料節約のため、意外なことに300mという低空を飛ぶ。パガン、アスンション、マウグ島といった北マリアナ諸島、そして小笠原諸島と北上するにつれ高度を上げ、4時間後には硫黄島上空を通過。各航空団の爆撃機群は集合空域を目指して、さらに上昇する。

1万mの高空まで上がってこられる日本機はいない、いたとしても性能は大幅に落ちている——B-29のクルーたちは日本への爆撃行を、危険のない退屈な“ミルク・ラン(牛乳配達)”だと考えていた。護衛戦闘機P-51が撃墜される、その時までは……。

作戦空域が近づいたと、ペイルマン機長がクルーたちに伝える。彼らはヘルメットと防弾服を着用し、酸素マスクもすぐ使えるよう、ガスケットを端子に取りつけた。

　銃手たちは発電機スイッチをオン。機械を暖めると、補助動力装置、カメラ、計算機のスイッチも入れていく。機銃を方位角、逆角方向に動かしてチェック。各銃座とも、ここに来るまでに射撃指揮官の指示を得て、4連射の試射を行っていた。

「パスファインダー（爆撃先導機）が日本機を目視したそうだ。各員、警戒を厳にしろ」

「了解」

「機数は?」

「まだ規模は不明だ。機種も分からん」

「どうせ、ジーク（零戦）か、オスカー（隼）だろう」

「俺は、いまだにその区別がつかん」

「液冷のトニー（飛燕）ってのもあったろう」

「いずれにしろ、日本の戦闘機でこの高さまで上がって来られるやつはいない」

「おい、油断は禁物だ。この間、いきなり上から襲いかかってきたやつがいただろう。たぶんあれは、ジャック（雷電）だ」

　イヤホンから何人もの失笑が漏れる。その時のことは、みんなが覚えていた。上から襲いかかってきた? ただ無様に落ちてきただけだろう。

　鹵獲後のジャックを調査したレポートはすでに通達されていた。日本軍の戦闘機としては高速で、上昇力にも優れている。だが、能力を発揮できるのは高度6000m、上がってこられてもせいぜい8000mというデータが得られていた。高度1万mを飛ぶ限り、B-29にとってさほどの脅威ではない。

「くれぐれも油断はするなよ。カミカゼを食らうのだけはごめんだからな。今はピーナッツバター・サンドとキャンディー・バーのことを頭から追い出して任務に集中しろ」

　またも笑い声。そのふたつは機内食の人気メニューだった。クルーたちの気を引き締めようとするペイルマン機長自身、それに徹し切れていないようだ。

　自分たちが盛大に投下した爆弾、焼夷弾によって日本は工業地帯も市街地も焼け野原だ。抵抗する日本軍の航空兵力は質、量ともに低下する一方。それは連日の爆撃任務を通じて、肌で実感できた。戦争はまもなく終わる。ようやく故郷に帰れる。

　ところが――。

　そうした望郷の念やデザートのキャンディー・バーの楽しみは、消し飛ぶことになった。日本機、襲来! いや、ただ日本機が現れただけなら、これほどの動揺はない。

「リトル・フレンドが日本機と交戦中。すでに何機かがやられた模様」

「何だって?」

　無線士の報告にペイルマンは耳を疑った。護衛についているP-51が日本機にやられた? 逆ではないのか。P-51マスタングは優秀な、実に頼りになる戦闘機だ。どんな日本軍の戦闘機にだって勝てる。しかも、この高度ならばなおさらのことだ。

「急いで確認しろ。ジャップの飛行機はどこだ?」

「ま、真上です!」

　意外にも報告してきたのは無線士ではなく、一番前に席がある爆撃手だった。彼は青ざめた顔で上を指さした。

　クマンバチのような戦闘機が自分たちの上を飛んでいる。それも2機。いや、さらに別の2機がこちらに向かってくる。

「回避しろ! 急げ!」

　巨人機の動きは遅い。対して自分たちが嘲笑った日本機は稲妻のように速く、機銃弾を叩きこんできた。銃手が迎え撃とうとしたときには、もうその姿は消えている。

「3番ナセルより出火!」

　機関士は二酸化炭素のコックを開放して消火に努めたが、消えないうちに次の攻撃が来た。この高度ではあり得ないはずの日本機のダイブ・アタック。となりのナセルからも炎が噴き出し、キャビンの中にも煙が漂いだした。非常事態だ。機長は緊急圧力逃がし弁のハンドルを引きながら、必死に何が起こっているのか考えた。

　ジャック……今襲ってきたのは、確かにジャックだった。だが、この間のやつとは全く動きが違う。どういうことだ? ジャップめ、いったいどんな魔法を使ったというんだ?

三〇二空が新たに装備したのは、排気タービン式過給機を組み込んだ「火星」二三丙型を搭載する雷電三二型。技術陣が苦心惨憺して完成にこぎ着けたエンジンにより、高度1万mの高空でも、雷電本来の高い飛行性能を発揮することができたのだ!

逆襲の雷電

　上手くいった。阿鼻叫喚の図と化しているビー公の群れを見下ろしながら、俺は舌なめずりをした。

とくに立ち上がりの段階で、小うるさいマスタングを先制攻撃で片づけられたのが良かった。あれで残りの護衛機の多くが下の方へ追いかけていったのだ。

無論、対重爆用の雷電にとってマスタングは強敵なのだが、持ち前の急降下性能を生かした一撃離脱で勝つことはできる。おそらく敵パイロットは、自分たちの頭上に日本軍機などいるはずがないと思っていたのだろう。そこをあっさりと突かれた。

もちろん同情など、欠片さえ抱くわけがない。殺られる前に殺るのが空戦の鉄則だ。ましてや向こうは我が国を焦土にしようという敵なのだ。

今回、邀撃のために離陸した三〇二空の雷電は24機。不調のためにひき返した機もあったようだが、ほとんどが会敵予想位置まで上がることができた。しかも、息も絶え絶えに上がって、ようやく浮いているという、これまでと同じではない。動きは軽快。いつでも来いという状態だ。

そう、俺たちが乗っている雷電は、これまでの二一型ではなかった。排気タービン過給機を装備した新型の雷電三二型なのだ!

実は以前より我が技術陣は、高々度を飛来するB-29に対抗すべく、排気タービン過給機の開発を進めてきた。しかし、研究は困難を極め、試製品をつけた機体も満足な結果を出すことはできなかった。せっかくの過給機を部隊で取り外すやつもいたほどだ。

一時は開発を断念し、より実用的な機械式過給機に方針を切り換えようとしたそうだが、やはり高度1万mとなると排気タービン過給機が望ましい。技術陣の面々は粘りに粘り、寝食を忘れ、爆撃被害、材料不足など幾多の障害を乗り越えて、ついに実用品を完成させたのである。

今こそ、その成果を俺たちが発揮して見せる時だった。

よし。

改めて気合いを入れる。

潤油漏れや計器に異常がないか目を配り、座席から身を乗り出して敵重爆群を睨めつけた。

6機ほどの編隊を3つ束ねた梯団が、ちょうどこちらの方へ、雲の上を滑るようにやってくる。我が方の先制攻撃によって発火したらしく、黒煙を曳いているのが2機。その煙を避けるため、編隊も緊密さを欠いているようだ。これを逃す手はない。

区隊長機も同じ考えのようで、無線を通じて列機に攻撃目標を指示してくる。

排気タービン過給機が付いたといっても、それは敵と同じ土俵に登ったというだけだ。依然として彼我の差は大きい。質・量ともに桁違いの敵と戦うには、わずかな隙さえも見逃してはならないのだ。

おもむろに黒煙を曳いた1機が高度を下げだしたようだ。雲の中に入ろうというのか。

逃がさん。

区隊の1番機、2番機がそれぞれ狙いをつけて反転。逆落としに入った。

対重爆用の直上方攻撃。矢のような勢いで突っ込み、すれ違いざまに射弾を浴びせて、下に抜けていく。

巨大な主翼の上で火花が散る。区隊長の放った弾丸は確かに命中したようだが、まだ有効打ではない。聞きしに勝る超空の要塞の頑丈さだ。

だが、この俺がいる。

雲の中に沈もうとしている目標目がけて突っこんだ。

一瞬、あの雲の下に別の敵がいるのではと思ったが、スロットルレバーを握る手はもう止まらない。敵がいればいたで、体当たりしてでも2機同時に仕留めるだけのことだ。

曳光弾の赤い火箭が飛んできて、風防の左右を流れていく。眼下に見える銀色の敵は、自らの発する銃火で輝いていた。

「くたばれ!」

発射把柄を押しこむと、主翼の20㎜機銃4挺が一斉に吠える。射爆照準器の中で、B-29の機首が砕け散り、赤いものが飛び散るのが見えた。

瞬く間に交差。燃える主翼をかすめて雲の中を突っ切った。

凄まじいGに耐えて操縦桿を引き、スロットルを絞る。やつはどうなった?

暗くなった視界の中で懸命に重爆の姿を探す。

見失ったと思いきや、B-29はゆっくりと雲の中から降りてきた。ひしゃげた機首と黒煙を曳く両翼。ジュラルミンの破片を撒きちらしながら墜ちていくのは、まさに断末魔の姿だ。

感慨にひたっている時間はなかった。計器板左の残弾指数器を確認。まだ行ける。俺は次の獲物を探すべく、再び上昇を開始した。

排気タービン式過給機を持つ雷電三二型にとって、最早高高度の薄い空気は枷ではなくなった。B-29を上回る高度を飛び、上方から20mm機銃4挺による射撃を加える。神州を侵した夷狄の群れに、神鳴る罰が下るっ!!

もしも 雷電が○○○だったら……？

斬新な設計、（スペック上は）高い性能、そして何よりカッコいい名前を持つ局地戦闘機 雷電。それゆえ、史実の活躍が少し物足りなく思えてしまう……。そこで、雷電がより躍動できるイフ・シナリオを3本考えてみたぞ。

文／伊吹秀明　イラスト／峠タカノリ

もしも雷電がもっと早期に戦力化されていたら……？

雷電の第一線部隊への配備は、史実では昭和19年（1944年）の春から夏にかけてで、実戦に参加したのは秋以降だった。それをぐっと繰り上げて登場させたら、どうなっただろうか？

例えば昭和17年（1942年）の春。早すぎる？　では、量産機ではなくて、制式採用前の試作機。それが4月18日に日本初空襲を行ったドゥーリットル隊を邀撃するとしたら？

この日本空襲作戦は、真珠湾攻撃に対する報復として、キング合衆国艦隊司令長官が立案し、実行させたものだ。航続距離の長い陸軍の中型爆撃機B-25ミッチェル16機を空母「ホーネット」に搭載して、日本本土から623浬の地点より発進。日本側は特設監視艇がこれを発見していたが、距離が離れているため艦載機が襲来するのは翌日と判断し、空襲を許してしまったのである。

爆撃を受けたのは東京、横浜、横須賀、名古屋、神戸などで被害規模としては比較的小さかったが、日本側の心理的ショックは大きかった。米機をただの1機さえも墜とせなかったのである。

ここで「思い切りのいい上官とパイロットが、武装済みの試験機を飛ばす」というシナリオを当てはめてみよう。

火力に優れた雷電と護衛戦闘機のついていないB-25では勝負は明らかだ。肝心なのは上手く捕捉できるかだが、そこは雷電の上昇力とタイミングに期待する。何機かを撃墜できれば良い。

この米軍の作戦自体、具体的な戦果よりも自国民向けの戦意高揚が狙いだった。それが全16機中、数機が撃墜され、搭乗員が日本軍の捕虜になってしまったら？　規模によっては戦意高揚どころか、無謀な作戦を行ったとして、米国内の世論は軍を非難することになるだろう。

続いて本格的な量産に入った雷電は、南方戦線のラバウルやブインといった拠点防衛に活躍することになる。

史実のソロモン戦では、日本軍は消耗戦に引きこまれ、貴重な航空兵力をすり潰されていった。その被害の内訳をよく見れば、空中と同じくらいに地上での被害が多いことに気づく。空戦に勝って帰投しても、着陸後に乗機がやられたというケースがよくある。これは日本軍基地にレーダーがなく、コースト・ウォッチャーという現地人による監視組織網もないため、敵の空襲に滅法弱かったせいである。

そうした警戒態勢の有無で効果には大きな差があるが、零戦をはじめとする日本機が手を焼いていたB-17やB-24といった重爆撃機に対して、雷電が威力を発揮できたことは間違いない。日夜襲来する米重爆に対し、昼は雷電、夜は月光という布陣で果敢に邀撃戦を展開。米軍に多大な犠牲を強いていく。

同時にそれは地上での友軍機の被害を小さくし、ソロモン方面の航空兵力維持につながっていく。雷電の投入により、米軍の反攻スケジュールが変更を迫られることは確かだろう。

もしも雷電がドイツ空軍に採用されていたら……？

日本では、地上視界が悪い、格闘戦ができない、事故が多いということで毛嫌いされたともいう雷電だが、外国人の目にはどう映っただろうか？

具体的に資料として残っているものに、米軍が鹵獲した雷電（一一型と二一型）を調べた「ジャック・レポート」がある。テストを担当したパイロットは、米陸海軍機のみならず、英軍機、さらに鹵獲したドイツ軍機、雷電以外の日本機など多数の戦闘機の操縦経験のある人物だ。結論を先に言うと、「雷電は日本戦闘機の中で最良」という評価が下されている。雷電の視界の悪さなど、F4Uコルセアのそれに比べると問題にもならないというのだ。このように国が違え

ドイツ空軍に配備され、昼間迎撃戦で米陸軍航空軍のB-17フライング・フォートレスを迎撃する雷電二一型。雷電は速力ではFw190AやBf109Gに劣るが、火力や上昇力では互角、航続力では上回る。ドイツ本土防空戦に使用されても、主力戦闘機のBf109やFw190と弱点を補完し合って善戦できたかもしれない。

ば、評価もまた変わってくる。

　では、もしも同盟国であるドイツが雷電を採用した場合は、どうなるだろうか？

　ドイツに限らずヨーロッパでは、各国が地続きで国境線を接しているという地理的事情もあり、有事の際は緊急発進できるよう、どの戦闘機も大なり小なりインターセプターとしての役割を持っている。特にドイツ空軍のBf109は、高速力と上昇力に特化した戦闘機で、地上視界が悪い点も雷電と一緒である。それを理由にドイツ人パイロットが雷電を嫌うことはないだろう（ちなみに、ドイツではBf109を地上移動させる際、整備員等が主翼上に乗ってパイロットを誘導していた）。

　あとは肝心の性能をどう見るか？　ドイツの本土防空戦が本格化した1943年当時のBf109はG型が主力である。上昇力は高度6000mまで6分、最高速度は時速630㎞を発揮する。速度が速い分、雷電よりも迎撃能力は高い。しかも、実用上昇限度は1万1200mと、雷電よりもはるかに上がることができた。もう一方の主力戦闘機であるFw190も、上昇限度が1万600mと若干劣るだけで、後の性能はBf109よりも上だった。

　ということは、ドイツの本土防空戦において、雷電の出番は全くないということだろうか。いや、雷電に可能性があるとすれば、その航続力である。

　雷電の航続力は正規で1055㎞、増槽装備で2520㎞。日本海軍には長大な航続距離を誇る零戦があるため、雷電のそれは取るに足らなく感じられるが、ドイツ戦闘機と比べれば2倍もある。

　インターセプターにとって、確かに航続力は二の次とされる性能なのだが、それが小さいということは滞空時間もまた短いということだ。B-17、B-24、ランカスターなどからなる連合軍の爆撃の規模が大きくなり、波状攻撃が続くようになると、滞空時間の短いドイツ戦闘機は頻繁に離着陸と補給を繰り返すことになり、その隙を突かれることも多くなった。特に低空に降りた時にP-51などの強敵に襲われれば、どんな名パイロットもお手上げである。

　迎撃能力を持ち、倍以上の時間も滞空できる雷電を防空体制に組みこむことによって、ドイツ空軍はより隙間のない防空戦を展開できるのではないだろうか。

もしも雷電が陸軍に採用されていたら……？

　零戦には一式戦「隼」、紫電改には四式戦「疾風(はやて)」というように、海軍と陸軍では対比できる戦闘機があるものだが、雷電の相手には何があるだろうか？

　多くの人が思い浮かべるのが二式戦「鍾馗(しょうき)」だろう。

　どちらもそれまでの格闘戦重視という伝統を破り、速度第一の要求がなされた。そのため、本来は戦闘機用ではない大直径のエンジンを積むことで開発に苦労した点も同じである。

　だが、似ているのはそこまでだ。海軍が明確に対爆撃機用の邀撃機を指向したのに対し、陸軍は欧米の趨勢(すうせい)が速度重視の「重戦」のようだから試しに作ってみようという、あやふやなものだった。

　仮に「鍾馗」が対重爆用に使用されたとしても、新しく、エンジン出力が大きく、火力に勝る雷電に軍配が上がることになる。

　もし、雷電が陸軍に採用されれば、火力の低い一式戦や、威力はあっても扱いが難しい（携行弾数も少ない）37㎜機関砲を搭載した二式複戦「屠龍(とりゅう)」よりも、重爆キラーとして活躍できたことは間違いない。

　中国、ビルマ、ニューギニアの戦線で、史実の陸軍航空隊が手こずったB-17やB-24相手に、雷電が奮闘することになる。

　もともと雷電は、日華事変で中国軍の空襲に手を焼いたという戦訓から誕生した局地戦闘機だった。そういう意味では、大陸での運用は里帰りといえるだろう。やがては、内地より一足先に、成都から飛来してくるB-29の邀撃戦にも駆り出されることになる。

日本陸軍の飛行第四十七戦隊に配備され、夜間のB-29迎撃戦に従事する雷電二一型。雷電は二式戦「鍾馗」より2年ほど新しい機体だけに、エンジン出力、速力、火力すべてで二式戦に勝る。雷電の量産が史実より早く軌道に乗っていれば、陸軍が雷電を運用することにも十分可能性があったといえるだろう。

ランダムアクセス

日本海軍随一のずんぐりむっくりグラマラスファイター、局地戦闘機 雷電に背面逆落としでアクセスしてみよう！

文／有馬桓次郎、白石 光（戦史研究家）、野原 茂

日本海軍の搭乗員からの評価

雷電は、それまでの海軍戦闘機に比べて、まったく飛行特性が異なる機体だったため、とくに零戦による飛行経験が長い搭乗員ほど、本機に対する〝拒絶反応〟が強かった。

零戦は、それこそ手離しでも操縦できると言われたほど、安定した飛行が出来、離着陸もきわめて容易だったから、誰でも意の如く乗りこなせた。

しかし、雷電はそうではない。とりわけ着陸するときに、速度を90ノット（１６６km／h）に落とそうとすると横すべりを生じ易く、そうなるとたちまち失速、墜落してしまうのでまったく油断できない。実際、雷電の事故死の大半が、この着陸時だった。本機が嫌われた理由のトップが、この悪癖ともいえる。

むろん、全ての零戦搭乗経験者が雷電を嫌ったという訳ではない。三〇二空の超ベテラン赤松貞明少尉などは本機を好んで搭乗し、自在に操って若年搭乗員にその長所を生かした空戦術を指導する立場にもなった人物だ。

また、十四試局戦の木型審査段階から本機に関わった、小福田租中佐（最終階級）や羽切松雄中尉（同）など、空技廠飛行実験部や横須賀空戦闘機隊に属して雷電の実用化に貢献した熟練のテスト・パイロットたちも、本機の局戦としての能力を高く評価した。

しかし、彼らの評価とは裏腹に、横須賀空での空戦能力テストなどは、もっぱら零戦を相手に行なっており、大型爆撃機を対象にした空戦テストで、本機の能力を正しく把握したとはとても言えない。

いきおい、そうなると本機の速度、上昇性能に長じる面よりも、操縦の難しさ、旋回性能の低さ、視界の悪さなど、負の面ばかりが目立ってしまい、一般搭乗員にあまり良い印象を与えなかった。

一方で、最初から雷電に乗らざるを得なかった若年搭乗員や、予備学生出身者たちの評価はまたちょっと違っていて、零戦にはない防空任務に適した高速、上昇性能、急降下時の〝座りの良さ〟などを気に入り、積極的に搭乗した者が多い。

いずれにせよ、海軍が雷電の本質を見極め、それに合致した搭乗員教育をしなかったことが、本機にとって最も不幸なことだった。なんとなれば、Ｂ－29をまともに迎撃できる海軍単発戦闘機は、雷電しかなかったのだから……。

（文／野原 茂）

連合軍による雷電の分析と評価

１９４５年2月、フィリピンの首都マニラを奪還したアメリカ軍は、郊外のデウェイ・ブーレバード飛行場で珍しい日本機を初めて鹵獲した。「ジャック（Jack）」の連合軍コードネームで知られる雷電である。ちなみに、日本機のコードネームはＴＡＩＣ（航空技術情報センター※1）で付けられていたが、原則として戦闘機には男性名、爆撃機ほかの多発機には女性名、練習機には灌木名を付けるといった命名法則があった。

鹵獲された雷電は二一型となる前の試製雷電改で、製造番号３００８、第三八一海軍航空隊の81－１２４号機だった。プロペラと20㎜機銃が外されており、垂直尾翼前上部をはじめ数カ所にごく小さな破損があったものの全体のコンディションは良好で、アメリカ軍はこの「思わぬ拾い物」をＴＡＩＵ（航空技術情報班※2）の手に委ねた。同機はＴＡＩＵの技術者らによって修理され、Ｓ12の鹵獲機番号を与えられると、近隣のクラーク・フィールドで徹底的なテストと調査が行われた。

1945年4月にルソン島で米軍に鹵獲された試製雷電改（製造番号「3008」号機）。塗装は全て剥がされたジュラルミン地むき出しの状態で、胴体には米軍の国籍標識、方向舵にも国籍識別用の紺の縦線と赤白の横帯が描かれている。垂直安定板にはTAIUから与えられた機番号「S12」も見える

こちらはマレー半島で鹵獲され、ATAIU-SEAにより調査された雷電二一型。胴体側面にはラウンデルとともに「ATAIU-SEA」の文字が記入されている。鹵獲機による編隊飛行を捉えた数少ない写真である

※1 Technical Air Intelligence Centerの略。
※2 Technical Air Intelligence Unitの略。TAIUが最初に創設され、その後の拡大発展によりTAICが分離誕生。以降、TAIUは現場組織となった。

アメリカ側はフライト・テストに際して同軍の標準的なハイオクタン航空ガソリンを使用したが、その効果は絶大で、最大速度671km/h（高度5060m）、高度6100mまでの上昇時間5分6秒という、日本側の公式データに比べて速度で約75km/h速く、上昇時間もまた40秒ほど短い記録を出している。さらに上昇限界高度も日本側データより数百m向上したという。

そこそこの防弾装備に加えて、日本機にしては広めのコクピットを備え、上昇性能に優れた雷電に対するTAIUの評価は、日本側のそれよりも高いくらいだった。早くからヒット・アンド・アウェー戦法が確立されていたアメリカ軍では、雷電がドッグファイトを苦手とすることはあまり問題視されなかったようだ。

とはいえ、総合性能評価では、そもそもの出自が制空戦闘機のP-51DやF6Fと互角に戦える機体ではないと判定。本来の運用者たる日本海軍の意図と同じく、あくまで対多発爆撃機用の迎撃戦闘機という結論を得ている。欠点としては、離着陸時の視界の悪さが指摘されているが、この辺りは日本側の見解と同じだ。

また、太平洋戦争終結時にはマレー半島先端ジョホールバルのテブラウ飛行場でATAIU-SEA（東南アジア連合軍航空技術情報班）が三八一空所属の雷電二一型2機を鹵獲。シンガポールでテストと調査を行ったが、これはもちろん戦後のことであり、戦中に連合軍航空関係者が雷電について知り得た技術情報は、ほとんどが先のS12号機からのものだったようだ。

（文／白石光）

米軍の爆撃機／戦闘機乗りから見た雷電

わずかに600機あまりしか生産されなかった雷電だが、従来の日本機とは大きく異なるその側面シルエットから、アメリカ側にとっては識別しやすくもあり、逆に誤認しやすくもあった。なぜなら、こと側面シルエットに関する限り、雷電は米海軍の艦上戦闘機F6Fに似ていたからだ。

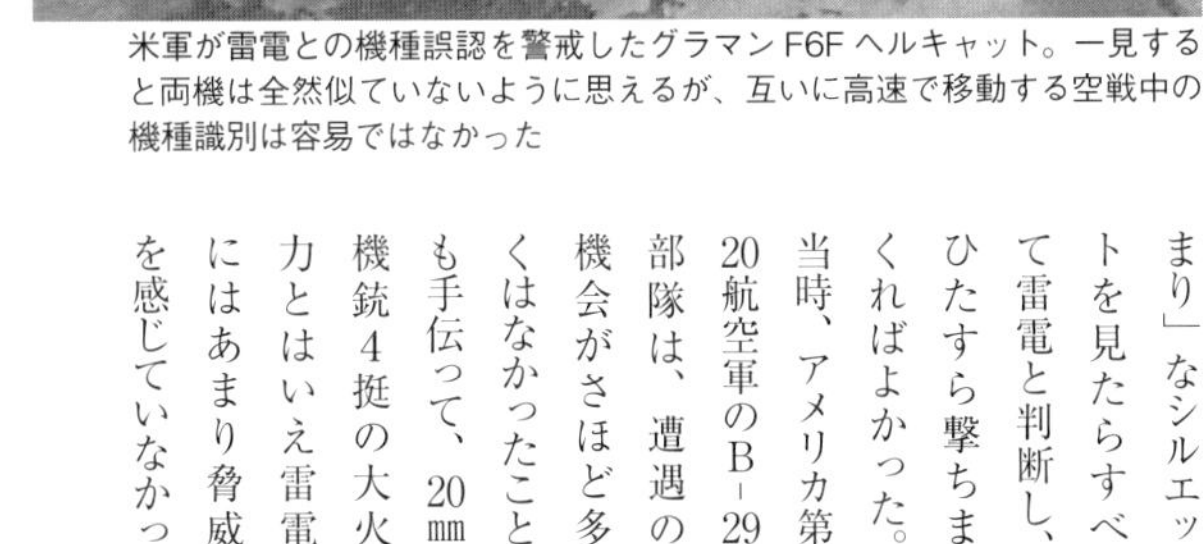
米軍が雷電との機種誤認を警戒したグラマンF6Fヘルキャット。一見すると両機は全然似ていないように思えるが、互いに高速で移動する空戦中の機種識別は容易ではなかった

こう書くと「F6Fに比べて雷電のほうがカウリング部はずっとスマートで、垂直尾翼先端も丸いから、間違うはずがないのでは?」と思われる読者もいるだろう。だが、逆光だったり、薄雲などでかすんでいたりして、必ずしも視程良好のときばかりではない空で、高速で移動しつつ刻々と角度を変える航空機のシルエットを見定めるのは難しい。実際に大空で戦った人々が著した戦記の多くに、空中での機種識別の困難さが述べられている。

もっともB-29のクルーにとっては、海軍のF6Fが自分たちの護衛に付くはずもないので、「ズン胴で寸詰まり」なシルエットを見たらすべて雷電と判断し、ひたすら撃ちまくればよかった。当時、アメリカ第20航空軍のB-29部隊は、遭遇の機会がさほど多くはなかったことも手伝って、20mm機銃4挺の大火力とはいえ雷電にはあまり脅威を感じていなかったようで、それよりも陸軍の「トニー」（三式戦闘機『飛燕』）」に強い警戒の目を向けていた。

その理由は、特にP-51が護衛に付くようになってからは同機とシルエットが似ている「飛燕」の誤認を注意しなければならなかったことに加えて、「飛燕」の装備部隊がたびたび行った空対空体当たり攻撃への恐怖からだったという。いくら「超空の要塞」B-29とはいえ、対空砲火や銃撃にはそこそこ耐えられても、体当たりをされてはひとたまりもないからだ。

一方、1945年3月6日に硫黄島に進出し、翌月7日の東京西部を狙ったB-29の護衛任務で初出撃をはたした第7戦闘機兵団のP-51Dのパイロットたちは、雷電とF6Fの識別には特に注意を払った。もっとも、同士討ちを防ぐべく陸軍と海軍は互いに出撃情報を共有していたので、実際には誤認事故は報告されていないようだ。彼らムスタング・ライダーにとって、本来が対爆撃機用のインターセプターであり、運動性能に劣る雷電は与（くみ）しやすい敵機のひとつに過ぎず、不意打ちでもされない限りは「恐れるに足りない敵」と見なしていた。

事実、P-51Dに撃墜された雷電も少なくなかったが、第15戦闘航空群第45戦闘中隊のロバート〝トッド〟ムーア大尉は、1945年5月29日の横浜に対する爆撃行の護衛時に干戈を交えた3機の雷電の勇戦ぶりを称して「わが軍なら間違いなく勲章ものの敢闘ぶりだった」と語っている。

（文／白石光）

雷電の襲撃機（対地攻撃機）としての可能性

旧ソ連のI-16やMiG-15に代表される全長が短い戦闘機は、運動性にクセがあることが多く、結果、直進性と高速を利した一撃離脱戦法に徹せざるを得なくなる傾向がある。同様の特徴を備える雷電もまた一撃離脱戦法を得意としたのは史実のごとく

B-29乗員にとっては雷電よりも脅威だった日本陸軍の三式戦闘機「飛燕」。液冷エンジンゆえの細い機首はP-51Dと誤認しやすく、時には体当たりも辞さない危険な存在だった

で、敵爆撃機を迎え撃つ邀撃戦闘機ゆえの至極妥当な戦法といえよう。しかし、制空戦闘機のP-51DやF6Fが日本に飛来するようになると、戦闘機相手の性能を二の次とせざる得なかったこともあり、苦戦を強いられたのも史実のとおりである。

戦争末期、本土決戦に向けて航空機の温存が図られた時期があったが、もし実際に本土決戦が行われていたら、雷電の邀撃戦闘機としての運用はかなり厳しいものになったかもしれない。というのも、上陸作戦とその後の地上戦闘を戦術支援する敵機の多くが、出自は戦闘機ながら戦闘爆撃機的運用に振り向けられたF6FやF4Uなどの艦戦であり、B-29の護衛にも、従来のP-51Dに加えてP-47Nが本格的に投入されるだろうからだ。当時の日本海軍戦闘機において随一の上昇性能を誇った雷電が、その後もB-29邀撃の主力とされた可能性は高いものの、損害は以前にも増したのではないかと思われる。

そこで少し視点を変えて、他の有効な使いみちを考えてみると、雷電は敵の大規模上陸作戦に対し、その海岸堡を襲う低空襲撃機に転用できるのではないか(※3)。Il-2やデ・ハビランド モスキートのように、超低空を這うように飛ぶ襲撃機は、戦闘機にとって狙いにくい目標だ。視界不良という弱点を抱える雷電は、地上目標を目視捜索するためにスネーキング(蛇行飛行)を行わねばならないだろうが、幸いにも同機の横運動能力は良好だった。超低空飛行にこのマニューバーを加えると、敵の対空火器や戦闘機がいっそう狙いにくくなることも好都合である。爆弾搭載量(60kg×2発)こそ心許ないが、20㎜機銃4挺による地上掃射は、防御力が脆弱な上陸用舟艇や上面装甲が薄い車輌にはかなりの脅威となるだろう。

ヨーロッパでは、迎撃戦闘機として開発されたが高空性能の不足で戦闘爆撃機に転身したホーカー タイフーンが、やはり20㎜機関砲4門による地上掃射で戦果をあげている。もっとも同機には20㎜機関砲以外に2000ポンド(907kg)ものペイロードがあり、機銃掃射に加えてロケット弾や爆弾でも対地攻撃を行ったが、雷電にそれほどのペイロードはない。だが、強力な九九式20㎜二号四型4挺を装備する、特に「甲」または「a」の記号が付された後期型なら、掃射威力はタイフーン並みに高かったと思われる(※4)。

「ダウンフォール」作戦(※5)の発動で、続々と上陸してくるアメリカ軍。その海岸堡上空を超低空、かつ高速でスネーキングしながら駆け抜ける雷電が、海兵隊員を満載した上陸用舟艇に20㎜機銃弾を叩き込み、海岸の集積物資に60kg爆弾を見舞う……。

こんな活躍の場面も思い浮かぶが、高空での邀撃とは正反対の超低空襲撃は、戦闘機のパイロットに愛機を戦闘爆撃機として運用する訓練をほとんど施さなかった日本海軍航空隊にとって、実際には「戦爆(爆装零戦)乗り」以外には難しかったかもしれない。

（文／白石 光）

迎撃戦闘機としての性能不足から、対地攻撃に活路を見出した英空軍のホーカー タイフーン。写真のMk.IBの武装は雷電と同じ20mm機関砲4門だが、搭載量では大きく上回る

こちらは大戦後半の米陸軍主力戦闘機の一つ、P-47D サンダーボルト。12.7mm機関銃8挺の重武装に加え、爆弾やロケット弾を搭載して戦闘爆撃機としても活躍した

雷電装備部隊での搭乗員養成

海軍航空隊の搭乗員となる道は、兵学校卒業生からなる飛行学生、旧制高校・専門学校生の志願者で構成された飛行科予備学生(予学生)、さらには高等小学校卒業生からなる乙種予科練生、旧制中学4学年以上の志願者を中心とした甲種予科練生の、4つのコースが存在した。彼らは練習航空隊で飛行教練を受け、その後は部隊配属後に実戦に即した延長教育を受けることになっていたが、雷電が配備開始された昭和18年当時は戦況逼迫により練習航空隊での教練も短縮され、ほとんどが実戦部隊配属の時点で80~100時間程度の飛行時間しか持ってはいなかった。

実戦部隊では、受け入れた彼らを少しでも早く一人前の搭乗員とするために機材を割り振って鍛えに鍛えたが、特に配備数が少なく、さらに可動機数すら落ち込みがちな雷電を装備する防空専任部隊では、訓練のための機材すら事欠く有様だった。必然的にその訓練は、将来的に海軍航空隊の中核となる兵学校出身の飛行学生、それに若年ゆえ技量の上達度が大きい予科練出身の飛行練習生に偏ることとなり、その点予学生は割を食うことが多かったと言われる。特に、戦時下の士官不足により約5200名もの大量採用が実施された第13期(昭和18年採用)予学生ではその傾向が一段と顕著になった。ここでは本土所在の3個防空専任航空隊、三〇二空、三三二空、三五二空における第13期予学生を中心に、当時の雷電装備部隊の搭乗員養成状況を見ていこう。

雷電を中心として零戦を予備機材としていた三〇二空では、明確に飛行学生と飛行練習生の訓練に重点が置かれており、第13期予学生が雷電で出撃した例は皆無だった。三〇二空では雷電の可動機数の少なさから、配属された新人隊員は最初から雷電で訓練を行なう組と、まず零戦に乗ってから雷電に移行する組の2つのグループに分けられ、少しでも飛行時間を稼がせる配慮がなされている。

雷電と零戦を共に昼戦隊の主力機材としていた三三二空でも、その訓練は飛行学生と飛行練習

※3 実際に、開発段階だった雷電を日本陸軍がキ65の名で採用し、これを襲撃機としても運用する計画は存在した。
※4 ただし、雷電の20mm機銃はわずかに上反角を付けて架装されているので、襲撃機として使用する際には下向きの調整が必要になったであろう。
※5 太平洋戦争中にアメリカ軍が計画していた日本本土上陸作戦の作戦名。発動前に日本が降伏したため中止された。

生に重きが置かれていたが、希望すればどちらの機材を使っても良かった。そのため必然的に予学生の希望も乗りなれた零戦に集中し、三三二空において雷電で出撃した第13期予学生は1名きりとなっている。

三五二空では昼戦隊を零戦装備の甲戦隊と雷電装備の乙戦隊に二分していたが、乙戦隊員も作戦によっては零戦に搭乗する機会があった。そのため乙戦隊の新人搭乗員は零戦を中心に訓練を受けることができたが、当初は飛行学生、予学生、飛行練習生の差別はあまり無かったようにも見受けられる。

ところが昭和19年夏以降、三五二空にも大量の新人搭乗員が増員されると、必然的に零戦の機数が足らなくなり、他の部隊と同じく予学生の訓練時間が削られる事態となってしまう。そこで三五二空の第13期予学生は搭乗の機会を増やすため、自ら進んで希望者の少ない雷電での飛行訓練を上申、ベテランでも飛ばすのが難しいとされる雷電で訓練に明け暮れた。そのため事故も多かったが、結果として三五二空乙戦隊は士官搭乗員の過半が予学生出身者で占められるという、異例の戦闘機隊となったのである。

本土防空戦においてB-29に対抗しうる最強の戦闘機であった雷電に搭乗していたのは、その多くが彼らのような若年のパイロット達であった。しかしその養成には、当時の戦況の中で各部隊とも非常な苦労を強いられていたのである。

（文／有馬桓次郎）

排気タービンを装備した雷電以外の日本戦闘機

昭和17年後半、アメリカで高度1万m以上を飛行する新型の長距離重爆が開発中との情報をキャッチした日本陸海軍は、これに対抗するため新型の高々度用迎撃戦闘機の開発を国内航空各社に命じた。

これだけの高々度で良好な機動性を得るには従来の機械式過給器では能力不足で、必然的に陸海軍からの要求も高圧縮の排気タービン過給器（以下「排気タービン」と略称）を装備する機体ということで一致していた。すでに日本でも、戦前の輸入品を参考とした1000馬力級エンジン用の排気タービンの開発に成功しており、さらには1500～2000馬力級の排気タービンが完成間近という状況で、陸海軍からの要求はこれを期待したものであることが判る。

海軍では急場凌ぎの策として、胴体に余裕のある雷電に排気タービンを装備したJ2M4、後の雷電三二型の開発が並行して進められることになったが、肝心の排気タービンに不具合が続出し、実用の域には達しなかった。

そもそも排気タービン過給器とは、エンジン排気を使って羽根車を回し、エンジンにより多くの空気を送り込む機構である。そのためタービンや配管類がきわめて高温高圧となるが、当時の日本では高温に耐えられる特殊金属が入手困難となっており、羽根車や軸受け部、それに振動するエンジンと胴体に固定されたタービンをつなぐパイプの継手が溶損するトラブルが頻発した。また、空気は高温になると膨張して酸素の充填（じゅうてん）効率が低下するため、これを冷やすための中間冷却器（インタークーラー）が必要不可欠だったが、日本の技術力では小型高性能の中間冷却器の開発が難しかった。全体を通して排気タービン装備は、当時の日本には極めてハードルの高い技術だったのだ。

それでも、高々度を飛行するB-29に現状のレシプロエンジン機で対抗するためには、排気タービンを装備する以外に残された手は無かった。そして陸軍でも、中島のキ87や立川のキ94といった、排気タービンを装備する戦闘機の開発が進められていた。

キ87は雷電三二型と同様に、機首右側面に大型の排気タービンを装備した、全備重量6tを超える重量級戦闘機である。元々は米陸軍の排気タービン搭載戦闘機P-47に対抗すべく開発がスタートし、途中から対B-29迎撃が主目的となった経緯がある。終戦までに試作1機が完成し、5回の飛行試験を行ったという。

立川のキ94は当初の設計案では、中央胴体の前後にエンジンを置く串型配置と、左右主翼から伸びた双ブームで尾翼を支える双胴形式という野心的な設計だった。しかし、あまりに斬新な機体構成ゆえ、後に単発単胴のオーソドックスな形状に改めたキ94Ⅱとして開発が続行されている。キ94Ⅱでは排気タービンを胴体下面に搭載した点が、キ87との大きな相違点となっていた。キ94Ⅱも全備重量は6・4t超と、歴代陸軍戦闘機の中でも最大級の機体規模だったが、試作1号機の飛行試験を前に終戦を迎えている。

いずれも日本機離れした高性能が機体されたキ87とキ94Ⅱだったが、たとえ完成したとしても、雷電三二型で顕在化した排気タービンとエンジンの不具合が続出したことは想像に難くなく、おそらく期待通りの性能は出せなかったと見られている。

（文／有馬桓次郎）

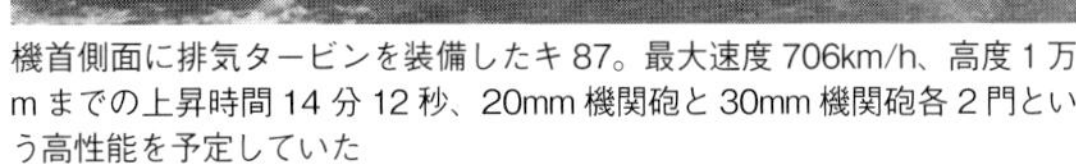

キ94Ⅱは最大速度720km/h、高度1万mまで13分18秒の上昇力に加え、気密化された操縦室など、キ87よりもさらに洗練された高高度戦闘機となるはずだった。写真では胴体下面2箇所の中間冷却器空気取入口が見える

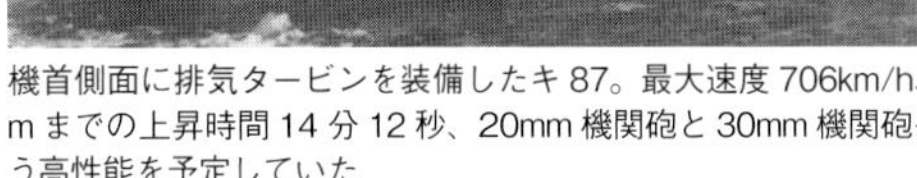

機首側面に排気タービンを装備したキ87。最大速度706km/h、高度1万mまでの上昇時間14分12秒、20mm機関砲と30mm機関砲各2門という高性能を予定していた

特別描き下ろし

『まけた側の良兵器集』

『雷電』『紫電』『紫電改』編

イラスト・解説／こがしゅうと

ここではミリタリー・コミック界の「ぼっち・ざ・まんが!」ことこが先生が、「雷電」「紫電」「紫電改」の局地戦闘機軍団について解説するぞ!

本記事を作成中に衝撃的情報が飛び込んできた。戦争まんがの巨星、松本零士先生が令和五年二月十三日に物故者となってしまった。先生の描かれた「雷電」が登場する『潜水航法1万メートル』は数多くの名作の中でも特に輝く作品だ。先生の物故は後輩末端の私めには辛すぎます。

「雷電」という製品は思っていた以上に小さい。特に全幅は零戦の主力量産型五二型よりも小さい。空気抵抗の大きなブッ太い発動機で高速と今までにない上昇力を実現させるには全幅を小さく作るしかない。そのコンセプトは優秀だと思う。主翼が小さければ旋回半径は大きくなるという、子供でも判ることを海軍航空隊のひとたちは「雷電」が出来たあともネチネチ口にしていた。小言をいうヒマがあるならば「雷電」を乗りこなすカリキュラムを充実すべきだと思う。

何しろ、「雷電」のせいで結果として我が国は次期艦上戦闘機の開発が出来なかったのだから。せめて「雷電」を使いこなす方だけに知恵を注ぎ込んで欲しい!

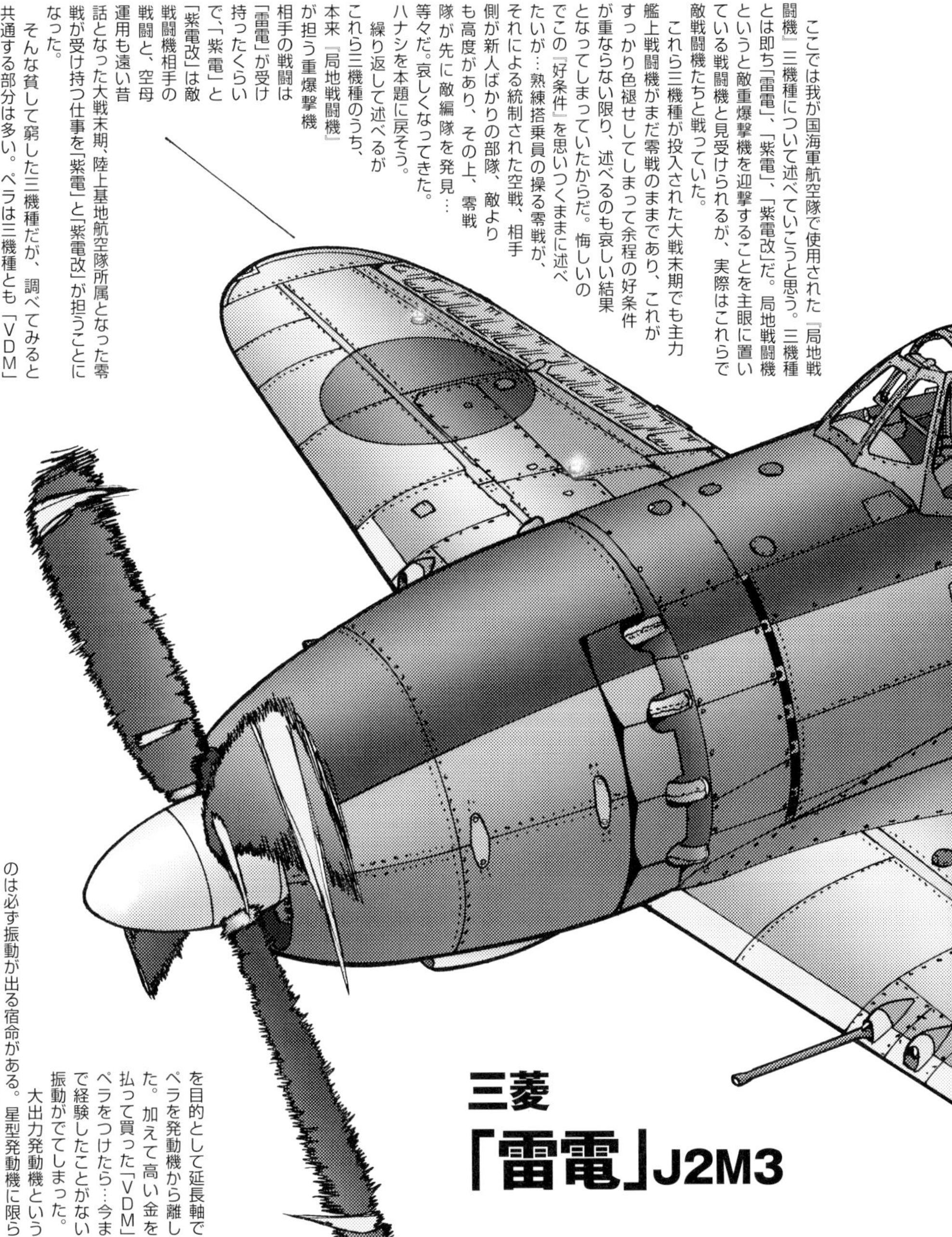

三菱
「雷電」J2M3

ここでは我が国海軍航空隊で使用された『局地戦闘機』三機種について述べていこうと思う。三機種とは即ち「雷電」、「紫電」、「紫電改」だ。局地戦闘機というと敵重爆撃機を迎撃することを主眼に置いている戦闘機と見受けられるが、実際はこれらで敵戦闘機たちと戦っていた。

これら三機種が投入された大戦末期でも主力艦上戦闘機がまだ零戦のままであり、これがすっかり色褪せしてしまって余程の好条件が重ならない限り、述べるのも哀しい結果となってしまっていたからだ。悔しいのでこの『好条件』を思いつくままに述べたいが…熟練搭乗員の操る零戦が、それによる統制された空戦、相手側が新人ばかりの部隊、敵よりも高度があり、その上、零戦隊が先に敵編隊を発見…等々だ。哀しくなってきた。ハナシを本題に戻そう。

繰り返して述べるがこれら三機種のうち、本来『局地戦闘機』が担う重爆撃機相手の戦闘は「雷電」が受け持ったくらいで、「紫電」と「紫電改」は敵戦闘機相手の戦闘と、空母運用も遠い昔話となった大戦末期、陸上基地航空隊所属となった零戦が受け持つ仕事を「紫電」と「紫電改」が担うことになった。

そんな貧して窮した三機種だが、調べてみると共通する部分は多い。ペラは三機種とも「VDM」四翅だし、武装も混用はあるが、全て「九九式」系の二〇粍だ。そして…以下を記すのは異論はあるだろうが、空力的な失敗がこの三機種には付き纏い、それはぬぐってもぬぐっても、その上さらにぬぐいとってもぬぐい切れない宿命としてずっと足を引っ張り続けてきた。

…厳密には「紫電」と「紫電改」の場合は失敗というよりも未成熟と言えるのかもしれない。もっと言えば誕生から実戦投入まで、発動機系の問題で果てしない苦労をした機材だ。本項はそんな『苦労』の他に「雷電」の難産具合とそれによって色んな目論みが失敗したという観点を中心に述べたいと思う。

冒頭、暴論を述べたが更に暴論を続けたいと思う。そもそも「雷電」がスンナリ戦力化していたら、海軍航空隊という組織が一航空機メーカーのプライベートプランである「紫電」に縋り付くということも無かった、これに尽きると思う。何しろ『スマートで目先が利いて几帳面。負けじ魂これぞ船乗り』の思考を持つ海軍という優秀な組織が運用する航空隊が思い浮かべた目論みが瓦解したのだ。

人は慌てると次々と決断を誤る。これは賢くなくとも同じだ。両者の違いは間違いをどれだけ少なくするかの差と速度だ。「雷電」に関しては『スマートではなく目先も融通も利かず、ただ几帳面で負けじ魂』でしかなかった。「雷電」が何故難産となったかだが、発動機が上手く冷えない等、細かい問題は山ほどあった。

大きな問題を二つに絞るならば視界の悪さと発動機系から来る振動問題だ。気流で妙な振動が出ないように機体を滑らかに流線型にする方面の気遣いは、この時代の我が国では染み渡っていた。高出力発動機は太く大きい「火星」系しかないので胴体先端を細く絞るのを目的として延長軸でペラを発動機から離した。加えて高い金を払って買った「VDM」ペラをつけたら…今まで経験したことがない振動がでてしまった。

大出力発動機というのは必ず振動が出る宿命がある。星型発動機に限らず、水冷発動機もおよそ単気筒発動機以外は、ピストンの動きが逆になるようにすることにより振動を打ち消していた。それも大型発動機ともなるとそれだけでは打ち消せない振動がどうしても出てしまう。発動機を作り慣れている諸外国ではクランク付近にカウンターウエイトを置く工夫で振動を克服していた。「雷電」が味わうよりも前に諸外国はこの振動問題にぶち当り「雷電」よりも長い時間を費やした結果だ。

そういう経験と知恵が無い当時の我が国。こういう対処構造がある発動機を作ればまた新たな問題が出ていただろうし、これらの振動を客観的に計測する軽便な測定器も解決方法もなく、操縦桿を握る搭乗員の感想だけで正直どう対処すれば問題が解決するのか判らないまま、まさに暗中模索な中で「雷電」の振動問題に取り組んだ。

それはまさに手当たり次第という感じで折角、薄く研ぎ澄ませた高効率ペラ「VDM」の翅をわざわざ効率を悪化させるように厚くして剛性を高めたり、思いつき次第に時間と金と優秀な人材を投入した。

短気な人だったら「振動くらいなんだ！慣れろ！振動がなくなるころは振動が出るんだ！」「雷電」とは海軍航空隊は敵重爆撃機で振動ごと爆弾で消し飛んでしまうぞ！」…と柔軟にそれこそ精神論で対応すべきところを、頑なに『まだ、振動がある。ダメ。やり直せ』と几帳面さを発揮し時間ばかり費やし、もうどうにもならなくなったときに前述の「紫電」案に飛び乗ったのはいいが、こちらは違う形の泥舟で更に苛立つことになった。

この問題解決で油にまみれている間にこれではダメ、「紫電」を作り直す必要があると「紫電」の手直しと同時に「紫電改」の設計に入ったのは、人によっては泥縄とも言えるかもしれないが、先見性もあったとも言える。もしかしたら「雷電」の小手先の手直しではぬぐい切れない混迷ぶりを感じ、大きな決断に踏み切る判断材料になったのかもしれない。

「雷電」は罪を他にも犯している。この手直しで貴重な時間と限られた資材、そして人的資源を徹底的なまでに浪費した。これがなければ「雷電」の製造元である三菱は設計者や技術者たちを次期主力艦上戦闘機「烈風」にもっと早く、もっと濃厚に執念深く注

人生初「紫電改」作画！人生初「タミフル」服用！
「紫電改」バンザイ！「タミフル」バンザイ！

以前、「紫電」「紫電改」が掲載された『ミリタリー・クラシックス六十八號』が発行された折、こがしゅうとはインフルエンザに罹患、四〇度近い高熱で病欠。今回の描き下ろしはそのリベンジの為です！

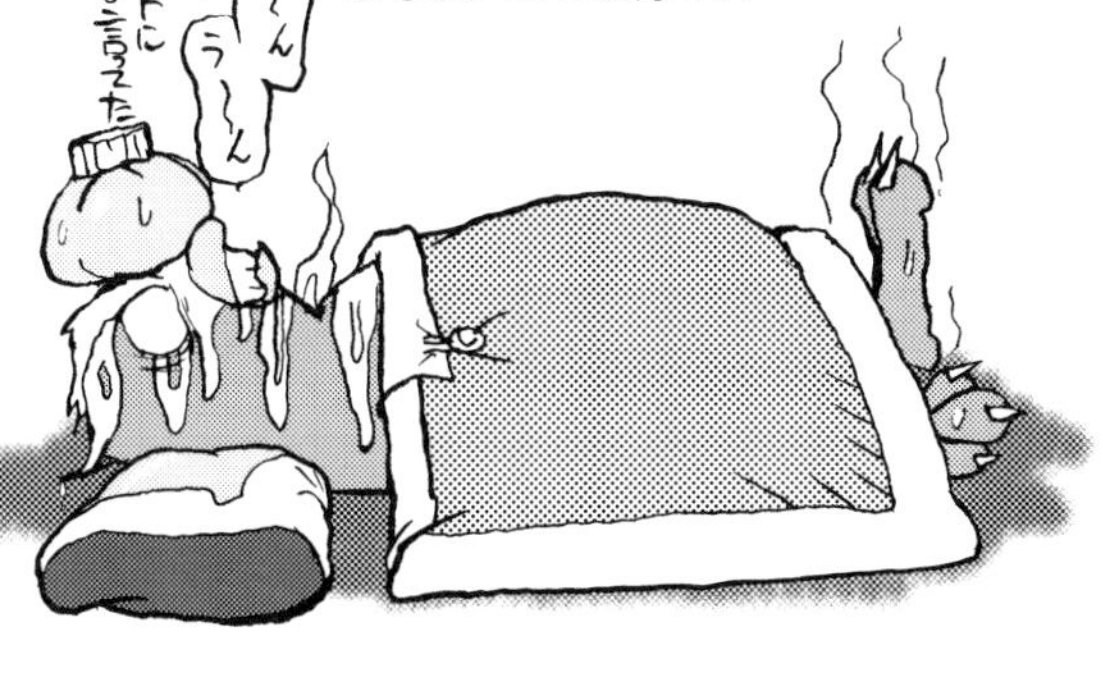

登場人物紹介

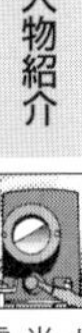

サブ兄さん…職業：伏龍。米上陸用舟艇を海中から爆雷で爆破する。マッチョ。

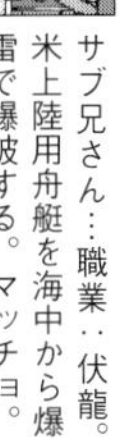

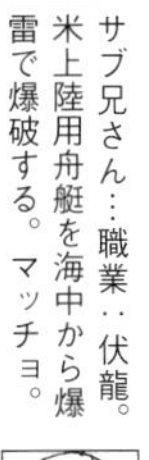

ユガシャウト…フクロウ人間。サブ兄さんに粛清される。

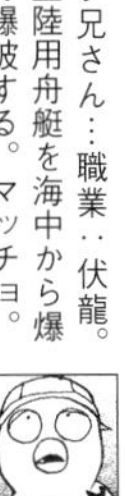

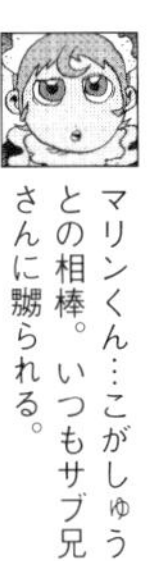

マリンくん…こがしゅうとの相棒。いつもサブ兄さんに嬲られる。

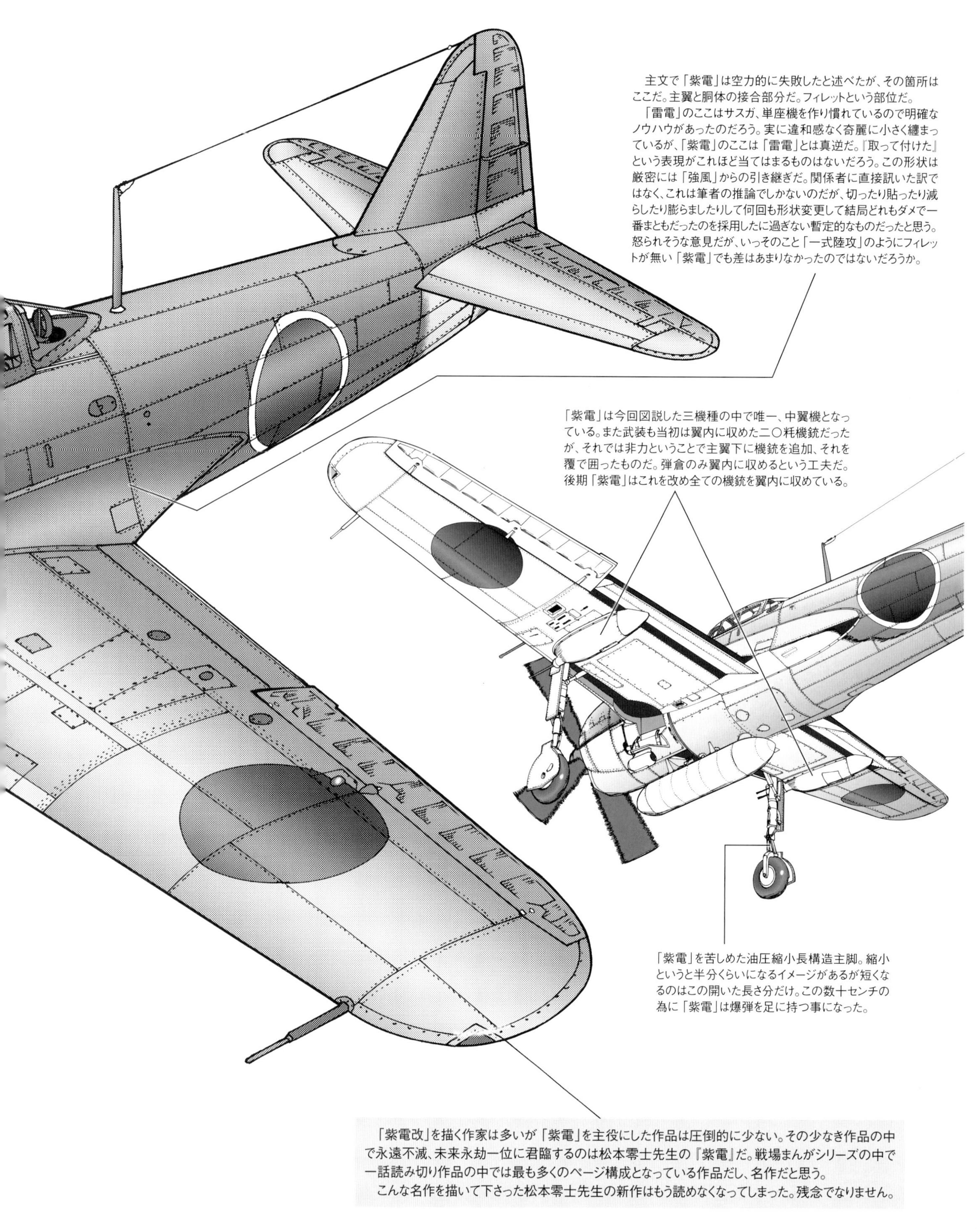
主文で「紫電」は空力的に失敗したと述べたが、その箇所はここだ。主翼と胴体の接合部分だ。フィレットという部位だ。

「雷電」のここはサスガ、単座機を作り慣れているので明確なノウハウがあったのだろう。実に違和感なく奇麗に小さく纏まっているが、「紫電」のここは「雷電」とは真逆だ。『取って付けた』という表現がこれほど当てはまるものはないだろう。この形状は厳密には「強風」からの引き継ぎだ。関係者に直接訊いた訳ではなく、これは筆者の推論でしかないのだが、切ったり貼ったり減らしたり膨らましたりして何回も形状変更して結局どれもダメで一番まともだったのを採用したに過ぎない暫定的なものだったと思う。怒られそうな意見だが、いっそのこと「一式陸攻」のようにフィレットが無い「紫電」でも差はあまりなかったのではないだろうか。

「紫電」は今回図説した三機種の中で唯一、中翼機となっている。また武装も当初は翼内に収めた二〇粍機銃だったが、それでは非力ということで主翼下に機銃を追加、それを覆で囲ったものだ。弾倉のみ翼内に収めるという工夫だ。後期「紫電」はこれを改め全ての機銃を翼内に収めている。

「紫電」を苦しめた油圧縮小長構造主脚。縮小というと半分くらいになるイメージがあるが短くなるのはこの開いた長さ分だけ。この数十センチの為に「紫電」は爆弾を足に持つ事になった。

「紫電改」を描く作家は多いが「紫電」を主役にした作品は圧倒的に少ない。その少なき作品の中で永遠不滅、未来永劫一位に君臨するのは松本零士先生の『紫電』だ。戦場まんがシリーズの中で一話読み切り作品の中では最も多くのページ構成となっている作品だし、名作だと思う。

こんな名作を描いて下さった松本零士先生の新作はもう読めなくなってしまった。残念でなりません。

川西
「紫電」N1K1-J

　当たり前のことだが発動機というものは過酷な状態でも立派に動くようにしてこそ『製品』だ。これを乗り越えて初めて胴体設計側に提供する。

　トコロが「誉」は埃ひとつない実験室で、貴重品の高級潤滑油と高オクタン価燃料を注ぎ込んで動いていただけだ。勝ち戦の連続でこれら良い燃料らが間断なく得られるという前提があってこそ「誉」が「誉」を演じられる。本当に賢い人ならばこれらハイグレードな燃料ではなく粗悪燃料で出力は下がっても動くような工夫と試験まで行ってこそ『合格』と判断する。この肝心な部分を経ず試験合格とは杜撰すぎてあきれ返るが、言い返せばそれだけ高出力発動機が少しでも早く欲しかった証でもある。

　「紫電」への搭載で「誉」が初めて試験と改良工程に至ったというのは川西の技術者側は騙された思いだっただろうし、形だけの試験をした海軍航空隊審査部関係者は電探開発をおろそかにした艦艇関係者共々、重罪だ。「雷電」では採用遅延作戦とも採れそうなくらいにイビリまくったのに、「誉」に関しては徹底的に甘々だ。この差は何だ？　立腹しかない。「誉」は悪くない。悪いのはもっと早期からの開発に踏み切らなかった人たちと審査を甘くした連中のせいだ。

力出来たハズだ。全ては結果論だし、自分が設計したものを自分で尻拭いをするのは自己完結しているとも言えるが…統括する人の指揮能力も優秀とは言えないものだ。

　医療関係でも言えることなのだが、症状は出ているが原因が判らず暗中模索で治療を進め、原因に気付いたときは手遅れになっているというものと、「雷電」を起因とした全ての停滞は似ていると思う。この停滞は賢い人の集団が考えていた予定を全て台無しにしてしまった。

　「雷電」がやっと戦力化されるころは敵国の戦闘機や爆撃機も性能が向上しており、「雷電」の性能は陳腐化していたし、搭乗員たちの教育も「雷電」には逆風となり、作っても乗ってくれないという最悪な結果が待っていた。

　言い換えれば「雷電」を哀しい結果にした原因は発動機とペラの問題でもあったと前述したが、もうひとつ大きな原因があると思う。それは零戦という製品が余りによく出来ていたからだ。

　筆者は過去、里帰りした零戦の発動機の回転状態を目にしたが、零戦の尾翼付近に置いてある紙や埃が吹き飛ぶような高回転でも機体は全く振動していなかった。これは驚きだった。これに慣れて「雷電」に乗ったら文句が出るのは当然だと思えた。

　零戦は小さい発動機で目の前を覆い隠すような障害物もないので操縦席からの視界を遮るのは風防の枠くらい。しかし「雷電」は太い発動機で物理的にどうしようもない、諦めて慣れるしかない問題も二言目には扱いやすい零戦と比較され、果てしない手直しに時間を費やす事になる。一連の流れをみると強く感じるのは、戦争を有利に戦う手段のひとつが戦闘機でしかないのに良い戦闘機を作ることだけが主目的になっていて、目指すところが完全に誤っている点だ。

　搭乗員を注ぎ込んでも注ぎ込んでも間に合わないというような戦争は二度と起きないと願いたいが、神業の域に達した熟練搭乗員たちが殆ど居なくなったころに、扱いづらく乗り辛い「雷電」や「紫電」、「紫電改」が登場しても若い経験の少ない搭乗員らがこれらを乗りこなすには余りに時間が足りなかった。結局、色褪せても扱いやすい零戦が使い続けられるだけ。少し技量が付いても高性能敵戦闘機に撃墜され戦死し、また全体技量が低下するという悪循環であり、そしてそれを想定してないかったトップの発想力のなさ、そして…そういう方向を仕向ける敵国の腹立たしい戦術のひとつだと思う。

　とは言え「雷電」や「紫電」、「紫電改」らで三途の川を渡河させせられた敵国の搭乗員たちも決して少ない数ではない。叶わぬ願いだろうが、もっと良い形でこれら三機種が登場して欲しかったと、ただこれだけは思う。

　思えば「紫電」という製品は本当に不幸だし、タイミングが悪いとも言える。…いや、これは違うか。「紫電」を作ろうとしたスタッフたちの間が悪いというべきだろうか。

　周知のとおり「紫電」は水上戦闘機「強風」が原形となっている。思えば「強風」も不幸な製品だ。世界広しと言えど最初から水上戦闘機として設計されたのは他に前例がない意欲作で、途方もない贅沢な企画だったが、そんなに世の中甘くない。物理の法則が頭に入っていれば絶対に成功しない戦闘機だと判っているハズなのに、開発に手間取り戦力化されるころには世間の敵戦闘機たちは、空気抵抗が大きく全ての面で劣る水上戦闘機では敵わない世の中になっていた。この辺は「雷電」と似ている。

　面白くないのは製造元の川西航空機だ。優秀な技術者を注ぎ込み、社運を懸けての華の初戦闘機の生産受注で沸き立ったが、依頼者の海軍航空隊が『もう水上戦闘機の時代じゃないだろ』と、お情けで百機に満たない数の注文で打ち切ってしまった。

　戦争中とは言え、企業は企業だ。当然、社としての利益は追求する。こんな生産数では当然、営業的には大赤字だっただろうし、それに加え連日答えがでない過酷な手直しで徹夜や疲れの中から『川西は戦闘機を手がけるだなんてまだ早いんだよ！　すみっこで飛行艇でも作ってろ！』と心無い叱責で腸

　思えば「紫電」という機材は小さい手直しでもう少し戦力が高まったのではないかと思う面がある。初期型「紫電」は「強風」の機首機銃発射装置が残っていた。非力な七粍七（7.7㎜）だったが、「零戦五二丙型」のようにここに十三粍機銃を積み込めたのではないだろうか。何しろ「紫電」は「強風」の太い胴体をそのまま引き継いでいる。「零戦五二丙型」のように右機首銃だけが十三粍機銃になるというしみったれたものではなく、左右両方を十三粍機銃搭載が果たせただろうとも強く思える。加えて主翼機銃も二十粍機銃を全て十三粍機銃に換装すれば携行弾数も増え、低伸弾道の機銃ゆえに飛躍的に命中率も高まるのではないだろうか。

　当たれば破壊力が高い二十粍だが、当たらない。当てるには操縦技術の他に射撃技術も必要なプロ向けの機銃だ。技量が低くともよく当る十三粍化は二つのプロを要する条件で一つを緩和させる悪いハナシではないと思うのだが。

川西
「紫電改」N1K2-J

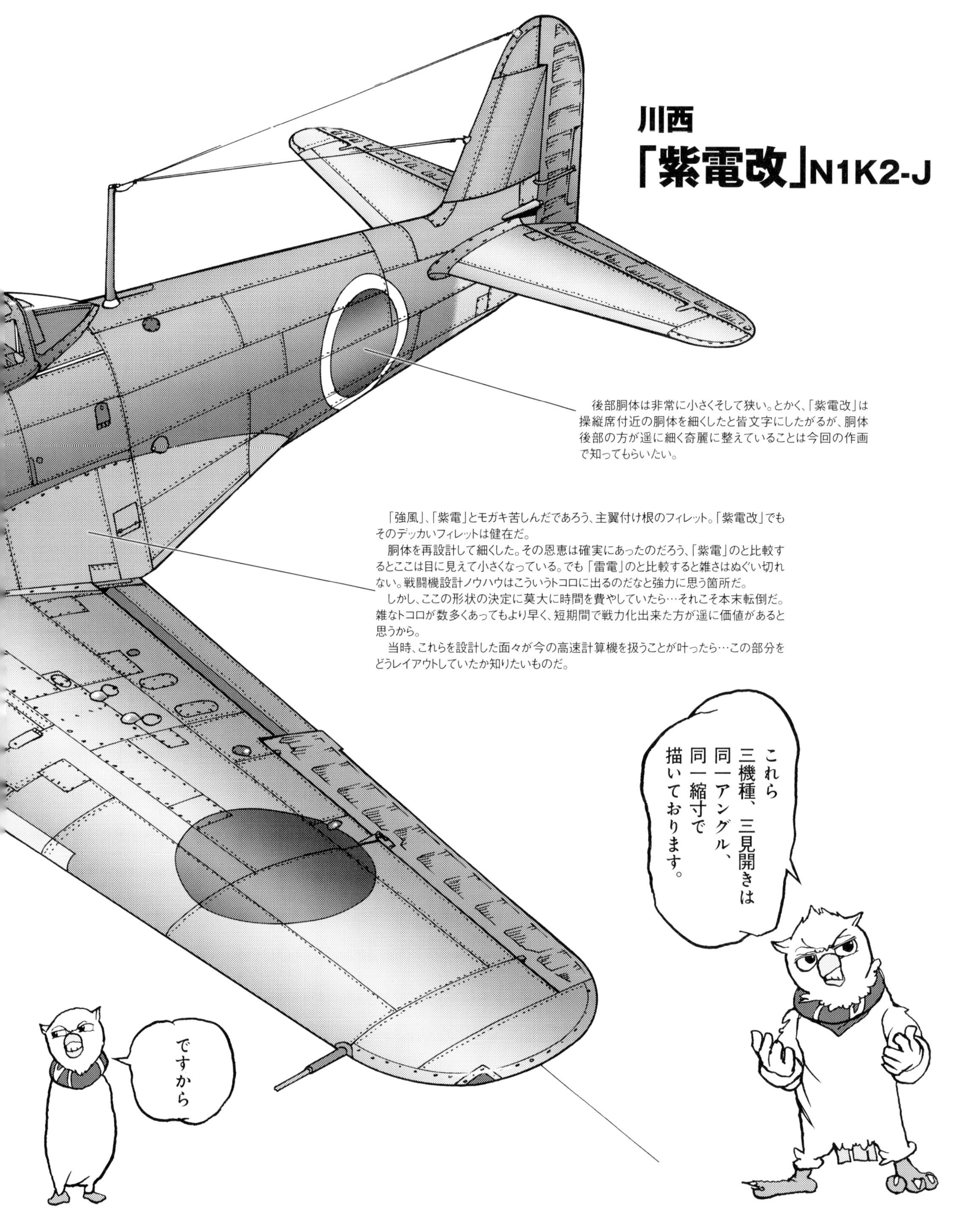

　後部胴体は非常に小さくそして狭い。とかく、「紫電改」は操縦席付近の胴体を細くしたと皆文字にしたがるが、胴体後部の方が遥に細く奇麗に整えていることは今回の作画で知ってもらいたい。

「強風」、「紫電」とモガキ苦しんだであろう、主翼付け根のフィレット。「紫電改」でもそのデッカいフィレットは健在だ。

　胴体を再設計して細くした。その恩恵は確実にあったのだろう、「紫電」のと比較するとここは目に見えて小さくなっている。でも「雷電」のと比較すると雑さはぬぐい切れない。戦闘機設計ノウハウはこういうトコロに出るのだなと強力に思う箇所だ。

　しかし、ここの形状の決定に莫大に時間を費やしていたら…それこそ本末転倒だ。雑なトコロが数多くあってもより早く、短期間で戦力化出来た方が遥に価値があると思うから。

　当時、これらを設計した面々が今の高速計算機を扱うことが叶ったら…この部分をどうレイアウトしていたか知りたいものだ。

が煮えくり返るような思いは文字通り怒髪天を衝くというものだったに違いない。

こんな色々なフラストレーションを一発逆転、一矢報いてやろうという案で「強風」を陸上戦闘機に仕立て直すという流れと動きは有名な話だが、そのときに発動機を火星のままで進めたら…あそこまで「紫電」の稼働率が悪くはならなかったのでは？という説がある。だが、もし「火星」のまま進めていても主脚構造の不具合がボトルネックとなっていたハズだ。

これは結果論でしかないが、我が国に於ける未知の領域である小型高出力発動機「誉」が起因の数多の不都合も、大戦の早い時期に試製「紫電」に採用となった時間的猶予の恩恵でトラブル解消に時間を注ぎ込めた。正直なトコロ、発動機の不具合の責任を「紫電」が背負う必要は全くない。「誉」を作った中島発動機に「お宅の発動機ダメですよ。返します」というのがスジであった。だがモノは考えようだ。この早い段階だからこそ時間と労力を注ぎ込め、それによって「紫電改」の実戦投入が叶ったと思えば…「紫電」と、「誉」を鍛えた意味はあった。

「紫電」で流した血は「誉」を癒すものとなり、「誉」を搭載する他機材たちが味わう問題のいくつかを「紫電」とその関係者らが解消していったという『下地作り』になっていたと見よう。いやそう見てほしいと思う。

もし仮に「紫電」を「火星」系発動機で進めていたら…結局前述の中翼機の宿命である主脚構造でもたつき、抜本的解決方法である胴体と主翼位置と主脚を改めた試製「紫電改」の段階で「誉」の採用が割り込んでくることになり、問題山積の「誉」を「紫電改」が背負うこととなるだけで、幻の戦闘機リストに「紫電改」が記載されるだけだったかもしれない。

繰り返すが、早い段階で「紫電」が「誉」の問題を背負わなかったら、押し迫った大戦末では「誉」は手に余る発動機だった。この問題解決の御鉢がもっと悪い時期に他の機材に回ってくるだけだ。まだ時間があった大戦中期で「紫電」をつかって問題解決に挑めたのは最悪の中で最善の決断だったと筆者は信じたい。実際「紫電改」は良くできた戦闘機だと思う。

大出力発動機を搭載した戦闘機は一様に扱い辛くなる傾向がある。そんな中で操縦しやすい性格を保ったまま機体強度も武装も、航続距離以外は全て強化出来たのだから大したものである。ぶっつけ本番で「強風」から「紫電改」に当る戦闘機を作るのは当時の我が国では無理なハナシであったとも思う。もっと言えば「強風」を「紫電」化する前に「強風」に陸上降着装置を雑に追加し、試験陸上機として飛ばして問題を箇条書きにして抜本的な『改』をしてほしかったと思う。遠回りのような気がするが、結果として近道だったとも思えるから。

戦国末期を総評する一言で『信長公が餅を搗き秀吉公がそれを捏ね、家康公がそれを食べた』とあるが、今回述べた三機種をそれに当てはめてみると…『「雷電」がコケ、「紫電」が捏ね、「紫電改」が美味いところを食べた』というトコロか。

特別描き起し編《了》

今回初めて筆者は「紫電改」を描いた。今まで風防は「強風」から「紫電改」に至るまで全て流用かと思っていたが実際はそうではなく、「紫電改」に至るまでに風防枠がどんどんと減っていくのは…素晴らしいと思う。透明度が高く、歪まない透過率のアクリルを大きい面で作れるようになった恩恵があるのだと思う。

「遮風板」は「強風」時代から四面で構成する構造だ。視界も広いし防弾硝子を作り込んだ優秀なデザインだと思う。

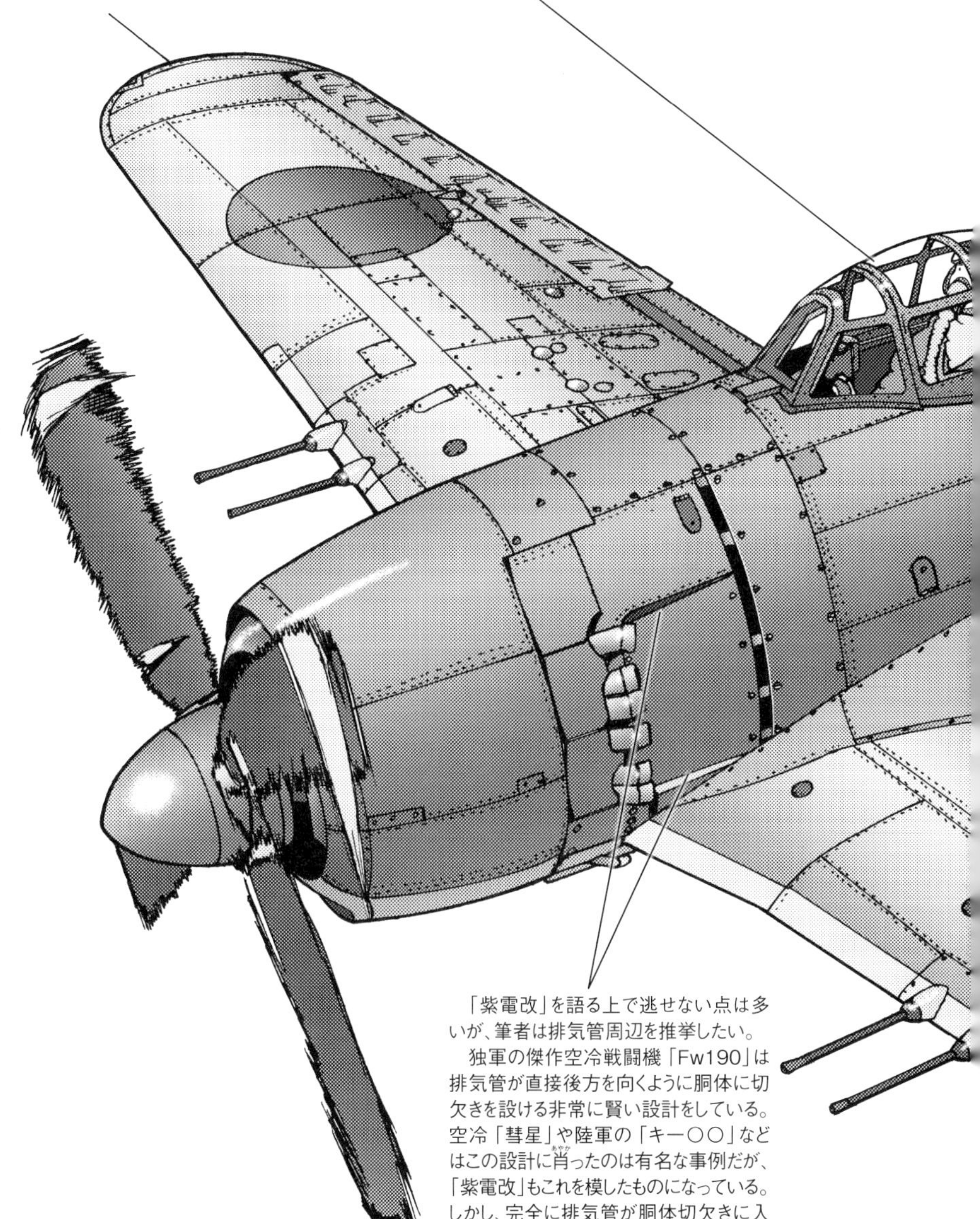

「紫電改」を語る上で逃せない点は多いが、筆者は排気管周辺を推挙したい。
独軍の傑作空冷戦闘機「Fw190」は排気管が直接後方を向くように胴体に切欠きを設ける非常に賢い設計をしている。空冷「彗星」や陸軍の「キー〇〇」などはこの設計に肖ったのは有名な事例だが、「紫電改」もこれを模したものになっている。しかし、完全に排気管が胴体切欠きに入るものではない、やや不完全なモノだ。

雷電 写真ギャラリー

写真提供、解説／渡辺洋一

第三五二海軍航空隊で雷電に搭乗していた予学13期の菊池信夫少尉。
菊池少尉の戦果としては、複数のB-29の撃破が記録されている

昭和20年7月15日、台南基地へ向かう第三五二海軍
航空隊第二分隊長 青木義博中尉操縦の雷電二一型

終戦後の横須賀 厚木基地でアメリカ軍によって撮影された写真。手前から順に零戦五二丙型、雷電二一型、月光一一型の姿が確認できる。雷電二一型は後部胴体と尾翼の塗装が剥がされているが、垂直尾翼の側面に機番号「65」が描かれているのが分かる

稲妻のマークが描かれた青木機の横で打ち合わせをする海軍予備学生（予学）出身の搭乗員たち。
左から菊池信夫少尉、山本定雄中尉、氏名不詳、金子喜代年少尉

終戦後に撮影されたと思われる雷電三一型。
主翼の武装は撤去されている

紫電改

昭和20年（1945年）3月19日朝、松山沖の伊予灘上空で米海軍のF6Fヘルキャットに攻撃を加える、第三四三海軍航空隊「剣部隊」戦闘第七〇一飛行隊「維新隊」隊長・鴛淵孝大尉の紫電二一型（紫電改）。この空戦で戦闘七〇一の紫電改はF6Fを6機撃墜し、2機大破させている。水上戦闘機 強風を陸上戦闘機化した局地戦闘機 紫電をさらに改良して生まれた紫電改は、2000馬力の誉エンジンや層流翼、自動空戦フラップなどを導入して高性能を発揮し、強敵F6FやF4Uに伍する性能を持つ唯一の日本海軍戦闘機となった。大戦末期、三四三空に集中配備され、絶望的な戦況の中で米軍機と激闘を繰り広げている。（画／佐竹政夫）

※67～80ページ、83～133ページの記事は、ミリタリー・クラシックスVOL.68（2020年冬号）に掲載された記事を再構成し、加筆修正したものです。また134～136ページの記事は、ミリタリー・クラシックスVOL.69（2020年春号）に掲載された記事を再構成し、加筆修正したものです。81～82ページ、137ページの記事は書き下ろしです。

宿敵を討つ雷光の剣

局地戦闘機 紫電改

Interceptor Kawanishi NIK2-J Shiden-Kai "GEORGE"

米軍機の編隊に上方から攻撃をかけようとする、横須賀海軍航空隊の紫電と紫電改。手前と奥は紫電二一型（紫電改）、中央は紫電一一甲型。全体的に改設計されているが、特に主翼の位置や機銃の取り付け方が大きく異なる

画／吉原幹也

川西航空機は太平洋戦争後期、当時試作中だった水上戦闘機「強風」を母体に、2,000馬力級発動機「誉」を搭載、浮舟を降着装置に変えるなどして陸上機化した局地戦闘機「紫電一一型（紫電）」を開発した。

しかし急造戦闘機の紫電は粗削りで不完全な要素が多かったため、主翼配置を中翼から低翼に改正、外形を洗練し、ポッド式だった20mm機銃を主翼内に収めるなど大きな改修を加えた「紫電二一型（紫電改）」を開発、大戦末期の昭和20年1月に制式化された。

紫電改は最大時速約600kmを発揮し、自動空戦フラップにより運動性能にも優れ、加速力や上昇力も優良、火力は20mm機銃4挺と強力。当時の日本海軍戦闘機の中ではもっともバランスに優れた最良の戦闘機であり、性能的にはF6FヘルキャットやF4Uコルセアとほぼ互角で、陸軍の四式戦闘機と並ぶ日本最強の戦闘機となった。

昭和20年からは精鋭パイロットを多く集めた第三四三海軍航空隊「剣部隊」に配備され米陸海軍機を迎撃、敗色濃厚な大戦末期としては例外的なほど善戦したのであった。

冷静に見れば、紫電改の生産数はわずか400機ほど、戦歴も約半年で、戦局に寄与したとはいいがたい。

だがその力強いネーミング、「最後の切り札」的な立ち位置、エース部隊に集中配備されたこと、マンガ「紫電改のタカ」の存在など様々な理由で、零戦に次ぐ人気を誇る日本戦闘機となっている。

ここからは、日本海軍航空隊最後の輝きを見せた局地戦闘機「紫電改」を、開発経緯、戦歴、運用、メカ、各型、人物など、多方面から解説していく。

関東防空戦

横須賀海軍航空隊 武藤金義飛曹長機

昭和20年2月17日

1945年（昭和20年）2月16日から17日にかけ、米海軍の第58任務部隊は、日本本土の関東地方の航空基地に空母艦上機で空襲をかける「ジャンボリー」作戦を発動した。19日に開始される硫黄島攻略戦の陽動と、日本軍航空戦力の減殺が目的である。

新型機の審査や実験、搭乗員の育成や戦技研究を主任務としていた横須賀海軍航空隊には、当時、空技廠（海軍航空技術廠。厳密には当時は横空審査部となっていた）所管の「紫電改」の試作機と増加試作機が十数機配備されており、この米艦上機群の攻撃を迎え撃った。

特に17日は、横空の戦闘機隊長・指宿正信少佐が率い、先任分隊長の塚本祐造大尉、岩下邦雄大尉、羽切松雄少尉、武藤金義飛曹長らベテランが操る横空紫電改隊と、空技廠の山本重久大尉、増山上飛曹、平林一飛曹が操縦する空技廠紫電改隊が迎撃に発進。紫電や零戦、雷電と合わせて約30機が、厚木上空に低空で侵入した米海軍のF6FやF4U編隊を捕捉して有利な位置から攻撃をかけ、逃げる米艦上機隊を洋上や八王子方面まで追撃した。

結果、岩下大尉や羽切少尉は戦闘機1機の撃墜を記録、そして武藤飛曹長は厚木上空で単機で12機のF6F編隊と渡り合い、4機を次々に撃墜した。その姿が、宮本武蔵が吉岡一門と戦った「一乗寺下り松の決闘」を彷彿とさせたことから、「空の宮本武蔵」と呼ばれることになったという。さらに空技廠の3機の紫電改も、敵編隊に後上方から攻撃をかけ、一方的に相当の損害を与えた。

この2月17日の迎撃戦においては、パイロットがベテラン揃いだったこともあり、大きな戦果を挙げさらに紫電改の損害はほぼ皆無という完勝を挙げた。紫電改の20㎜機銃4挺の威力や、自動空戦フラップの効果も実戦で証明され、F6FやF4Uなど米海軍の主力戦闘機にも互角以上の戦いができることが明らかになったのである。

F6Fヘルキャットと交戦する武藤金義飛曹長（4月に少尉に昇任）の紫電改。当時、横空にあった空技廠所管の紫電改は、試作機であったためオレンジに塗られていたという

画／舟見桂

呉軍港上空でVMF-123のF4U-1Dコルセア編隊に攻撃をかける、戦闘第三〇一飛行隊の菅野直大尉機と列機。この呉上空戦では戦闘三〇一の紫電改10機がVMF-123のコルセア15機を圧倒し、剣部隊の精強さと紫電改の優秀さを証明した

画／福村一章

昭和19年（1944年）12月25日、源田実大佐を司令とする二代目の第三四三海軍航空隊（剣部隊）が発足。三四三空は愛媛県松山基地を本拠地とし、新鋭の紫電改を装備する戦闘第三〇一、第四〇七、第七〇一飛行隊、そして彩雲を装備する偵察第四飛行隊で構成されていた。3戦闘飛行隊は1月末に松山基地に集結、練成を重ね、日本海軍には珍しい2機＋2機の編隊空戦を習得していった。

3月13日、三四三空は初の出撃を行うが会敵せず。そして3月19日、三四三空はついに本格的な初陣を迎えることになった。この日の早朝、呉軍港の空襲のため米海軍の9隻の空母から約350機の艦上機が発艦。三四三空は稼働全力の紫電改56機、紫電7機をもってこれを迎撃することになった。

彩雲などからもたらされる敵編隊の情報を得て、3飛行隊は夜明けすぐに離陸し迎撃に向かう。まず伊予灘上空で、鴛淵孝大尉が率いる戦闘七〇一の16機の紫電改が、空母「ホーネット」所属のVBF-17（第17戦闘爆撃飛行隊）のF6Fヘルキャット20機に上空から襲い掛かり、松山・呉上空大空戦の火ぶたが切って落とされた。紫電改は20㎜機銃4挺の大火力で重装甲のF6Fを滅多打ちにし、6機のF6Fを撃墜し、数機を撃破（うち1機は帰途で不時着水、1機は着艦後廃棄）。対して3機の紫電改が撃墜された。

林喜重大尉率いる戦闘四〇七は、松山基地上空に侵入した空母「エセックス」のVF-83のF6F×16機を迎撃。戦闘四〇七は5機の紫電改と1機の紫電を失ったが、VF-83に被撃墜機はなかった。

撃墜王の菅野直大尉が指揮し、杉田庄一上飛曹を擁する戦闘三〇一の本隊約10機は、呉上空で米編隊を迎撃。空母「ベニントン」搭載のVMF-123（第123海兵戦闘飛行隊）のF4Uコルセア15機に後上方から奇襲をかけ、2機を撃墜し、十数機に命中弾を与えた。撃破したF4Uのうち1機は不時着水、3機は損傷がひどく着艦後廃棄されている。この戦闘で戦闘三〇一に被撃墜機はなかった。

だが、本隊から別行動をとっていた戦闘↖

←三〇一の6機の紫電改は、呉上空で空母「イントレピッド」のVBF-10のF4U×10機と交戦して3機が撃墜され、戦闘七〇一の1機も撃墜された。

戦闘三〇一の本隊約10機はその後、空母「ヨークタウン」所属VF-9のF6F×15機と遭遇。右翼エルロン（補助翼）が損傷していた菅野大尉機が被弾炎上したが、菅野大尉は落下傘降下。もう1機の紫電改も撃墜された。

その後、戦闘七〇一の山田良市大尉の紫電と指宿成信飛曹長の紫電改の2機編隊が、16機のF4Uと交戦し追い込まれるが、2機は巧みな機動で生還している。

攻撃を終えた米軍機が離脱していくと、正午ごろには空戦が一段落し、次々に紫電／紫電改が松山基地に着陸してきた。この戦いで三四三空が記録した撃墜戦果は、戦闘機52機と爆撃機4機で、対して三四三空の被撃墜は彩雲1機を含む16機。初陣で56対16の大勝を挙げたことに隊内は沸いた。

だが現在分かる範囲では、米軍が三四三空との戦闘で実際に喪失した戦闘機は、被撃墜8機、不時着水2機、着艦後廃棄4機の計14機であった。ただ米軍は地上攻撃時に4機、燃料欠乏で3機の戦闘機を失い、さらにTBM攻撃機とSB2C爆撃機計12機が喪失しており、それらを数機含む可能性もある。対して三四三空と交戦した米戦闘機隊も50機程度の日本機撃墜を記録したが、実際は前述通り16機である。

こうして後世の目で見ると、三四三空の初陣は実際には痛み分けというところだった。しかし、それまで零戦を主力として苦戦を強いられていた日本海軍の戦闘機搭乗員たちは、F6FやF4Uとも互角に戦える紫電改への信頼を深めた。この松山上空戦は紫電改、そして剣部隊の伝説の始まりとして、後世にまで語り継がれることとなる。

松山・呉上空迎撃戦

三四三空 戦闘三〇一 菅野直大尉機

昭和20年3月19日

参考文献「源田の剣（ヘンリー境田・高木晃治 共著、ネコ・パブリッシング刊）」「J2M Raiden and N1K1/2 Shiden/Shiden-Kai Aces（伊沢保穂・Tony Holmes 共著、Osprey Publishing刊）」

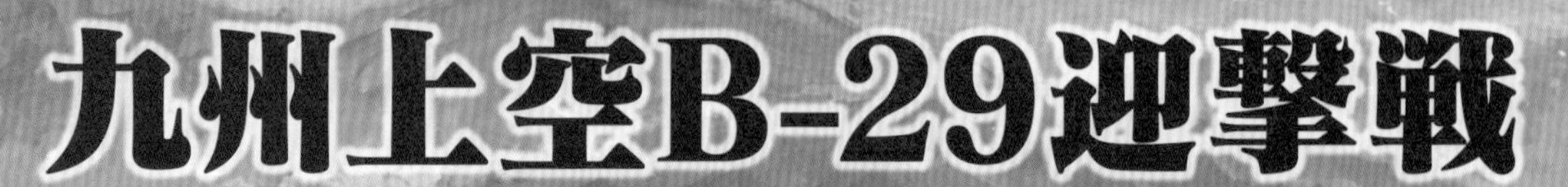

九州上空B-29迎撃戦

三四三空 戦闘七〇一 鴛淵孝大尉機

昭和20年5月5日

三四三空は昭和20年4月8日、鹿屋基地に移動して「菊水」作戦に参加。沖縄沖の米艦隊へ突入する特攻機のため制空権の確保に当たった。その後、4月半ばに鹿屋より約40㎞北の第一国分基地に移動した。

一方その頃、日本の特攻機に苦戦していた米海軍は、超重爆B-29で日本の航空基地を爆撃するよう米陸軍に依頼。それを受けて米陸軍第20航空軍のB-29が、4月半ばから九州の飛行場への爆撃を開始した。

三四三空の紫電改は4月18日からB-29の迎撃を開始。21日には252機のB-29が九州に飛来。三四三空からは紫電改23機が迎撃に上がり、戦闘四〇七の隊長・林喜重大尉が協同で1機撃墜、菅野直大尉も1機撃墜を記録。だが実際にはB-29の喪失はなく、それどころか林大尉機が被弾墜落して戦死という大打撃を負った。続く22日にはB-29×1機を撃破。その後三四三空は25日から30日にかけて、長崎県の大村基地に移動した。4月29日、大隅半島上空で紫電改23機がB-29を迎撃。菅野直大尉が1機のB-29を撃墜したともいわれるが、確実な戦果は確認されていない。

5月から三四三空は戦法を変更。3個飛行隊の攻撃対象を分散させるのではなく、すべての攻撃を1個編隊に集中させることで、確実な撃墜を目指すことになった。

5月5日、55機のB-29が九州の航空基地に襲来すると、三四三空も30機以上が迎撃に上がり、B-29の10機編隊と交戦。戦闘四〇七がB-29に背面急降下からの直上方降下攻撃を連続で加えて1機を撃墜したが、その代償として粕谷三飛曹機がB-29に衝突、戦死した。さらに鴛淵孝大尉率いる戦闘七〇一の12機も、1機のB-29に集中攻撃を加えて大分上空で撃墜した。

7日には、41機のB-29が九州に襲来し、三四三空は10機のB-29を全力で攻撃。すると1機のB-29が衆人環視の下で空中分解し大分に墜落、止めを刺したのは戦闘三〇一の堀光雄飛曹長であった。また大破したもう1機のB-29も海上に不時着水した。

その後、B-29の航空基地攻撃は5月11日で終息。この対B-29戦を通じて、三四三空は12機の撃墜を記録し、搭乗員3名と紫電改5機を失った。米軍の記録も参照した大著「源田の剣」によると、三四三空が確実に撃墜したB-29は4機とされている。

元々迎撃機として開発され、強力な20㎜機銃4挺を搭載した紫電改でも、高速で重装甲、大火力の「超空の要塞」は恐るべき敵であったといえる。

5月5日、大分上空で第314爆撃団第29爆撃集団のB-29に対し、背面急降下からの攻撃をかけようとする、戦闘第七〇一飛行隊隊長・鴛淵孝大尉の紫電改。戦闘七〇一はこの戦いでラルフ・ミラー中尉機長のB-29（42-93953）を撃墜している

画／佐竹政夫

これが海軍最強の戦闘機
紫電改だ！
え／上田信
紫電改五…エンジンを、「烈風」と同じハ43-11型（2200馬力）に換えた改良型だ。ロケット弾をぶっぱなしている。
P-51…アメリカ陸軍の戦闘機。かっこよくてつよいリア充。あだ名はムスタング（野生の馬）。
B-29…アメリカ陸軍のエンジン4発の爆撃機。でかくてかたくてはやくてつよい。あだ名はスーパーフォートレス（すごい要塞）。
P-38…エンジンと胴体が二つある、アメリカ陸軍の戦闘機。あだ名はライトニング（稲妻）。
①紫電一一型
主翼…紫電では胴体の中ほどの高さについてた主翼を、紫電改では下の方に移した。主脚が短くなったの、はっきりわかんだね。また主翼を切って横から見た形が「LB翼」「層流翼」という形になっていた。さらに、空中戦の時に自動的に出たり入ったりする「自動空戦フラップ」というすごいメカが主翼の後ろについていたぞ。

紫電一一丙型…紫電に250キロ爆弾を2発積めるようにした戦闘爆撃機型だ。おなかにはロケットエンジンがついている。スキップボミングでぶちかましてやる！

SB2C…アメリカ海軍の爆撃機。急降下して爆弾をなげるのがとくい。あだ名はヘルダイバー（地獄につっこむ人）。

胴体…紫電は胴体が太っちょだったので、紫電改ではダイエットして胴体を細くした。そうしたらスピードも上がり、パイロットも下が見やすくなった。
①紫電一一型…通称は紫電、あるいは「J」。紫電三兄弟の次男。強風からフロートをとっぱらってエンジンを「ほまれ」に替えて、20ミリ機銃を主翼の下にムリくりくっつけた局地戦闘機。足が細長くてよく折れるけど、まあ多少はね？　局地戦闘機っていうのは、基地とか港などの拠点をまもるために戦う、航続距離が短い戦闘機のこと。足が速くてパンチ力がある奴がおおい。

何だテメー、コノヤロウ！　三四三空「剣部隊」戦闘三〇一「新選組」の菅野一番だ！

ミリクラで俺らのJ改を紹介するってことで異世界から帰ってきたぜバカヤロウ！

J改つまり紫電改は、水上戦闘機の強風を改造した紫電を改造した戦闘機だ！

J改は足も速くて格闘戦も得意、20ミリ機銃4挺の威力絶大、ゼロ戦より格段に強え！

アメちゃんのグラマンやシコルスキー、それからB公も目じゃねえぞコノヤロウ！

J改を集中装備した俺らの三四三空「剣部隊」は、大戦末期に九州の制空権を
握ってアメちゃん機をバッタバッタと叩き落したんだぜバカヤロウ！

そーいえばそっちの世界じゃあ、俺や鴛淵さんや坂井さんや武藤さんが
足にJ改とかゼロ戦を履いて飛ぶテレビまんがとか、
俺が竜を撃墜するまんがとかが流行ってるらしいな！

続編が楽しみじゃねえかコノヤロウ！

紫電改二…空母で使えるようにした艦上戦闘機型の紫電改。「信濃」に着艦したりした。

エンジン…紫電と紫電改のエンジンは空冷（熱くなるエンジンを空気で冷やすタイプ）の「ほまれ」。F6FやF4Uのエンジンと同じ2000馬力が出せるのに、サイズもちっさめというゴイスなエンジンだったが、そのぶんつくりに無理があってよく壊れた。

F6F…アメリカ海軍の戦闘機で、紫電改のライバルその1。デブで頑丈。あだ名はヘルキャット（地獄のにゃんこ）。

F4U…アメリカ海軍の戦闘機で、紫電改のライバルその2。翼と根性が曲がってる。あだ名はコルセア（海賊）。

機銃…左右の主翼のなかに20ミリ機銃を2挺ずつ、合計4挺搭載していた。ゼロ戦の最後のタイプ・五二丙型の武装（20ミリ機銃2挺＋13ミリ機銃3挺）よりもパンチ力がデカかった。

B-24…アメリカ陸軍のエンジン4発の爆撃機。B-29の次くらいにつよい。あだ名はリベレーター（自由にしてくれる人）。

鴛淵隊長と菅野隊長
鴛淵「どうも！　かりぶ…じゃなくて鴛淵です！　おっ、紫電三兄弟がやってるね～！　やっぱり、やってみなくちゃわからない！」菅野「五〇二統合…じゃなくて三四三空の菅野デストロイヤーだ！　菅野じゃないぞ！」第三四三海軍航空隊 戦闘第七〇一飛行隊の隊長・鴛淵孝大尉（左）と、三四三空 戦闘三〇一の隊長・菅野直大尉も、強風/紫電/紫電改の強さに自信マンマンだ！

強風…紫電三兄弟の長男である水上戦闘機。フロート（浮き）がついていて海の上で離着水できる。フロートのせいで足はあんま速くない。

強風／紫電／紫電改の塗装とマーキング

強風一一型
佐世保航空隊

佐世保航空隊所属の水上戦闘機 強風で、塗装は大戦後半の海軍機で一般的だった、上面濃緑色、下面灰色の迷彩塗装。ただし主翼の国籍標識は、主翼下面の補助フロート支柱を避けるため、かなり翼端側に記入されている。昭和19年、佐世保基地。

紫電一一甲型
第三四一海軍航空隊
戦闘第四〇二飛行隊

昭和19年、比島ルソン島のクラークフィールド基地に展開していた三四一空隷下、戦闘四〇二所属の紫電一一甲型。水平尾翼下部の独特な塗り分けパターンは、川西航空機姫路工場で製作された機体に見られる特徴。

ここでは強風や紫電、紫電改に施されていた塗装・マーキングを、カラー図版とともに解説していく。いずれも太平洋戦争後半の登場となったため、塗装は上面濃緑色、下面灰色の迷彩が基本となっていた。

図版／田村紀雄　解説／編集部

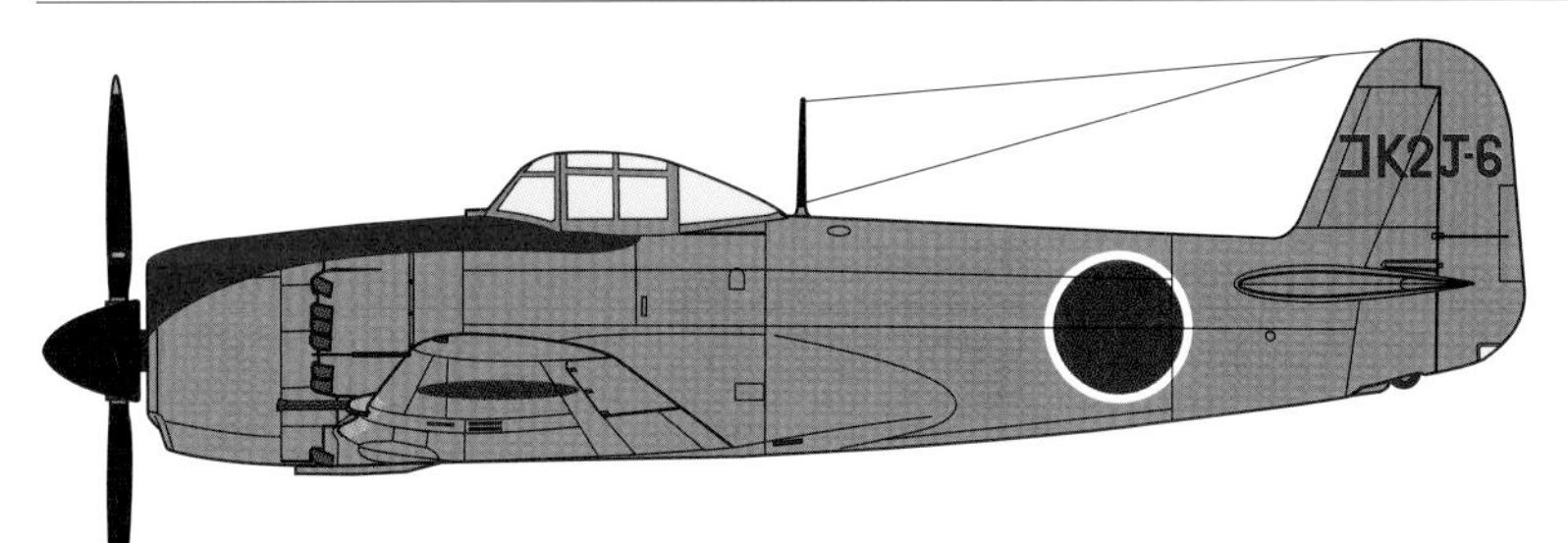

紫電二一型
横須賀航空隊

横須賀航空隊所属の紫電改増加試作機。機体全面が試作機を示す橙黄色（オレンジ色）で塗られており、機首上面のみ眩惑防止のためのツヤ消し黒色。武藤金義飛曹長（当時）が昭和20年2月17日の空戦で搭乗した機体とも言われるが、諸説ある。

紫電二一型
横須賀航空隊

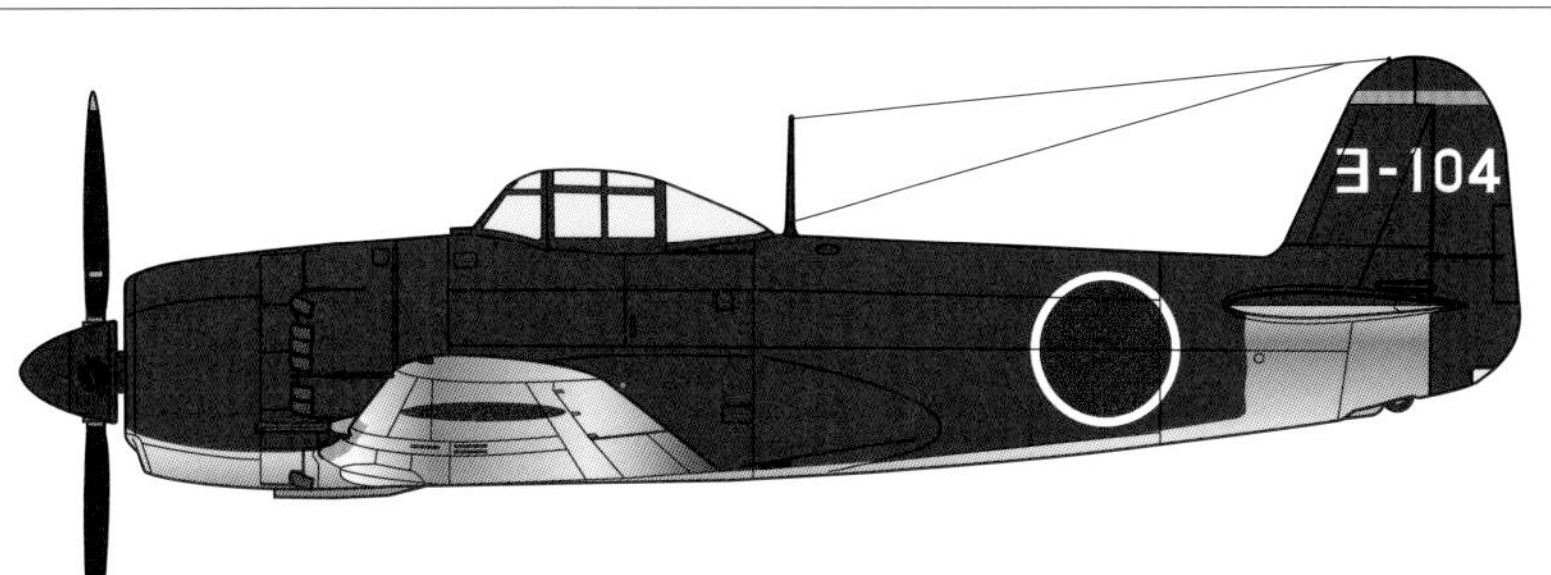

本図も横須賀航空隊所属の紫電改。この「ヨ-104」号機にも武藤金義少尉が搭乗したという説もあるが、定かではない。昭和20年、横須賀基地。

紫電二一甲型
第三四三海軍航空隊
戦闘第七〇一飛行隊長
鴛淵孝大尉

二代目三四三空（剣部隊)、戦闘第七〇一飛行隊（維新隊）隊長、鴛淵孝大尉の乗機。胴体後部に2本入った斜め帯が飛行隊長を示す長機（指揮官）標識で、戦闘七〇一では赤色を用いたとされる。垂直尾翼頂部の「C」も戦闘七〇一所属機を示す。

紫電二一甲型
第三四三海軍航空隊
戦闘第七〇一飛行隊長
鴛淵孝大尉

鴛淵大尉の乗機の指揮官標識は、従来は上記の赤二本帯と推定されていたが、赤帯を見たという隊員の証言がないことから、現在では白二本帯の説も有力になってきている。本書では二つの説を掲載する。

紫電二一型
第三四三海軍航空隊
戦闘第四〇七飛行隊長
林喜重大尉

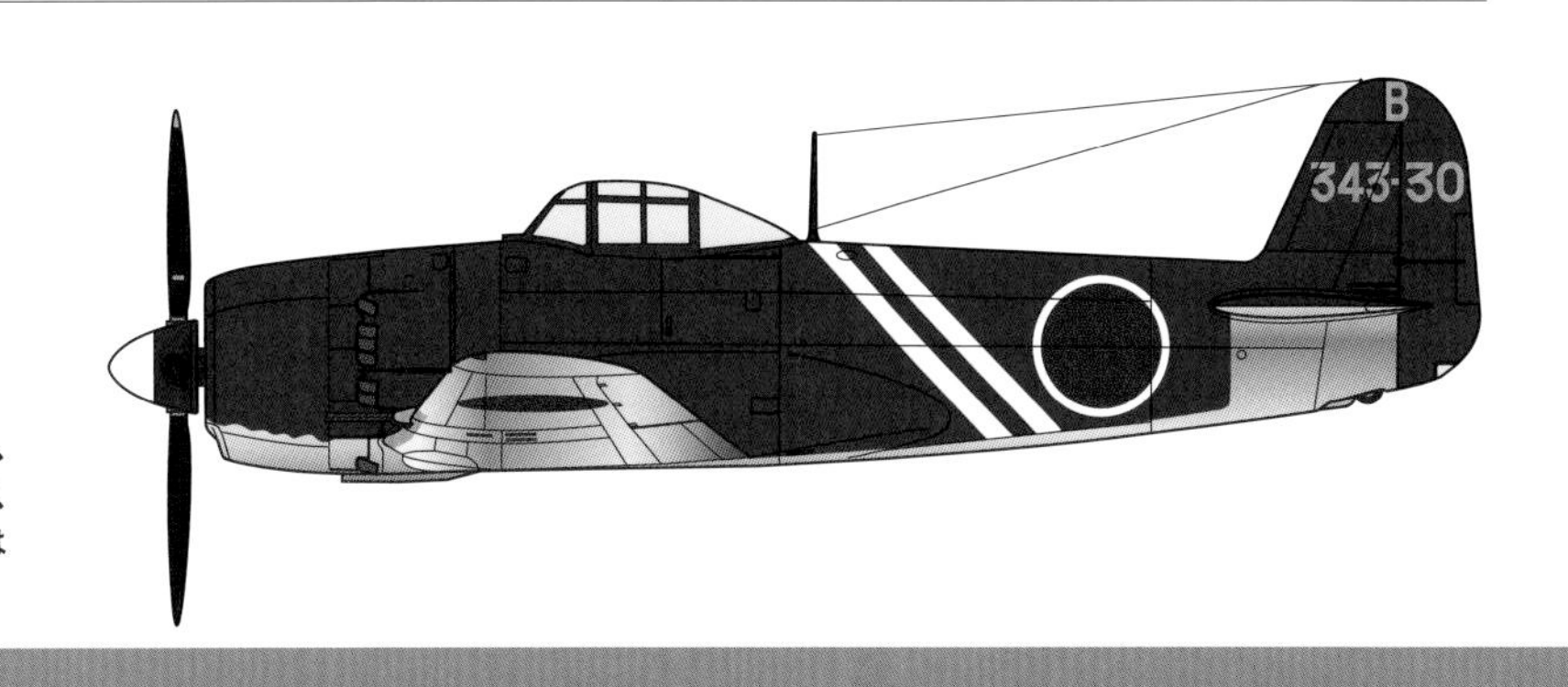

こちらは同じく三四三空の戦闘第四〇七飛行隊（天誅組）隊長、林喜重大尉搭乗の紫電改。長機標識は同じく斜め帯2本だが、戦闘四〇七は白色となっている。垂直尾翼のアルファベットは戦闘四〇七では「B」。

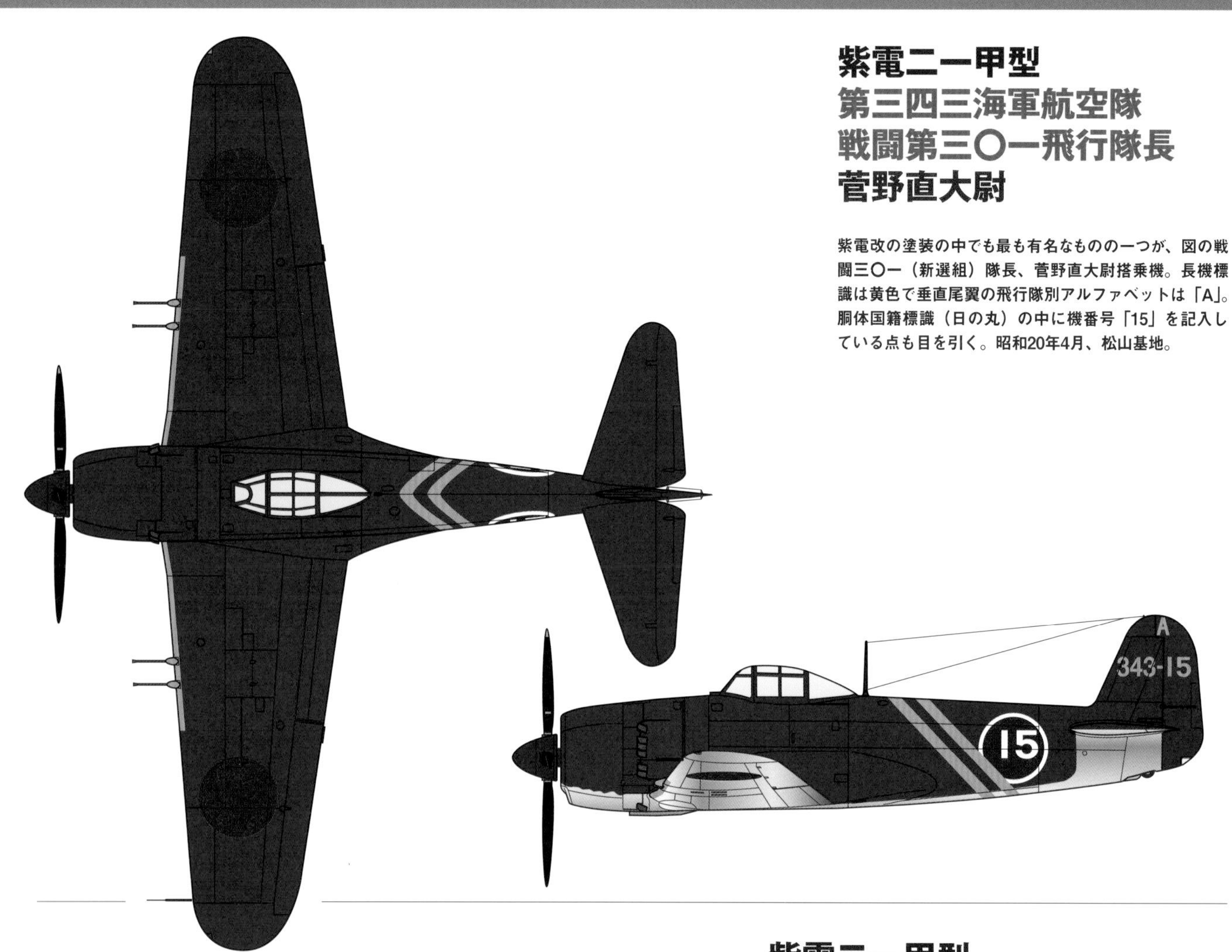

紫電二一甲型
第三四三海軍航空隊
戦闘第三〇一飛行隊長
菅野直大尉

紫電改の塗装の中でも最も有名なものの一つが、図の戦闘三〇一（新選組）隊長、菅野直大尉搭乗機。長機標識は黄色で垂直尾翼の飛行隊別アルファベットは「A」。胴体国籍標識（日の丸）の中に機番号「15」を記入している点も目を引く。昭和20年4月、松山基地。

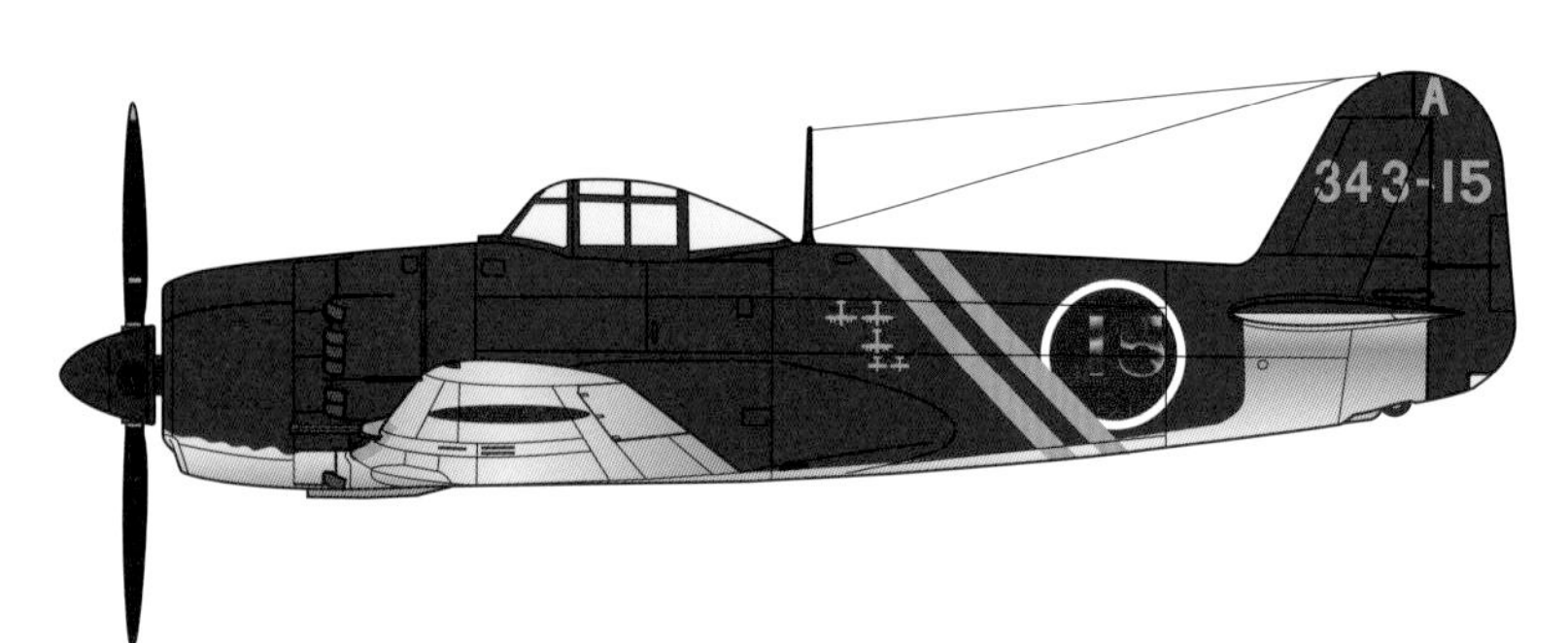

紫電二一甲型
第三四三海軍航空隊
戦闘第三〇一飛行隊長
菅野直大尉

上掲の菅野直大尉の紫電改には、複数の撃墜マークが描かれたという証言がある。写真などは発見されていないため、マークの意匠や数、記入位置などは推定だが、上段の大きなマークがB-29、下が戦闘機の撃墜を表しているものとみられる。昭和20年5月、大村基地。

紫電二一型
第三四三海軍航空隊
戦闘第三〇一飛行隊
杉田庄一上飛曹

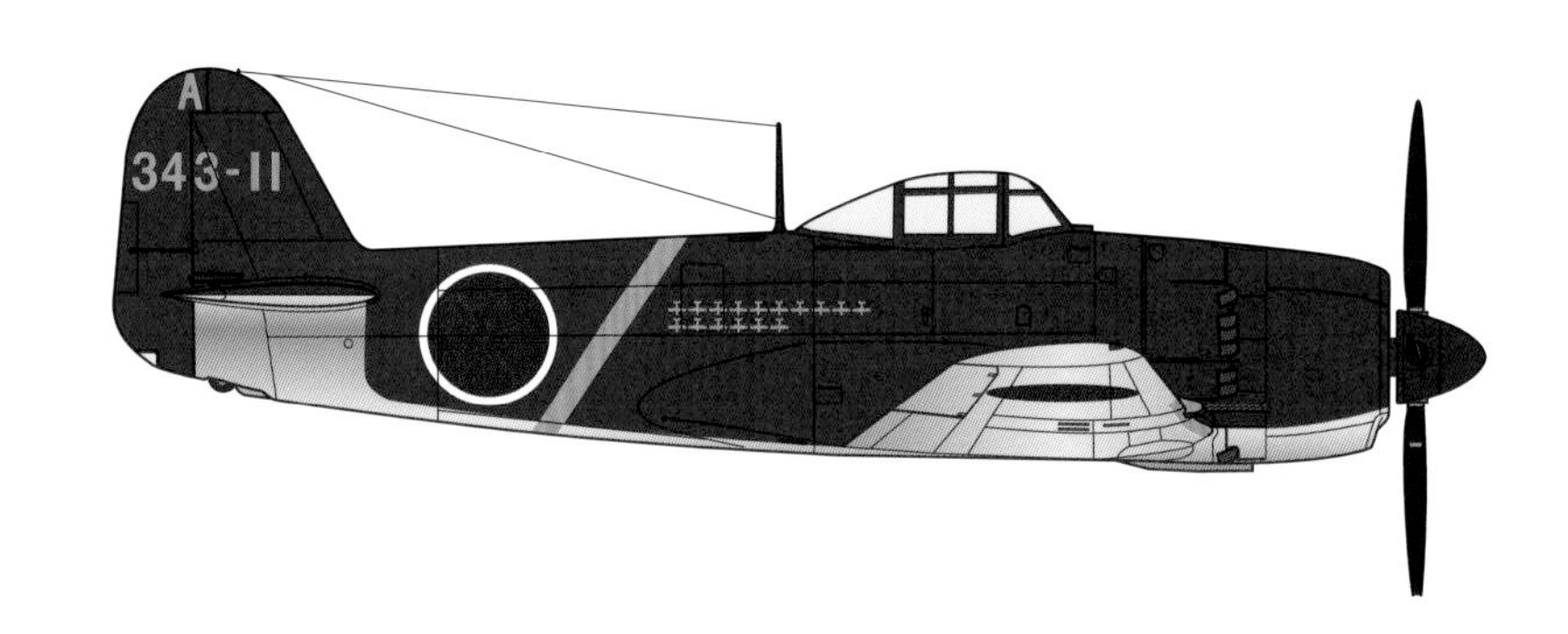

杉田庄一上飛曹が搭乗した紫電改にも、菅野機と同様の撃墜マークが描かれていたという。三四三空では撃墜マークを胴体右側面に記入したという証言もあり、本図はこれに基づき制作した。昭和20年3月、松山基地。

参考資料
「モデルアート3月号臨時増刊No.510 新版 日本海軍機の塗装とマーキング 戦闘機編」野原茂 著、モデルアート社刊／「エアロ・ディテール26 川西局地戦闘機『紫電改』」大日本絵画刊／「J2M Raiden and N1K1/2 Shiden/Shiden-Kai Aces」伊沢保穂・Tony Holmes 共著、Osprey Publishing刊

三四三空 紫電改のマーキング

ここからは航空史研究家・渡辺洋一氏の調査によって明らかになった、三四三空の紫電改のマーキングの推定図を掲載する。詳細な解説は134ページからをご覧ください。

考証／渡辺洋一
図版／田村紀雄

紫電二一型後期型
三四三空 戦闘七〇一
鴛淵孝大尉搭乗機
（昭和20年7月以降）

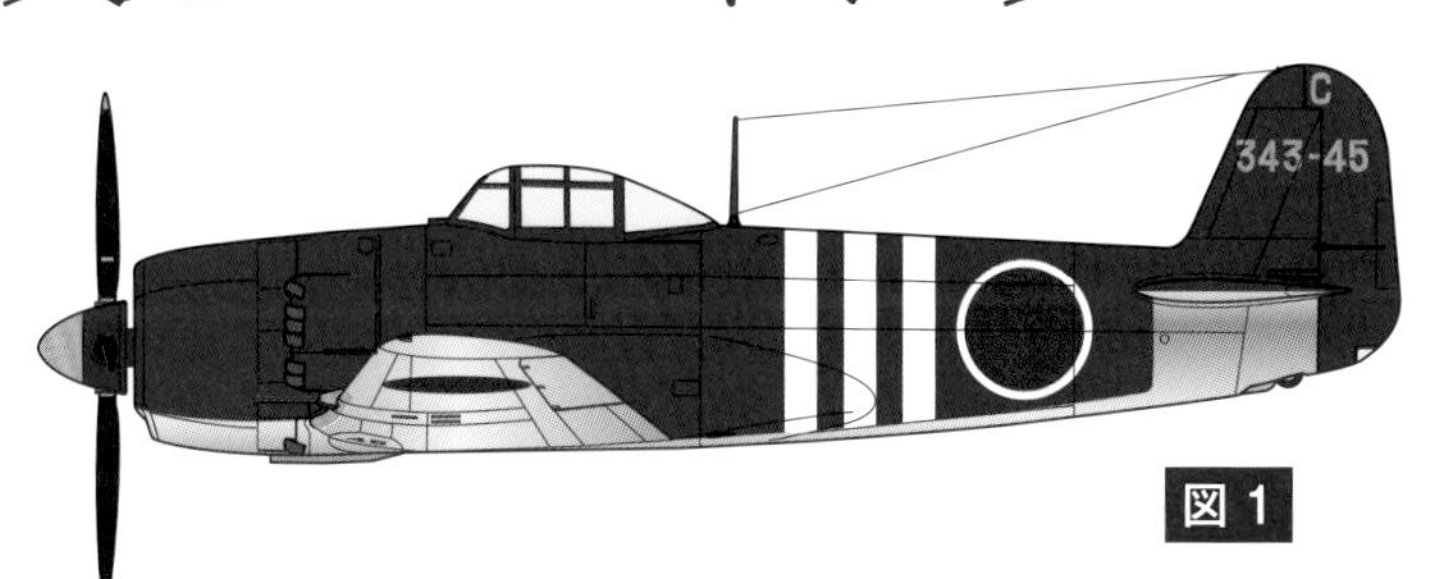

図1

紫電二一型後期型
三四三空 戦闘四〇七
林喜重大尉搭乗機
（昭和20年4月16日）

図2

紫電二一型初期型
三四三空 戦闘三〇一
菅野直大尉搭乗機
（昭和20年7月以降／撃墜マークは推定）

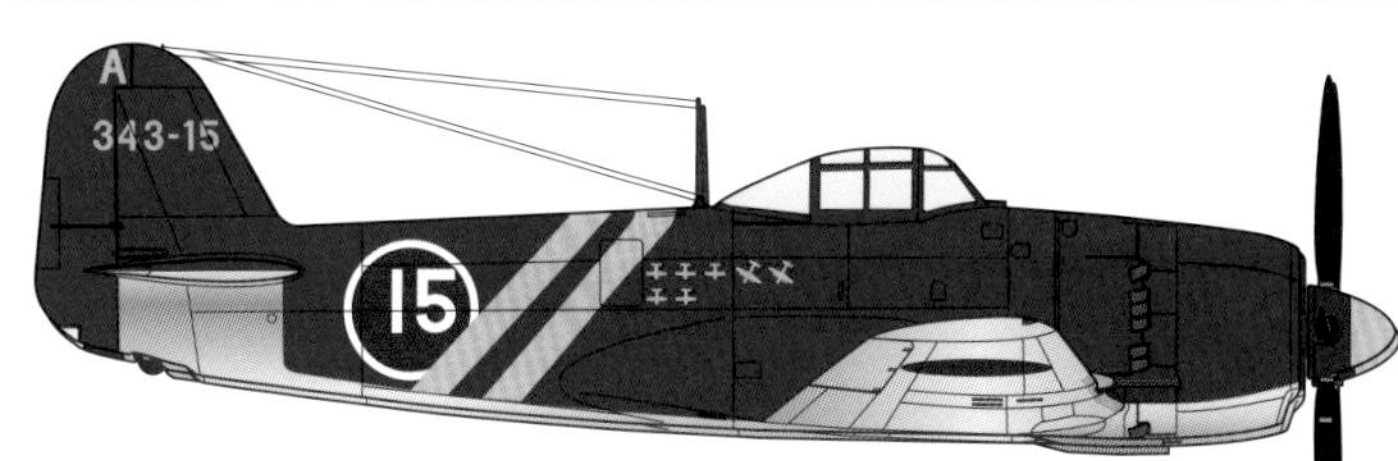

図3

三四三空小隊長機

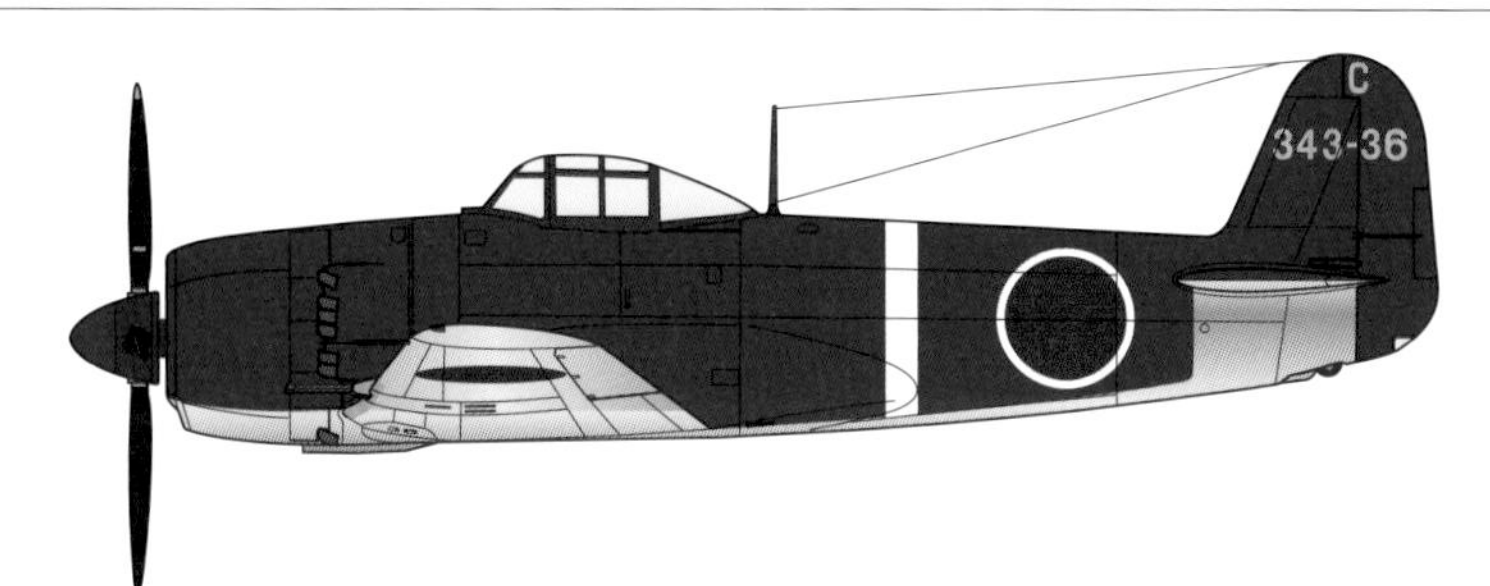

戦闘七〇一
山田良市大尉機
昭和20年4月12日

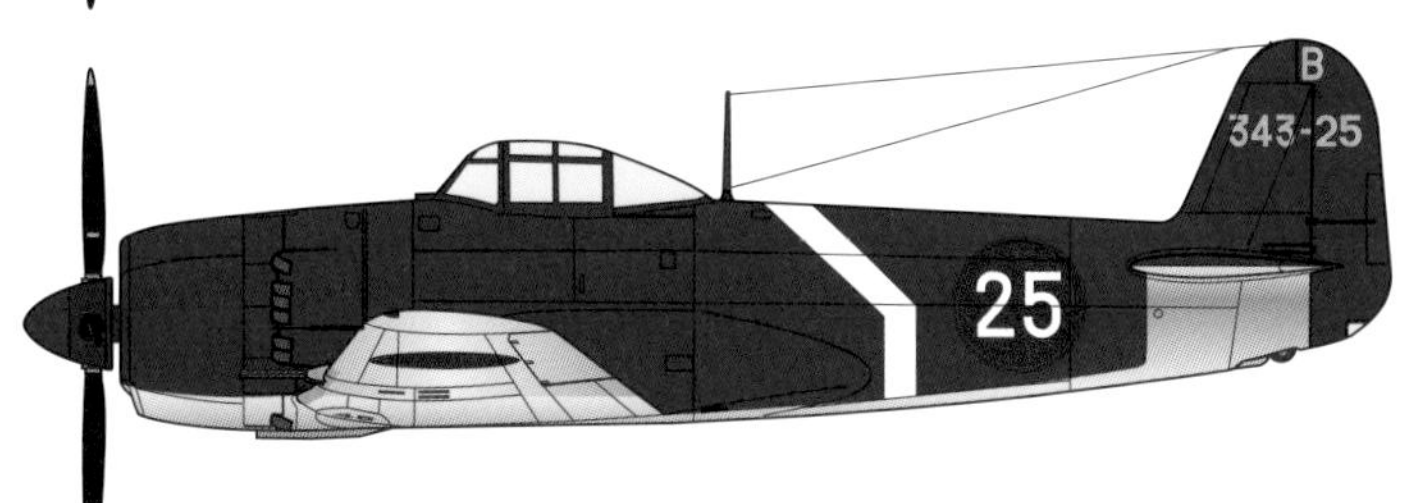

戦闘四〇七
市村吾郎大尉機
昭和20年5月15日

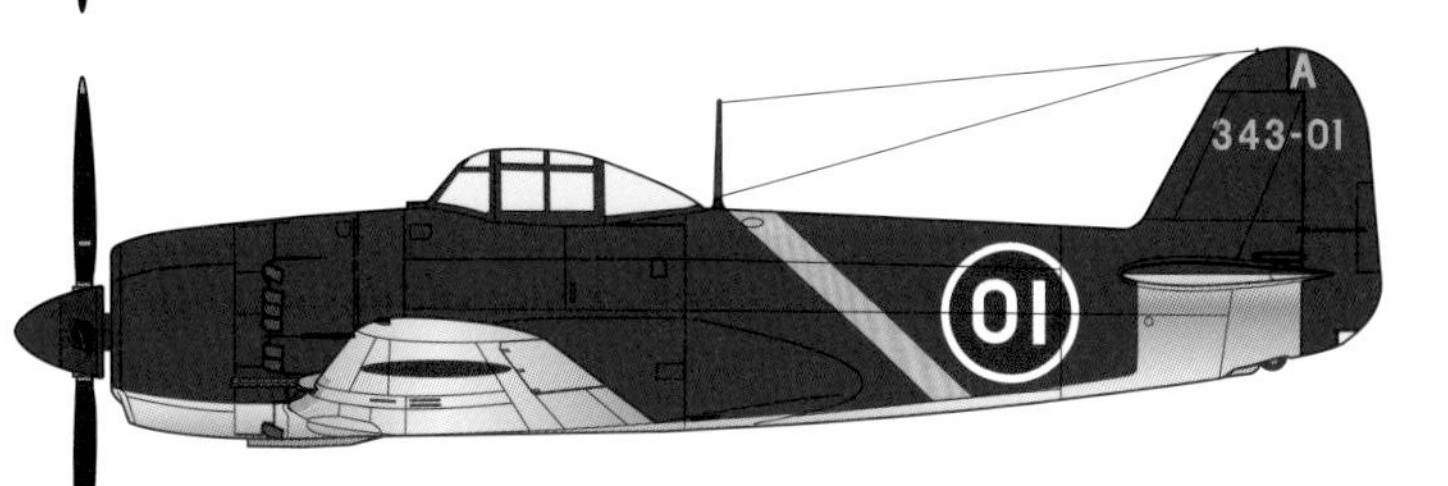

戦闘三〇一
橋本達敏中尉機
昭和20年4月12日

図4

三四三空区隊長機

図5

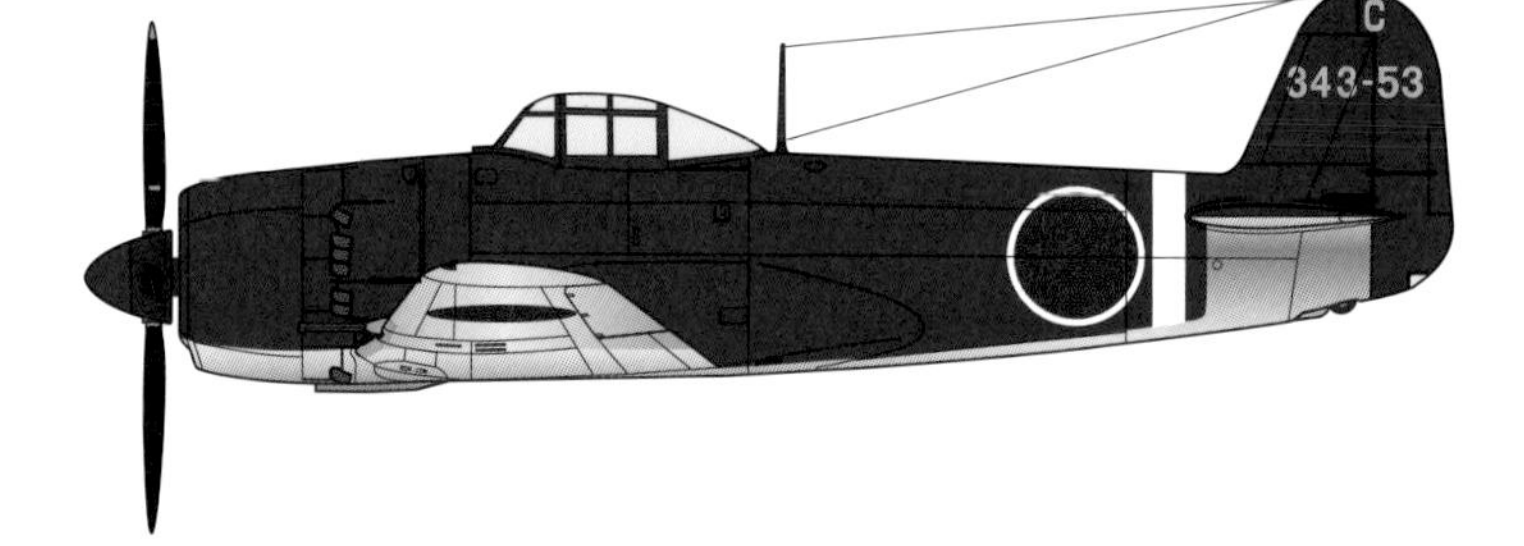

戦闘七〇一
田中利夫上飛曹機
昭和20年4月21日

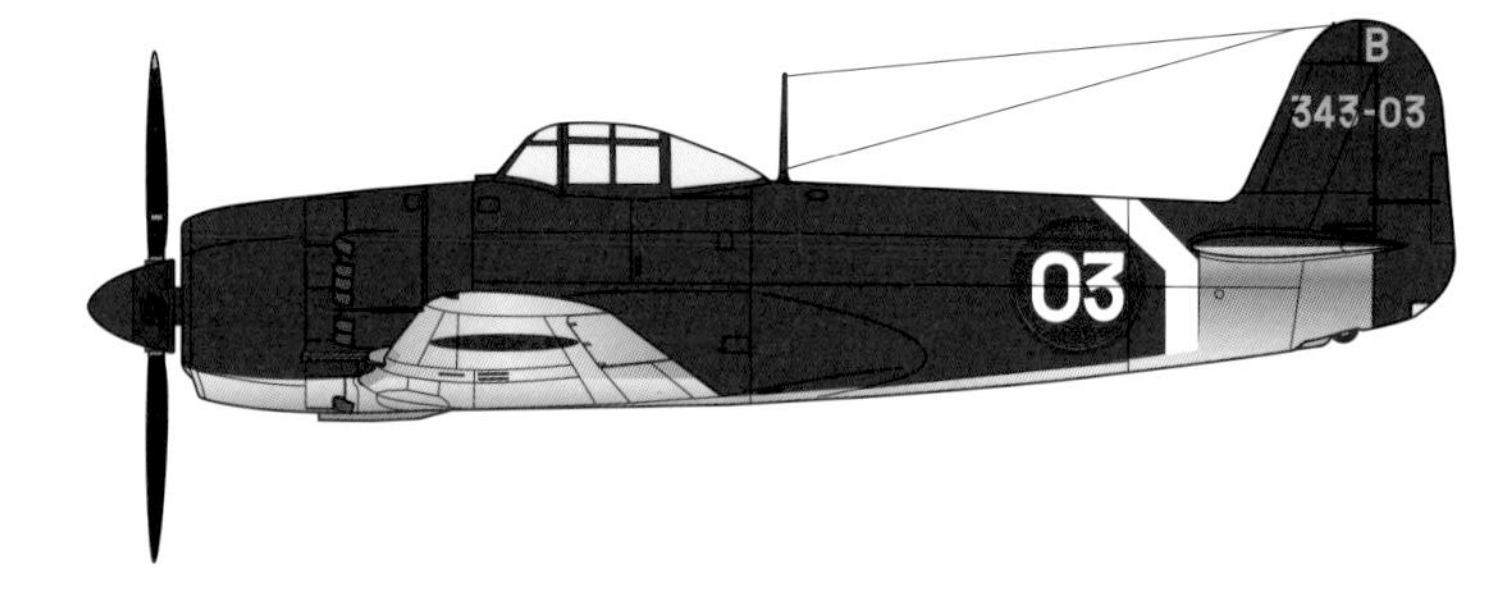

戦闘四〇七
大原広司飛曹長機
昭和20年4月16日

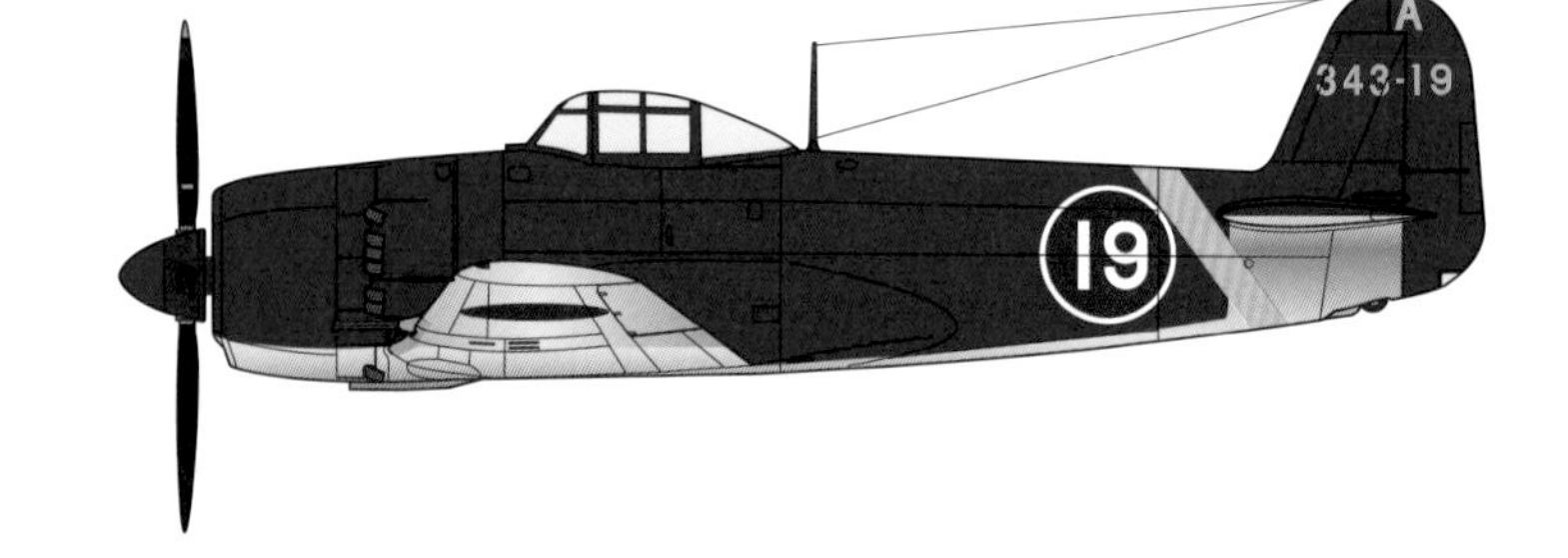

戦闘三〇一
堀光雄曹長機
昭和20年5月16日

図6 三四三空の撃墜・撃破マーク

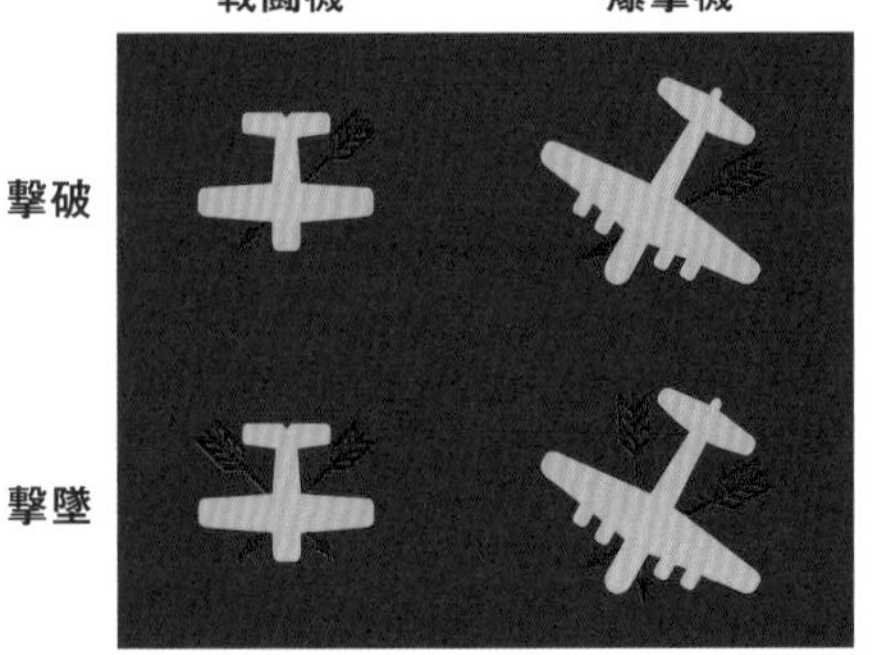

	戦闘機	爆撃機
撃破		
撃墜		

紫電二一型後期型
三四三空 戦闘三〇一
松山航空基地
(昭和20年2月22日)

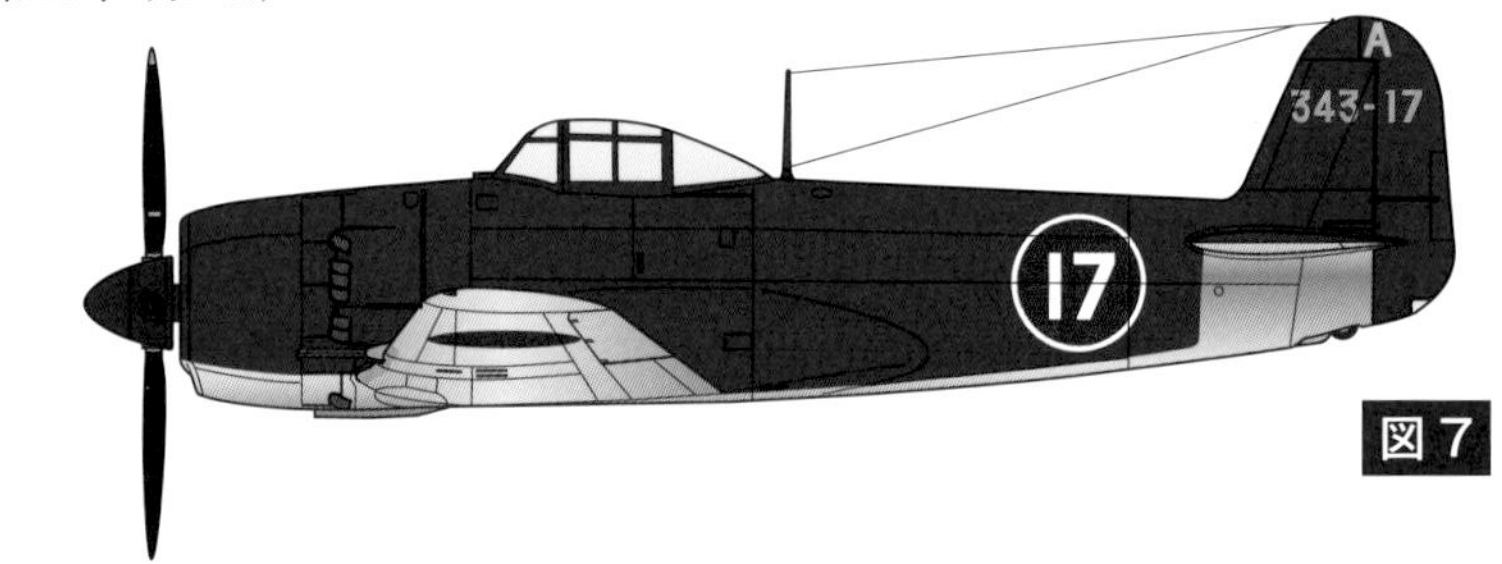

図7

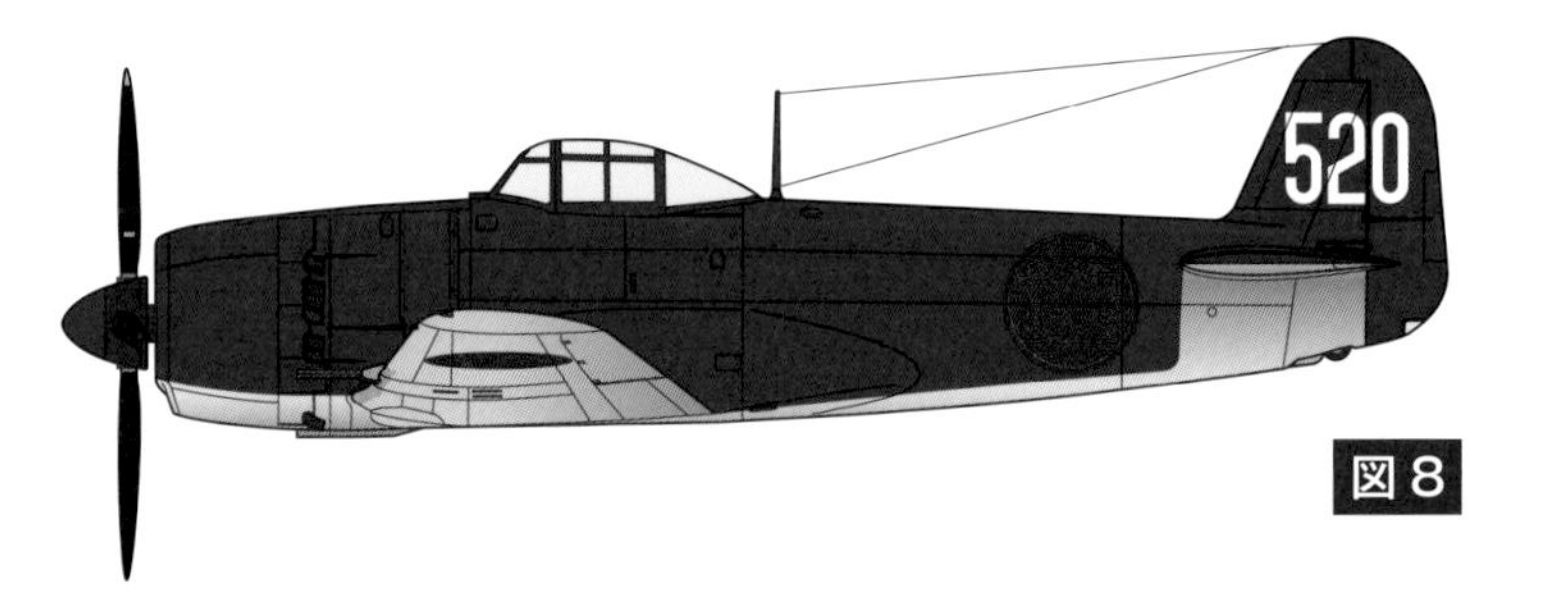

試製紫電三一型
三四三空所属機(大村)
(推定)

図8

局地戦闘機――紫電／紫電改のメカニズム

水上戦闘機 強風をベースにした川西初の陸上戦闘機 紫電一一型(紫電)と、その紫電に主翼配置の変更、外形の洗練など大幅な改修を加えて性能向上を果たした紫電二一型(紫電改)。ここでは、両機種の機体各部について解説するとともに、メカニズムの視点からその性能に迫ってみよう。

文／本吉隆　CG／中田日左人
写真･図版提供／野原 茂

■紫電二一型（紫電改）の各部

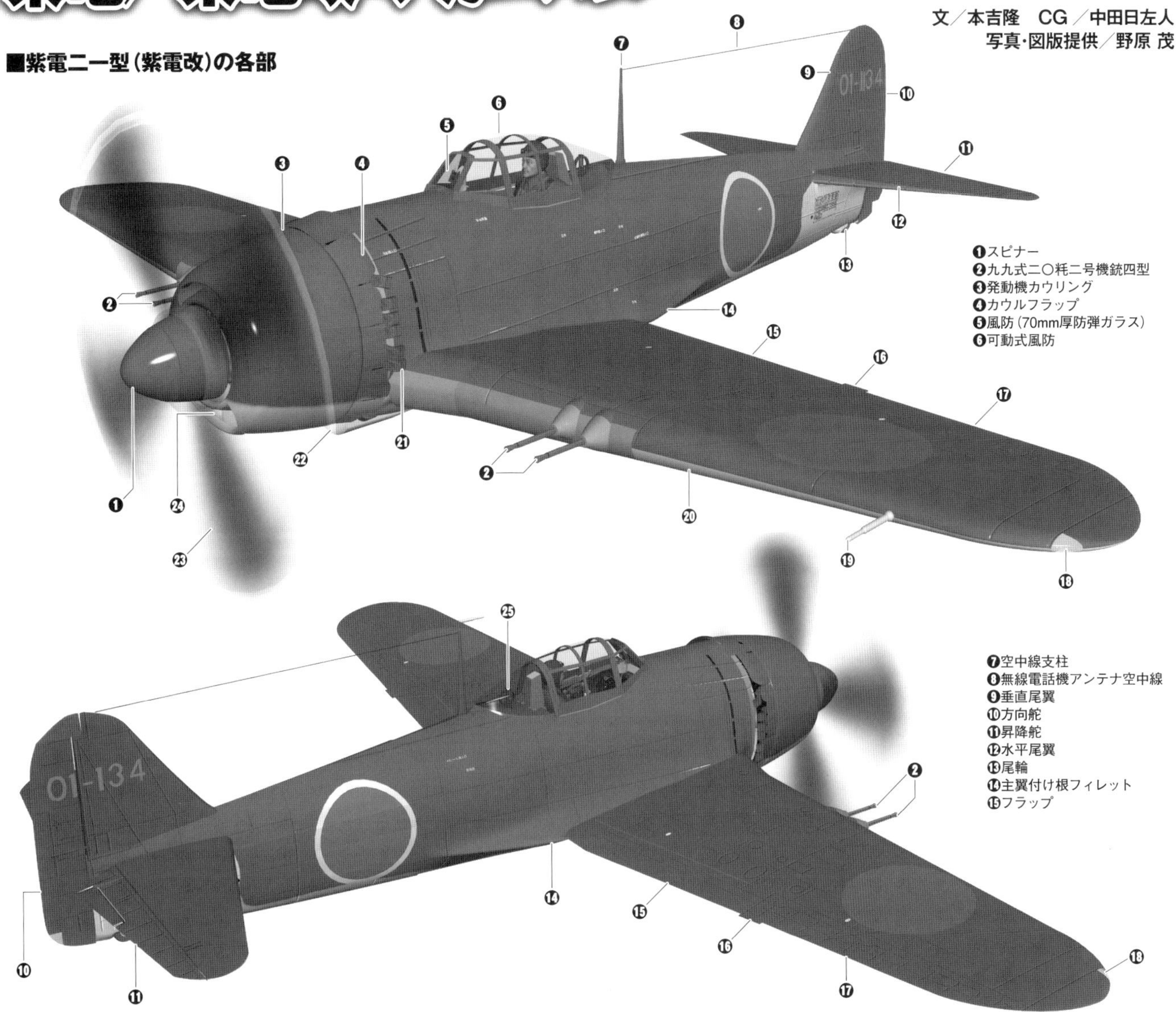

❶スピナー
❷九九式二〇粍二号機銃四型
❸発動機カウリング
❹カウルフラップ
❺風防（70mm厚防弾ガラス）
❻可動式風防
❼空中線支柱
❽無線電話機アンテナ空中線
❾垂直尾翼
❿方向舵
⓫昇降舵
⓬水平尾翼
⓭尾輪
⓮主翼付け根フィレット
⓯フラップ
⓰補助翼トリム･タブ
⓱補助翼
⓲翼端灯
⓳ピトー管
⓴主翼前縁
㉑推力式単排気管
㉒潤滑油冷却空気取り入れ口（補助用）
㉓住友／VDM油圧式可変ピッチ定速4翅プロペラ
㉔潤滑油冷却空気取り入れ口
㉕一式空三号無線帰投方位測定器枠型空中線

■紫電二一型［N1K2-J］諸元

全幅	11.99m	全長	9.35m
全高	3.96m	主翼面積	23.5㎡
翼面荷重	161.5kg/㎡	自重	2,657kg
全備重量（正規）	4,000kg	全備重量（過荷）	4,860kg
発動機	中島「誉」二一型空冷複列星型18気筒（1,990hp）×1		
最大速度	594.5km/h（高度5,600m）		
上昇力	高度6,000mまで6分20秒		
実用上昇限度	10,760m		
航続距離（正規）	1,715km	航続距離（過荷）	2,295km
固定武装	20mm機銃×4		
爆弾	60kg×2または250kg×2		
乗員	1名		

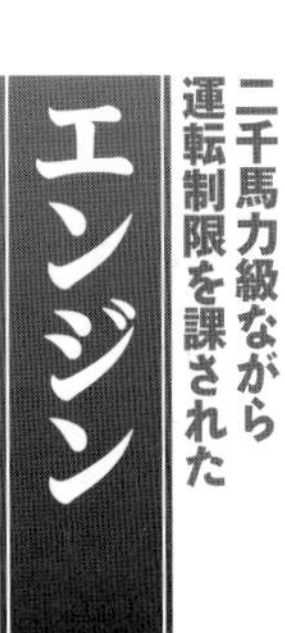

二千馬力級ながら運転制限を課された エンジン

十七試局地戦闘機（のちの試製「閃電」）につなぐ応急陸戦として開発された「紫電」には、それに応じた性能を付与できる出力を持つ中島製の「誉」二一型（ＮＫ９Ｈ）が搭載されており、その改正型である紫電改にも同型のエンジンが搭載されている。

ただし、紫電の試作開始時点では未だ本エンジンは試作未了だったため、爆撃機用の誉一一型（ＮＫ９Ｂ）相当のものを搭載する措置が執られた。

●誉一一型

排気量35・8L、最大回転数2900回転で、その性能は、最大ブーストでの離昇出力1800馬力、公称1540馬力（海面高度）／一速公称1625馬力（高度約2000m）、二速公称1420馬力（高度約5700m）であった。また米軍の資料によれば、離昇出力であれば1800馬力（海面高度）／1840馬力（高度約2000m）、二速1610馬力（高度約5700m）の性能を発揮できた。

●誉二一型

これに対して、試製紫電の生産開始後に搭載が始まった誉二一型は、最大回転数3000回転、離昇出力1990馬力、最大ブーストでの公称出力は、1765馬力（海面高度）／1875馬力（高度約1800m）、二速1700馬力（高度約6100m）と、誉一一型と比較して総じて200馬力かそれ以上高い出力を発揮できた。なお、「試製紫電改取扱説明書」の記載では、離昇2000馬力、公称一速1900馬力、公称二速1700馬力。また米軍の資料によれば、離昇出力時の各高度域での出力は1970馬力（海面高度）／2050馬力（高度762m）／1830馬力とされている。

誉二一型の出力は、同時期の諸外国の戦闘機用エンジンと比較して見劣りのしないだけのものがあったが、量産開始後に設計に起因する様々な技術的問題が多発してしまい、その問題解決が容易でないため、誉一一型相当に運転を制限するかたちで暫定的に戦列化を図る措置が執られている。この運転制限を課されたものは、NK9H-Bと呼称される。紫電や紫電改の量産機の実際の性能が計画推算値よりも大幅に低下したのは、この運転制限に起因するところが大きい。

本エンジンの運転制限は、最終的に混合器の不均衡分配の問題を解決する低圧燃料噴射装置を装備した誉二三型（NK9H-S）の装備により解除される予定だった。この誉二三型は、計画では昭和20年4月以降に紫電に装備される予定だったが、ついに戦争終結まで供給されること無く終わり、結果として紫電／紫電改の運転制限解除による性能向上は成らなかった。

この他に紫電改では、性能改善等の理由からエンジン換装の計画も検討され、その中で三菱製のハ43-11（MK9A：離昇2200馬力）や二段三速過給器付きの誉四型（離昇2200馬力）等の装備を行った改型の研究も行われたが、いずれも計画のみに終わっている。

●プロペラ

誉エンジンの大出力を最大限有効に用いるため、日本機の標準仕様だったハミルトン・スタンダード式の定速式（恒速式）プロペラよりも調節可能範囲が広いVDM油圧恒速式の金属製四翅型プロペラが採用された。

紫電が搭載したプロペラの直径は3・3mで、「試製紫電取扱説明書（案）」によれば、その動作範囲は当初搭載したP10型が39・7度、後に搭載したP11型が43度だった。

紫電改が搭載したプロペラも同様に直径3・3mのVDM油圧恒速式のものだが、型式名は通説ではN1K2J・P2型、「試製紫電改操縦参考書」によればP12型と記されており、「試製紫電取扱説明書（案）」がまとめられた時期（昭和19年4月、これと同じ内容の「紫電一一型取扱説明書」は昭和19年7月）の紫電と異なるものが装備されたことが窺える。実際に「試製紫電改取扱説明書」によれば、同プロペラの動作範囲は30度と、P10型／P11型より狭い数値が記されている。

紫電／紫電改が装備したVDMプロペラは、開発当初には高高度域でのハンチング（振動）発

■中島 誉一一型発動機

■中島 誉二一型発動機

■VDMプロペラハブおよび調速器

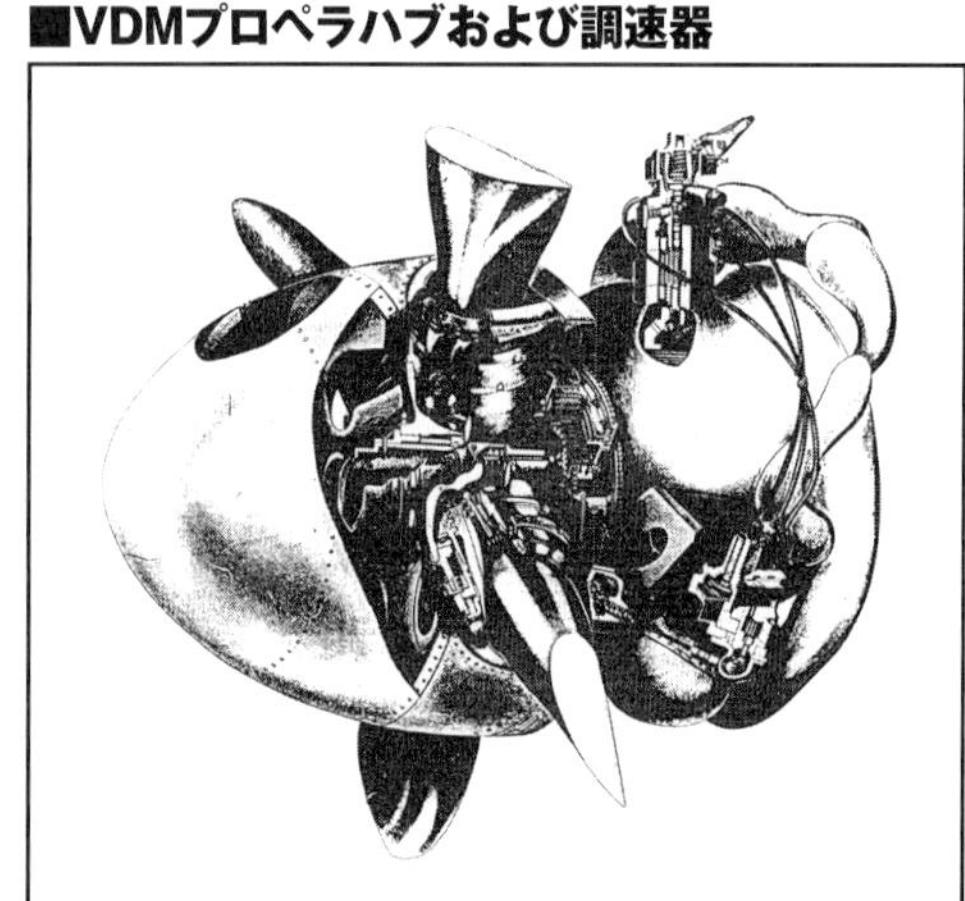

紫電改のVDM油圧恒速式可変ピッチ4翅プロペラ（直径3.3m）

生を含めて様々な問題に見舞われた事が報告されているが、紫電改が実戦化された時期には概ね実用性に問題はないと判定されていた。ただし加速時の過回転の発生や、耐寒艤装の付与で対処したが根絶は出来なかった高高度の酷寒によるハンチングの発生等がなお問題視されており、これの対策は継続して実施されている状況にあった。

機体構造

紫電から紫電改への過程で空力的洗練が施された

●カウリング

紫電の試作機では当初、上部に気化器空気取り入れ口を、内部に内装式の潤滑油冷却器を備えた開口部の大きいカウリングだったが、試作が進むとカウリング前部が絞り込まれていき、増加試作機の後期で前面開口部のさらなる面積縮小とカウリング下部への潤滑油冷却器用開口部の設置が行われるなどの改正を経て、最終的に量産機のかたちに落ち着いた。

排気管は当初は集合式だったが、試作が進むにつれて形状が変化し、量産機では推力式単排気管に切り替えられた。

なお、紫電は試作機でエンジン及び潤滑油の冷却に問題が生じたため、生産機では潤滑油補助冷却器が胴体左舷のカウルフラップ後方に取り付けられるなどの改正も行われている。

一方で紫電改では、上部に気化器空気取り入れ口、下部に潤滑油冷却用の空気取り入れ口があるのは紫電と同様だが、カウリング自体の形状は大きく変化しており、主翼配置の変更もあって推力式単排気管の配置にも改正が図られている。

紫電改も当初の紫電ほどではないが、試験中に筒温や油温が上昇し過ぎる問題が発生しており、このためカウルフラップの面積増大及び吸出能力の改善、地上運転時の潤滑油冷却器の能力改善のための水噴射機構の装備等が検討されていたことが記録に残っている。

なお、「試製紫電改取扱説明書」の図版では、下部に冷却用開口部を持つことは文章で示されているが、冷却用開口部自体は見当たらないので、紫電改の初期の設計案では、紫電の増加試作機のようなカウリング形状が検討されていた可能性がある。

●胴体

紫電の胴体は、当時の金属製航空機では一般的なセミモノコック構造である。外鈑はSDCH（アルクラッド）材で厚さは0・5㎜～1・0／1・2㎜、型材はSD（超ジュラルミン）押し出し桁材で製造されており、その配置は各部の必要強度を満たすかたちで決定されている。なお、外鈑部の接合で使用される鋲は全て軟質ジュラルミン製と旧海軍資料にある。

早期の実用化が要望されたこともあり、紫電の胴体は大直径の「火星」エンジンの搭載を考慮して設計された水上戦闘機「強風」を基にして、最低限の改修を行う事としていた。

紫電の胴体については、「エンジン換装により変更された機首部のラインも、試作機では集合排気管やカウリング形状のせいもあり、強風と寸分違わない」という案配で、あまり大きな改造は成されていないとする評価もある。

ただし実際の設計では、風防前部／脚収納位置の後方にある1番隔壁から風防後端付近の6番肋骨までの構造は強風に準じているが、その後方から最後部の19番隔壁までは完全な新設計となっている。これは尾輪式降着装置を持つ陸上機として充分な運用特性を持たせる必要から、着陸時の三点姿勢角度の抑制のために尾端部に至る後部胴体部の絞り込みを最小限に抑えたことによる。

前側の設計を強風と共通化した結果、総じて胴体は（火星エンジンに比べて160㎜直径が小さい）誉エンジン装備機としては太い形状となり、抵抗増大等の面から見れば望ましくない面があったのは事実である。ちなみに紫電では、主桁と後部補助桁が第1と第4肋骨の位置で胴体にボルト留めされており、これは紫電改でも同じだった。

一方、紫電改は当初から誉エンジン装備で計画されたことから、胴体部は完全な新設計となった。機体構造は紫電と同じセミモノコック構造だが、紫電の欠点となった左傾問題を含む方向安定性不足の改善のため、胴体の全長は400㎜延長されており、これに伴い隔壁数も20に増大している。さらに垂直尾翼、方向舵の形状変更もあって、紫電改の機体側面の形状は紫電から大きく変化した。

胴体断面も、紫電の肩の部分が膨らんだ丸に近い楕円形状から、紫電改では「おむすび形」と称された肩の部分を削った形状に改められた。この断面形状の変化と低翼化により、紫電で問題となった前下方視界の不良は大きく改善を見ている。

紫電改は第2と第3肋骨が前部燃料タンクを、第6と第7肋骨が後部燃料タンクを保持するための受け台となっているが、前者は紫電の場合、タンク配置の差異から見て第2と第4肋骨かと思われ、後部はおそらく同様である。ちなみに第8肋骨で胴体下辺が膨らむ形状となっているのは、低翼化された主翼のフィレットの胴体側部分が存在するためだ。なお紫電改では、胴体部の大規模な設計改定を含めて生産性向上に大きな意が払われた結果、部品点数が紫電の約6万6000から約4万3000に減少したと言われる。

機体の強度は、引き起こし時の荷重最大7Gで計算されたが、実際にはここまでの強度付与が出来なかったようで、「試製紫電改操縦参考書」によれば現状の紫電改では最大6・6G

■紫電改のカウリング構成

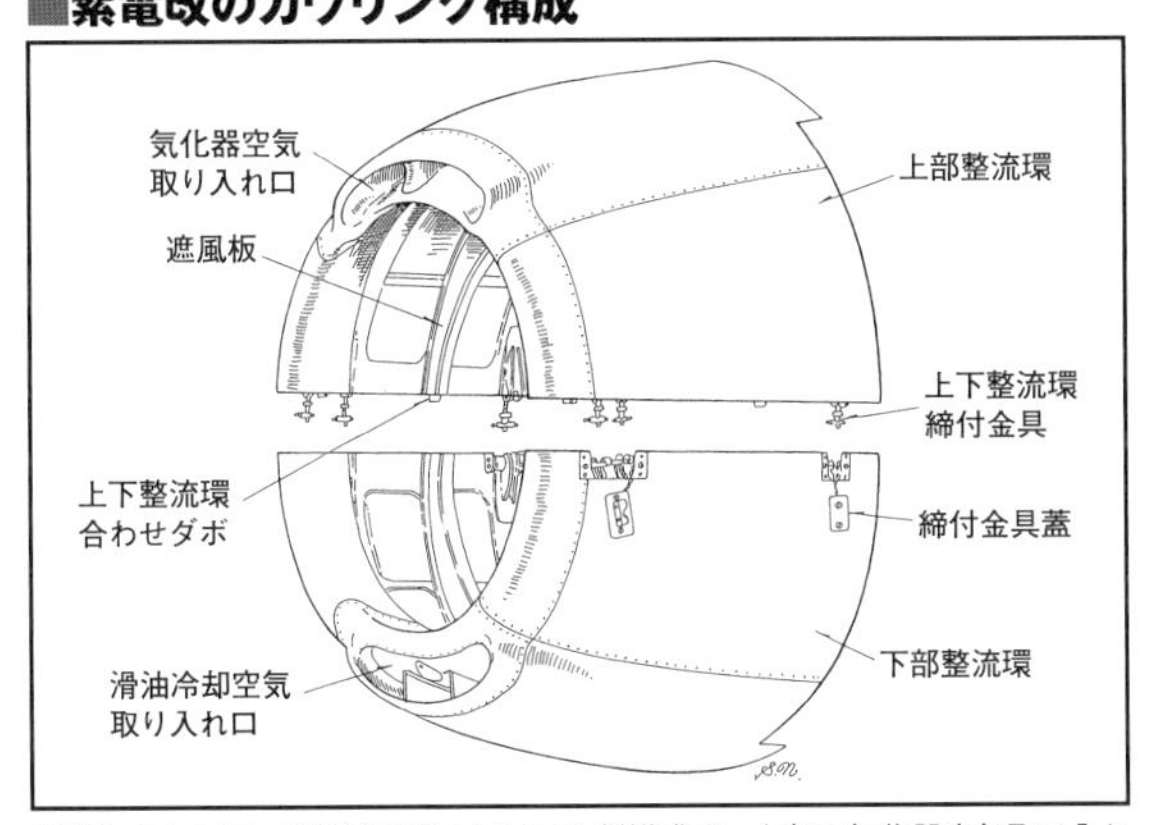

紫電改のカウリング（整流環）は上下二分割構成で、上部に気化器空気取り入れ口が、下部に潤滑油冷却空気取り入れ口が配されている

■紫電改のカウリングまわり

発動機支持架
プロペラ軸
誉二一型
後列シリンダー
推力式単排気管
カウルフラップ支持環

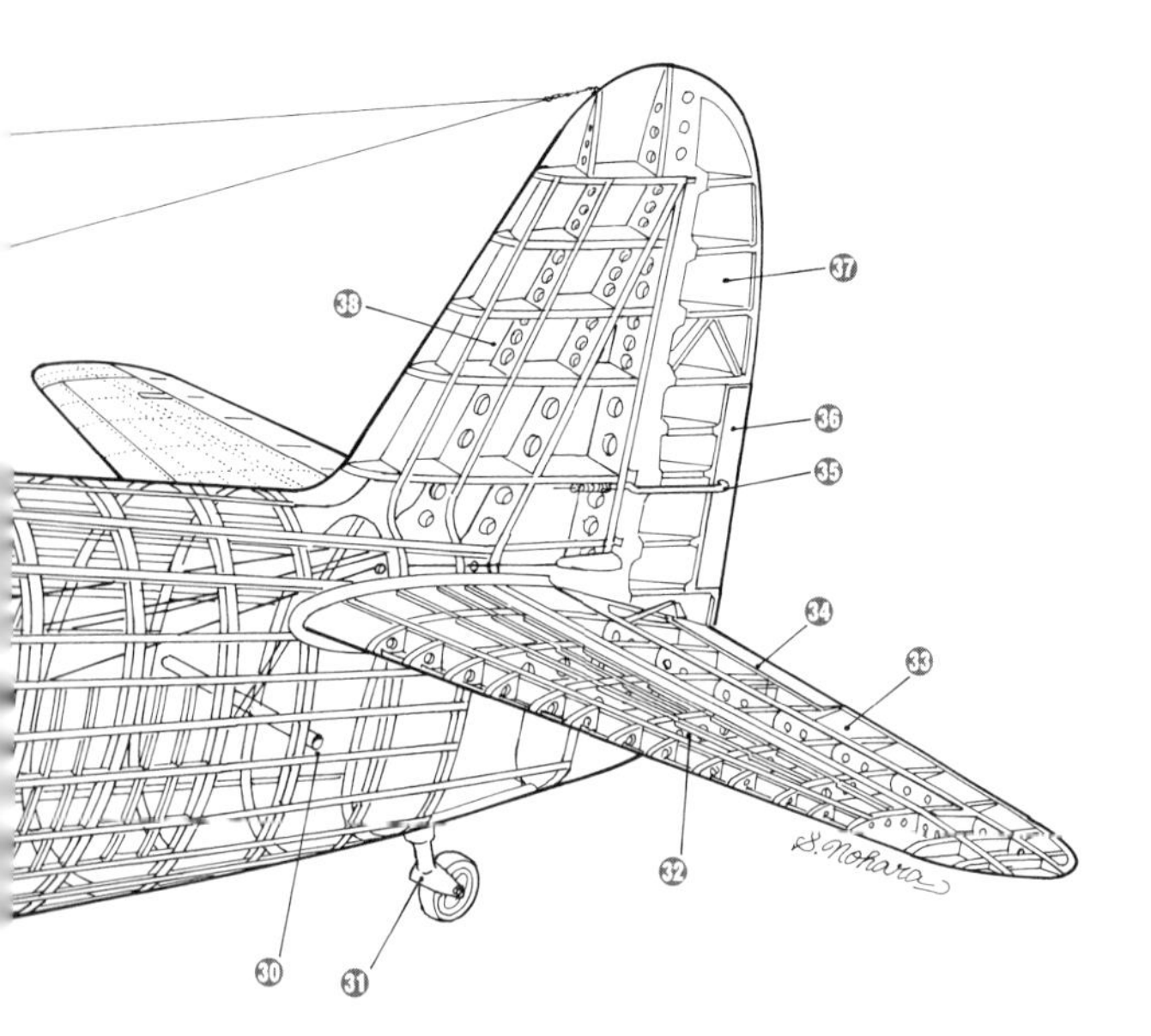

■胴体断面比較図

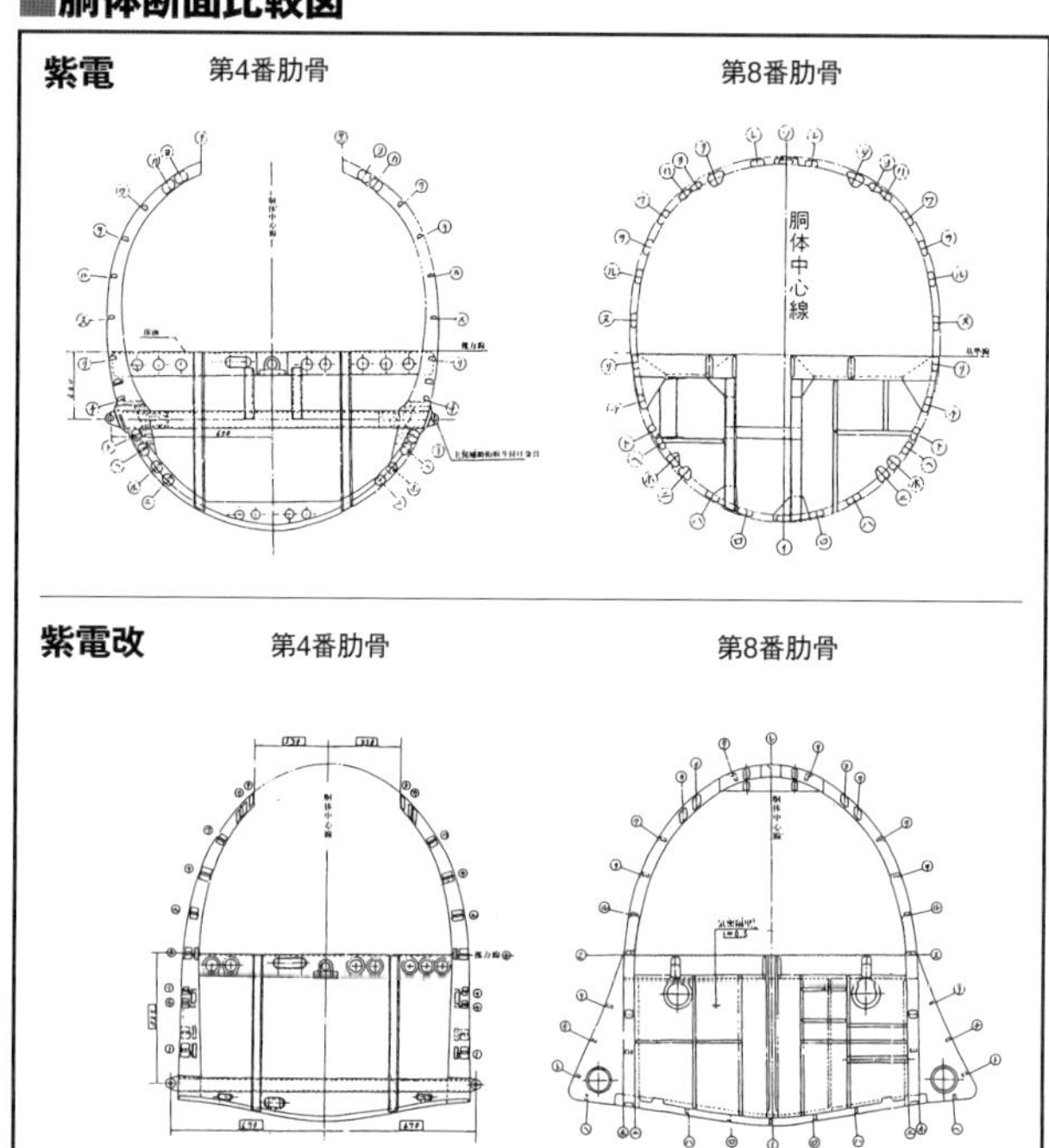

■紫電の胴体骨組図（寸法単位:mm）

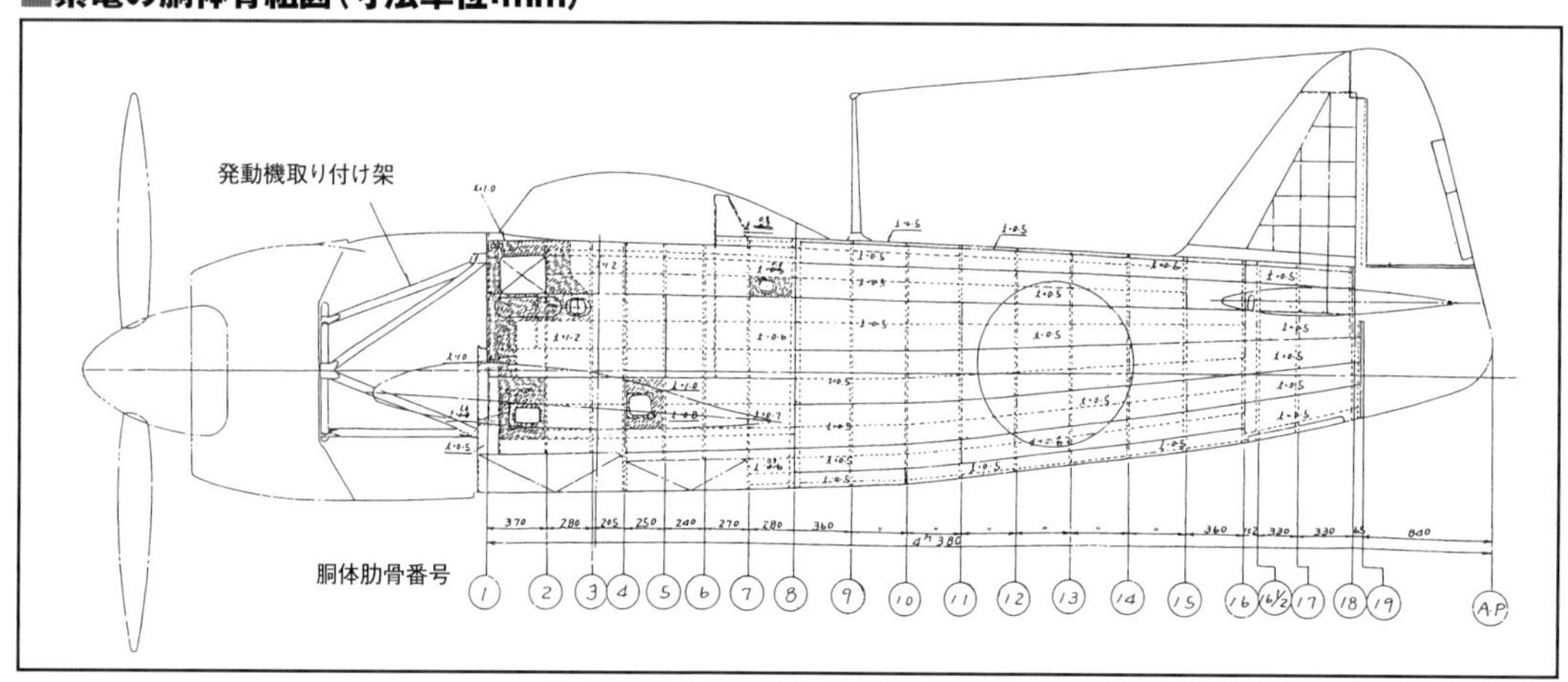

■紫電改の胴体骨組図（寸法単位:mm）

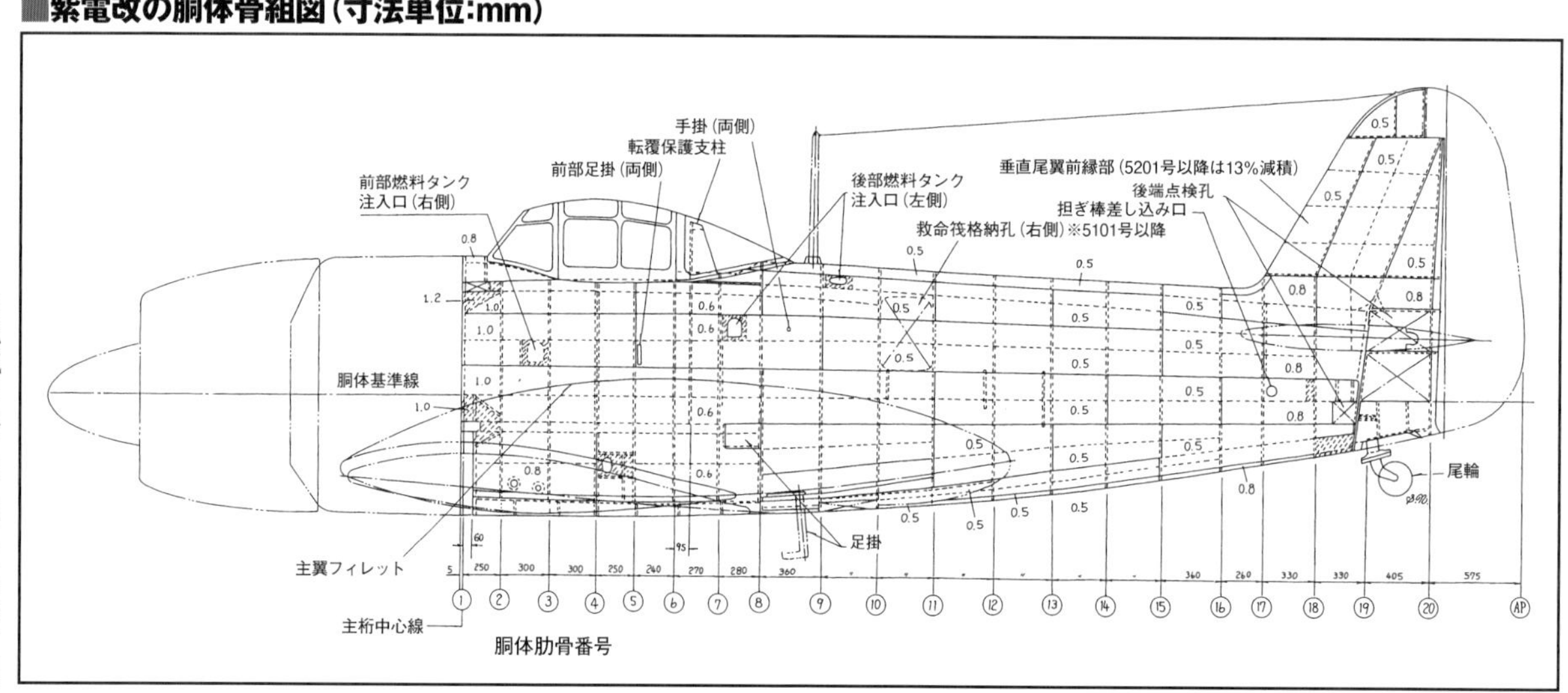

と記載されている。また降下制限速度も、計画時の833㎞／h（450ノット）に対して、実機では741㎞／h（400ノッ

■紫電改の内部構造配置図

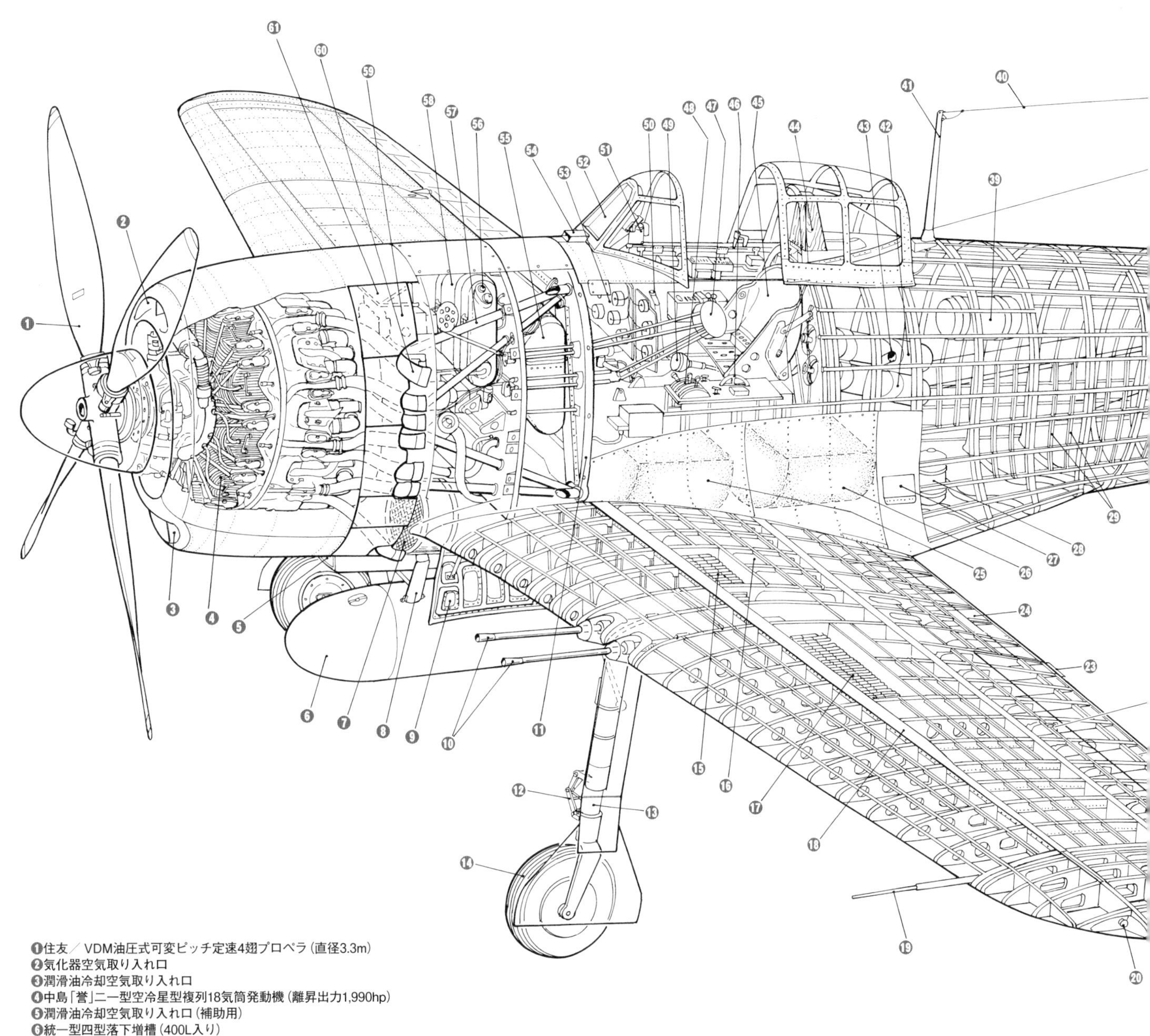

❶住友／VDM油圧式可変ピッチ定速4翅プロペラ（直径3.3m）
❷気化器空気取り入れ口
❸潤滑油冷却空気取り入れ口
❹中島「誉」二一型空冷星型複列18気筒発動機（離昇出力1,990hp）
❺潤滑油冷却空気取り入れ口（補助用）
❻統一型四型落下増槽（400L入り）
❼潤滑油冷却器
❽落下増槽振れ止め支柱
❾胴体側主車輪覆い
❿九九式二〇粍二号機銃四型
⓫防火壁
⓬ねじれ止め（トルクアーム）
⓭主脚柱緩衝部（オレオ）
⓮主車輪（600mm×175mm）
⓯20mm機銃弾倉（内側銃用：200発）
⓰主翼内燃料タンク（155L）
⓱20mm機銃弾倉（外側銃用：250発）
⓲主桁
⓳ピトー管
⓴翼端灯
㉑補助翼
㉒編隊灯
㉓補助翼トリム・タブ
㉔フラップ
㉕胴体内前方燃料タンク（355L）
㉖胴体内後方燃料タンク（345L）
㉗乗降用足掛
㉘起動用燃料タンク
㉙胴体後部側面補強材
㉚担ぎ棒差し込み口
㉛尾脚
㉜水平尾翼
㉝昇降舵
㉞昇降修正舵（トリムタブ）
㉟方向修正舵作動槓桿
㊱方向修正舵（トリムタブ）
㊲方向舵
㊳垂直尾翼
㊴不凍液タンク（10L）
㊵アンテナ空中線
㊶アンテナ支柱
㊷酸素ボンベ
㊸燃料積入口
㊹転覆保護支柱
㊺座席
㊻昇降修正舵操作転輪
㊼発動機関係操作筐
㊽燃料タンク切り換えコック
㊾紫外線灯
㊿操縦桿
(51)四式射爆照準器
(52)70mm厚防弾ガラス
(53)主計器板
(54)操縦室内冷房、換気用空気取り入れ口
(55)水メタノール液タンク（140L）
(56)潤滑油積入口
(57)発動機取り付け架
(58)潤滑油タンク（60L）
(59)カウルフラップ
(60)推力式単排気管
(61)気化器（中島二連式）

ト）に抑えられていた。

●主翼

円形の翼端を持つアスペクト比6・13の直線テーパー翼とされた主翼は、強風の主翼を基にしつつ、陸上戦闘機として必要な改正と、兵装等の要求に基づく改正が行われたものだ。

翼型には東大の谷一郎教授が開発した「LB翼」と呼ばれる層流翼型が採用されており、その型式は「試製紫電取扱説明書（案）」（基本的に「紫電一一型取扱説明書と内容は同一）によればLB62515・6075、「試製紫電改取扱説明書」にはLB620515～6015512とある。

層流翼は、高速飛行時の主翼抵抗の大部分を成す摩擦抵抗が、主翼表面境界層が層流状態であれば小さく、乱流状態であれば大きくなるという特性を持つ事を受けて、翼の断面型を工夫することで層流境界層の範囲を広げられるという理論を受けて開発されたもので、第二次大戦中期以降、連合軍機でも採用例がある。

なお、層流翼型の採用が紫電／紫電改の高性能発揮を支えたとも言われることがあるが、近年の研究では、第二次大戦当時の英米を含む各国の航空機製造技術では、層流翼の効果を十分に発揮させることは不可能であり、その効果はあってもごく小さいものであろうと推測されている。

翼幅は紫電が12m、紫電改が11・99mと若干の相違があるが、主翼面積は両機ともに23・5㎡で変わらない。主翼構造は前後に補助桁を持つ単桁式となっており、これらの桁と小骨で構成する箱型構造によって捻り剛性などの強度を確保している。

主翼の構成部材は、主桁はI型板張り式、上下の縁材はT型のESD押型材で、この他にEDSC板の縦壁板、SD押出型材／SDCH板の縦壁補強材等を使用しており、翼内20㎜機銃の貫通孔部はSD鍛造品より製作した金具で補強する、と「試製紫電取扱説明書（案）」にある。

先述のように主翼の設計は強風のものを基にしているが、紫電では要求された火力増強対応のための機銃増備と主脚収納用スペース確保のため、かなりの改設計を要している。また紫電改は紫電の主翼を基にしつつも、翼配置変更に伴う脚の短縮及び収容位置の変更が必要になる等、これも大きな改正を要している。

紫電の主翼配置は、強風と同じく「低めの中翼式配置」とされた。なお強風の中翼配置は、翼付け根部のフィレットを廃せるので胴体緩衝抵抗の減少を図れることと、離着水時に主翼が滑走時の水飛沫（みずしぶき）で叩かれるのを抑制できるという理由から採用されたものだ。

しかし強風の試験飛行開始後、主翼付け根部の空気干渉により失速が起きやすいことが判明、翼付け根部に大型の膨らんだ形状のフィレットを配することで対処する必要が生じた。これは強風、紫電の外形的特徴にもなっているが、抵抗増大の一因とも考えられるなど、紫電の

■紫電の主翼骨組み図

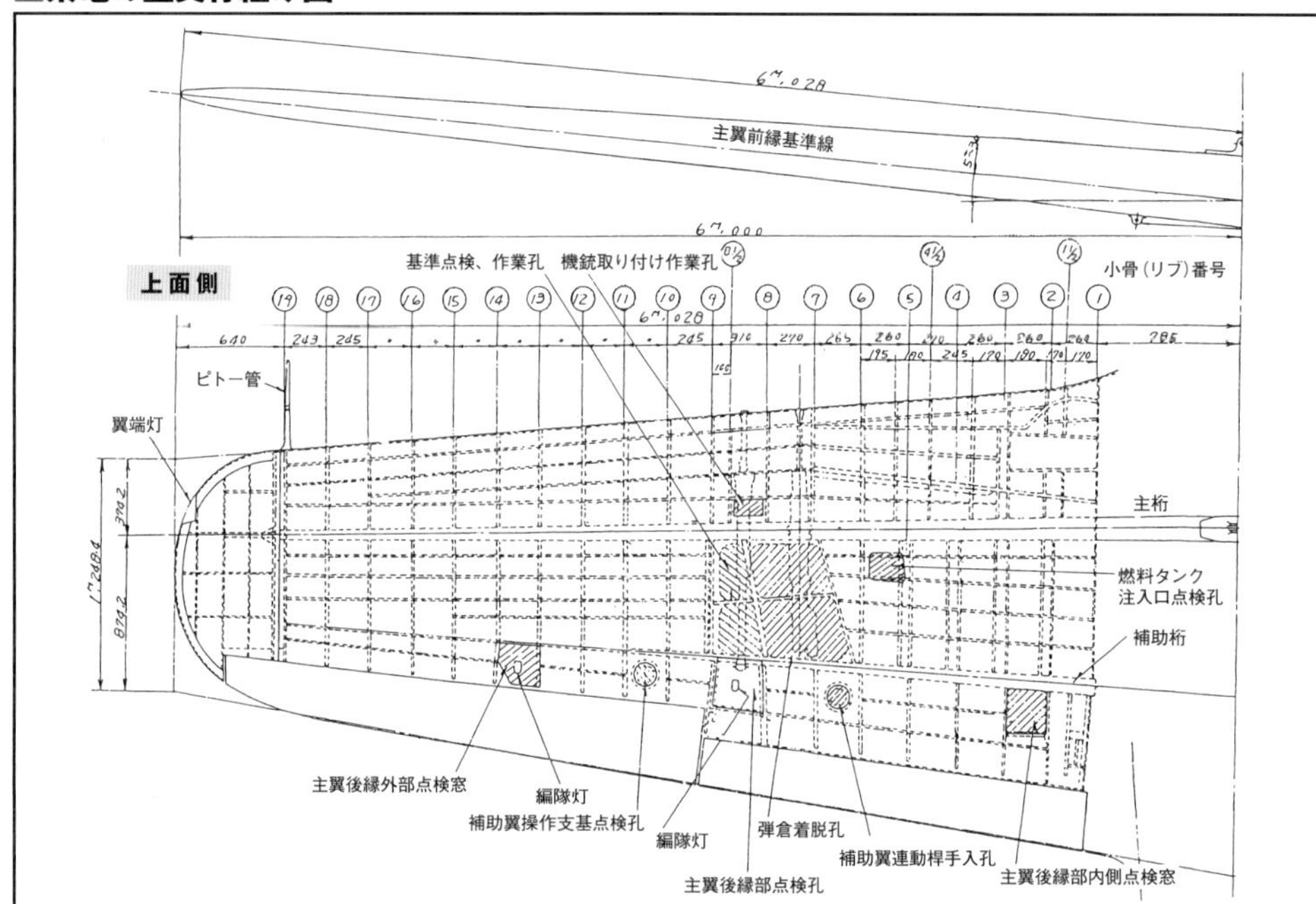

■紫電改の主翼骨組み図

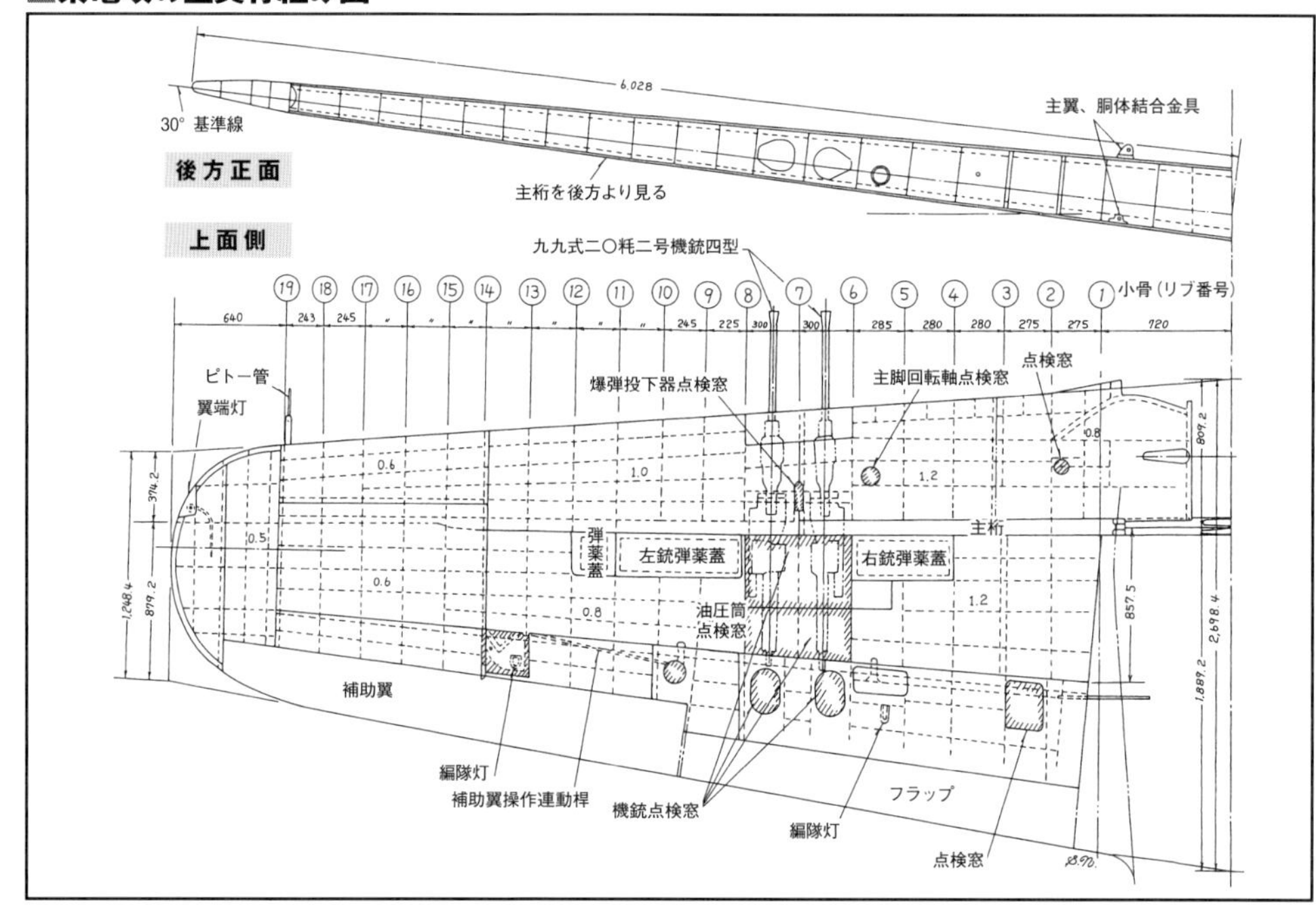

■紫電改の主翼構造図

❶胴体・主翼取り付け金具
❷主桁
❸主脚点検窓
❹九九式二〇粍二号機銃四型
❺内側機銃弾倉蓋
❻燃料タンク注入口
❼後方補助桁
❽編隊灯
❾爆弾投下器点検窓
❿機銃点検窓
⓫外側機銃弾薬蓋
⓬フラップ
⓭フラップ作動油圧筒点検窓
⓮補助翼操作桿点検窓
⓯補助翼
⓰ピトー管
⓱翼端灯

中翼配置にはデメリットがあったことも確かだ。

これに対して、陸上機として根本的改正が図られた紫電改では低翼化が図られ、翼付け根部のフィレットの形状も洗練されたものになった。これにより前下方視界が向上しただけでなく、抵抗低減による飛行性能の向上等も見込まれるなど、多くの利点が生じている。

●動翼

補助翼は金属肋骨で羽布張りの通常形式のものが装備されており、地上で調節可能なトリムタブも付随している。

紫電／紫電改の動翼は、低速時にも高速時にも舵の動作を容易とするため、油圧による機力補助装置の「腕比変更装置」が装備されている。フラップの動作に合わせて作動するこの機構は、試作時には補助翼にも取り付けられていたが、飛行試験の結果、離着陸時の低速域から相応の高速域まで補助翼の動作が優良であることが判明したため、量産機では不要として廃された。補助翼の動作は操縦桿から補助翼に繋がる連動棹で行われる。

要目表によれば、補助翼の幅は紫電が2・69m、紫電改が2・64mで、面積も紫電は1・28㎡（×2）、紫電改は1・23㎡（×2）と異なっているとされる。ただし「試製紫電改操縦参考書」の改正予定項目に、「紫電改の補助翼は紫電と同じ112型と呼ばれるもので、これは実用上問題は無いが、高速時の動作がやや重く、急横転時に取られがややあることを含めて問題があり、これの改正のために試作した131型も不調のため、更に改正継続中」という旨の文言がある。

補助翼の動作範囲は、試製紫電及び紫電一一型の取説では上28度30分／下16度、対して紫電改は上19度10分／下14度30分と上側はかなりの差があり、あるいは紫電もその量産途上で再度改正がなされている可能性があるやもしれない。

フラップはファウラーフラップだが、紫電／紫電改のものは、空中戦時にスイッチを入れておけば水銀をセンサーとして働き、速度とGに応じて最適の角度で展開させる事が出来る自動空戦フラップの機構を持つものが装備された。

自動空戦フラップは、紫電で問題とされた高速失速の悪癖改善を含めて、空中戦時に優れた運動性をもたらすものとして装備されている。なお着陸時のフラップ動作は259km／h以下で、空戦フラップとして作動する最大速度は463km／hだった。

■紫電改の補助翼構造図

❶桁
❷後縁縦通材
❸後縁桟
❹小骨
❺マスバランス
❻外板
❼羽布
❽キングポスト

空戦フラップの装備は紫電では様々な問題が生じており（着陸時にフラップを展開したときのトリムの変化量が過大であるのが問題とした報告も出ている）、その有用性を発揮できなかったとも言われるが、紫電改ではこれは有効で、格闘戦性能向上に効果があったと評されている。だが紫電改でもフラップ角の動作不良やフラップ動作に起因するプロペラのハンチング（振動）の発生など各種の不具合はあり、また機構そのものを機体から下ろさないと修理できない事などを含めて不満が持たれていた。

空戦フラップの効きも不足していると考えられたようで、紫電改では生産開始後、自動空戦フラップの作動時に親フラップだけでなく、内蔵型の子フラップも連動させる改型が検討されており、これは試作もされて良好な結果を示したと記されている。ただし、この改型が実機に装備されたかは判然としない。

■紫電改のフラップ構造図

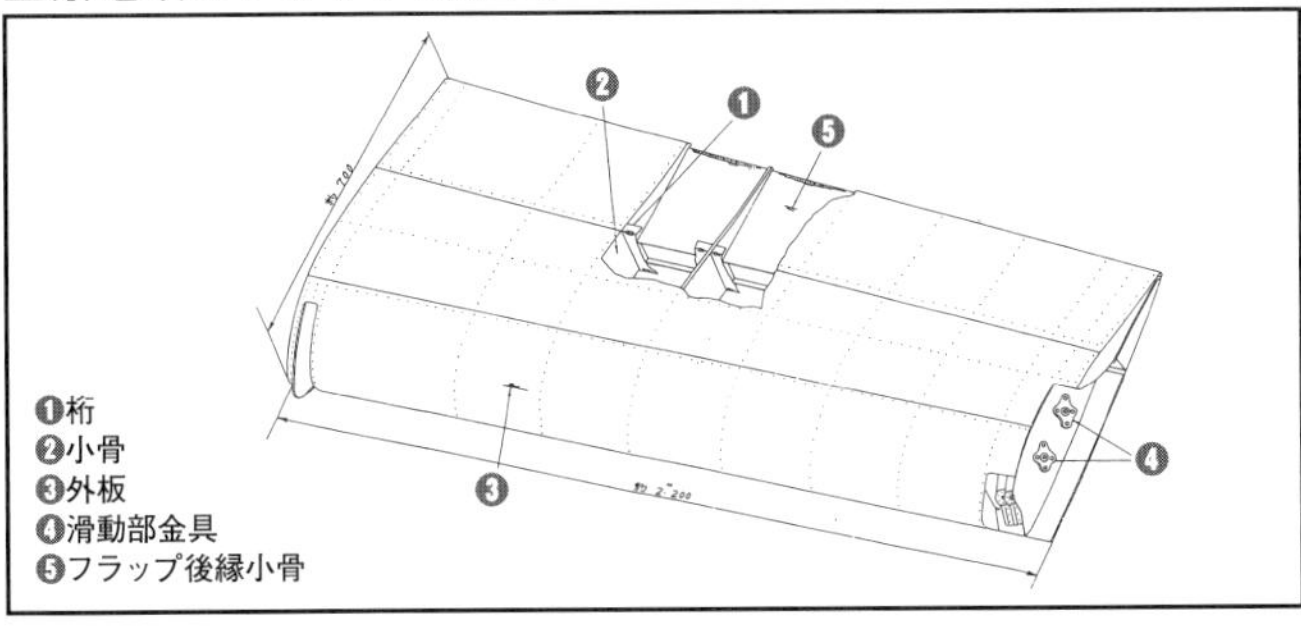

●燃料タンク

紫電では、燃料タンクは胴体前部と後部の2個、両翼内に各

1個が装備された。その搭載容量（カッコ内は防弾状態の容量）は、胴体部が284L（210L）+215L（165L）、両翼内に各1基の翼内タンクが180L（防弾式）で、その総容量は859L（735L）となる。ただし捕獲機を調査した米側の報告では814L（704L）となっており、日米で差が生まれた理由は判然としない。

対して紫電改では、燃料タンクの配置は紫電と同様だが、機銃装備の変更とそれに対処しての燃料搭載量の維持を考慮して、胴体部が355L（270L）+345L（260L）、両翼内タンクが各155L（93L）で、総容量は1010L（716L）と非防弾状態では紫電のそれを大きく上回り、防弾状態でも概ね同等の容量を確保している。

ちなみに紫電改の翼内タンクは、「試製紫電改取扱説明書」では防弾タンクの容量が示されていないので、当初は非防弾とする事が検討されていた可能性がある。米軍の報告では、紫電の防弾タンクは12・7㎜のゴムで覆われた外装式のもので（完全な）防漏式では無いとされているが、これは紫電改に装備されたものでも基本的に同じだったと思われる。

その他の抗堪性向上対策として、燃料タンクには当時最新の自動消火装置が備わっており、エンジン部にも搭乗員の操作で作動する手動式消火装置が装備されている。この結果、紫電、紫電改の戦闘時の抗堪性は、零戦に比べて全般的に高くなっている。

■紫電改のフラップ（改型）の作動要領

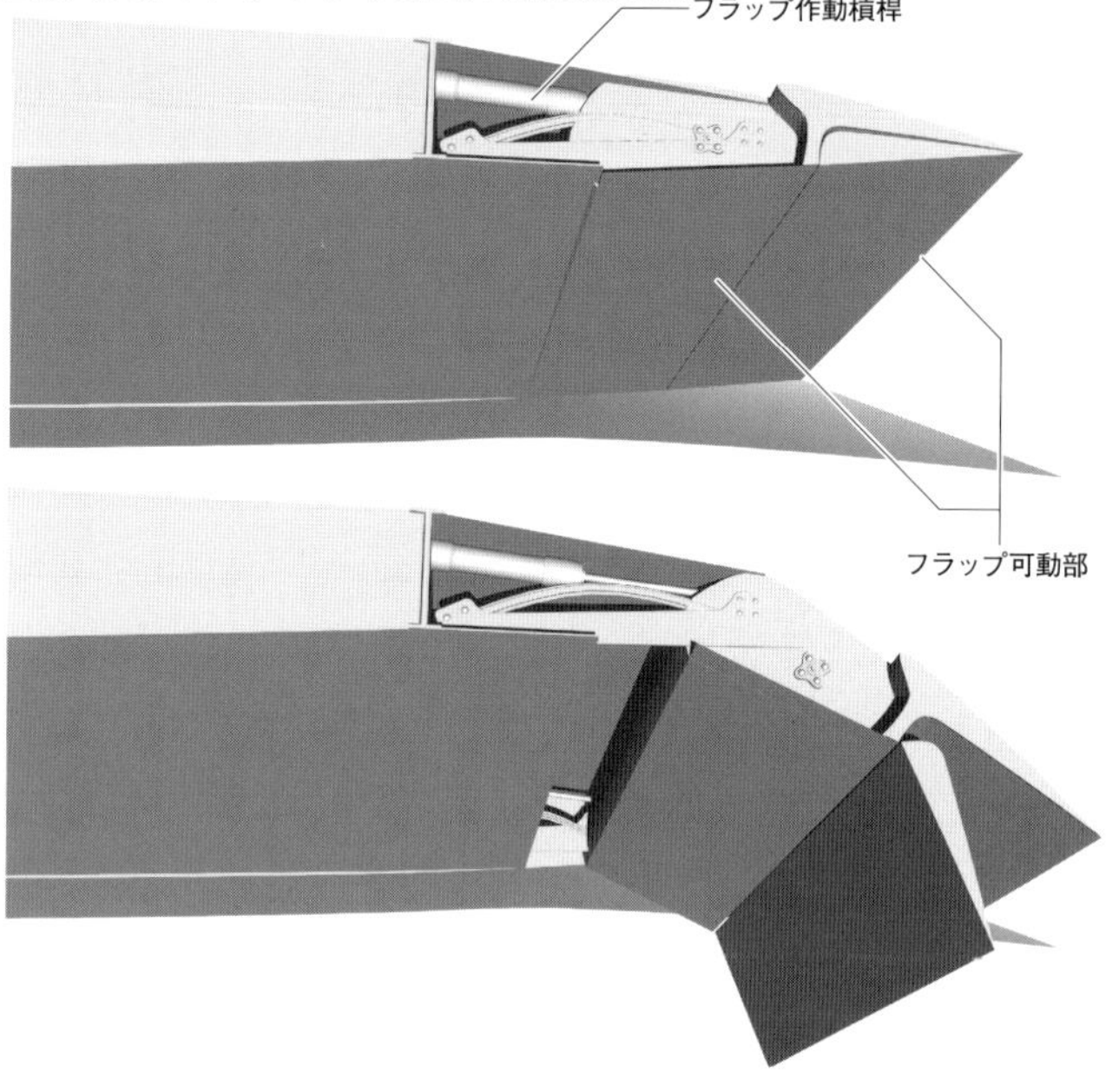

フラップ作動横桿

フラップ可動部

防漏式のゴム被膜で覆われた紫電改の左主翼の燃料タンク

誉エンジンは100オクタン燃料の使用を前提として開発されたものだが、開戦後に100オクタン燃料の国内生産の目処が立たなくなったことから、紫電／紫電改では航空九一揮発油（91オクタン）を指定燃料として、巡航出力より上となる公称出力及び離昇出力使用時には、水メタノール溶液を噴射することで燃料のアンチノック性を高め、実質的に100オクタン燃料と同じ条件下での運転を可能とする自動式のオーバーブースト用水噴射機構が取り付けられた。この機構は当初、誉エンジンの信頼性不足の原因ともなったが、生産が進むに連れて問題は解決されるに至った。より良質な米軍の燃料を用いた紫電改の飛行試験では、誉二一型は運転制限下の最大回転域まで円滑に動作しており、公称出力の発揮も容易であったと報告されている。

ちなみに防火壁と第1隔壁の間に設置された水メタノール用タンクの容量は、紫電／紫電改ともに140L、防火壁前面に取り付けられた潤滑油タンクの容量も両機ともに60Lで、通常の搭載量も55Lで同じだった。ただし紫電改では、冷却能力改善の一環として生産途上で潤滑油搭載量の増大も検討されている。

●水平尾翼

形態は紫電、紫電改ともに同様だが、紫電が強風と同じ幅2・25m、翼面積4・44㎡のものが装備されたのに対し、紫電改は幅は同様だが面積4・52㎡と若干の拡大を図る改正が実施されている。また取り付け位置も、紫電は強風のそれを踏襲して後部胴体の推力線部450㎜上方の割と高い位置にあるが、紫電改では昇降舵の効きの改善を考慮して約400㎜下方に下げられており、また+1度の取り付け角度が付与されている。

昇降舵は、紫電のものが面積0・55㎡×2、紫電改のものが0・57㎡×2と差異があり、紫電改では方向舵が胴体下部まで達するようになったことから、その動作範囲を確保するために形状自体も変更されている。

昇降舵の操作は、操縦桿と腕比変更装置に結合する連動棹と、腕比変更部から操縦槓に繋がる操縦索を経由して操縦槓棹により行われた。動作範囲は、紫電は最大で上35度、下24・5度なのに対し、紫電改は通常時上21度、下19度10分、フラップ使用時には上33度、下30度に変化するなど相応に差異があった。また両者の昇降舵には修正舵（トリムタブ）が付いており、このうち紫電改のものは上方17度、下方10度の範囲で作動する。

●垂直尾翼

胴体部と一体構造とされており、SDCH合金を用いた全金属製構造である。紫電の垂直尾翼は、米軍の報告によると「前縁、後縁ともに同角度でテーパー角が付けられた」外見的特色がある。安定性確保のため強風のものより拡大されており、面積は2・011㎡、その後方に装備された方向舵の高さは1・3m、面積は0・664㎡（トリムタブ含む）だった。

一方、紫電改では、操縦性の改善要求もあって垂直尾翼はより一般的な形状とされたが、生産開始後に方向安定性の過剰さが指摘されたため、101号機以降は面積1・59㎡から約1・38㎡に減積する措置が執られた。だがこれでも方向安定性はなお過剰であったため、「試製紫電改操縦参考書」には、原型より16%減積した方向舵の装備が検討されている、と記されている。方向舵の高さは2・08m、面積は0・81㎡（トリムタブ含む）であった。

紫電／紫電改ともに方向舵の構造は骨格が金属製、表面が羽布張りであり、方向舵の後部にはトリムとバランスの両方を調節可能な「方向手伝舵／方向修

■紫電改の垂直尾翼構造

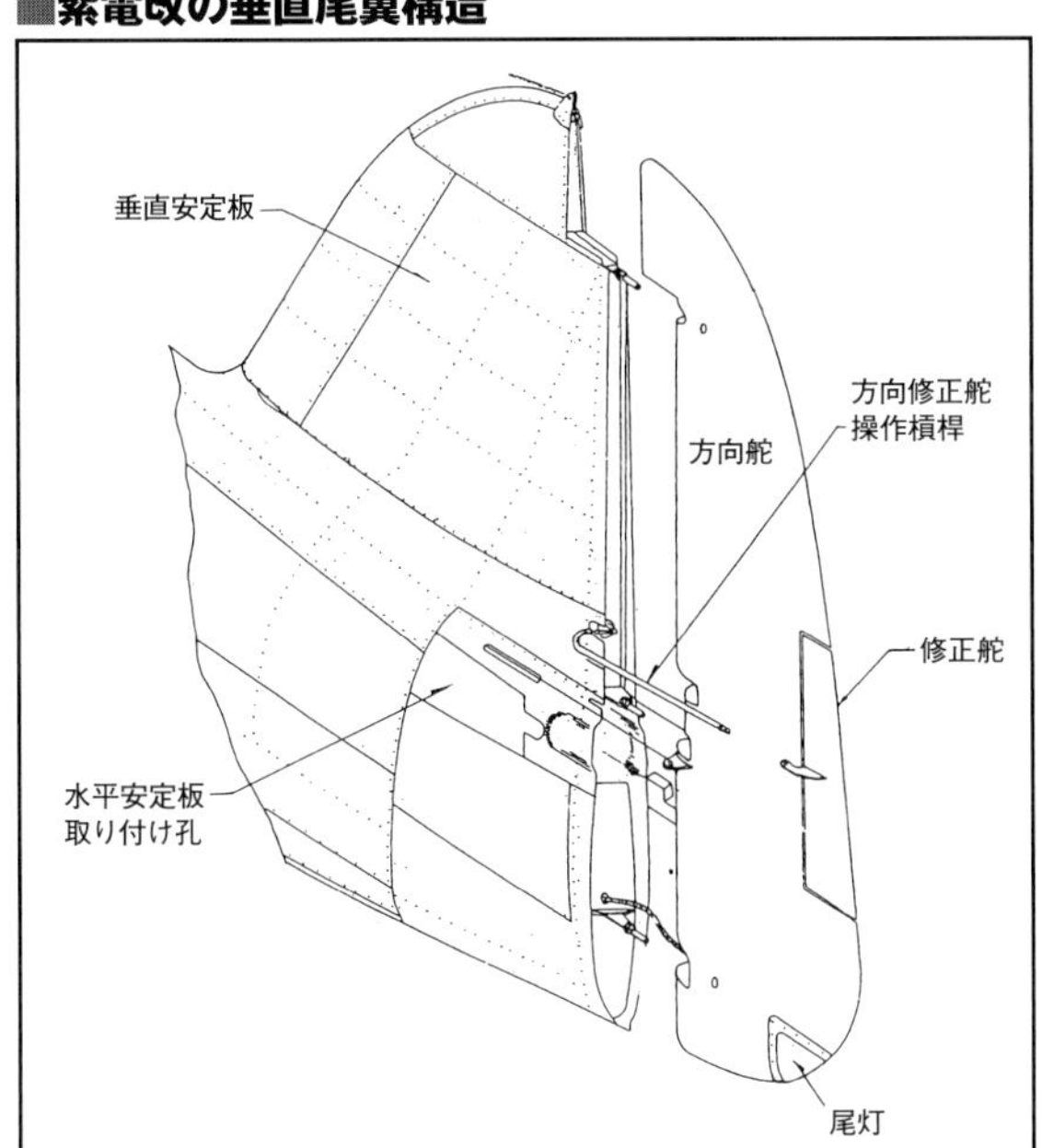

■紫電改の水平尾翼構造

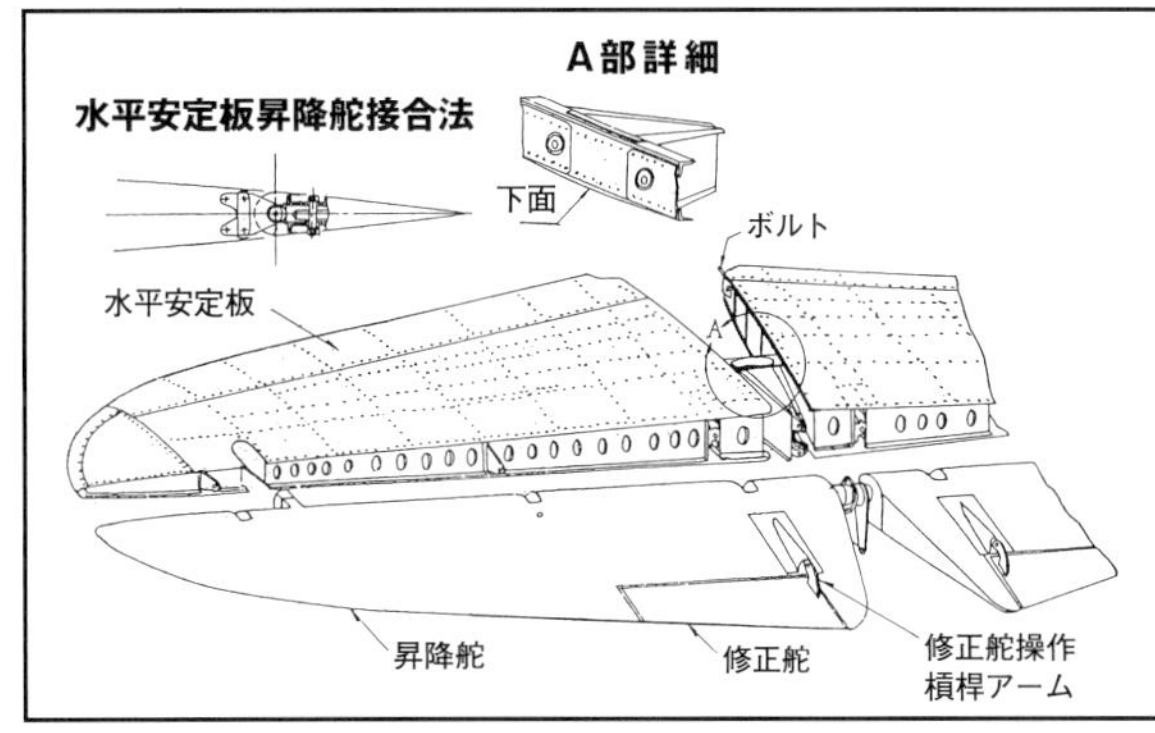

正舵」（トリムタブ）が付いている。

方向舵の操作はフットバーと腕比変更装置に結合する連動棹と、腕比変更部から方向舵を動作させる方向舵操縦槓桿に繋がる操縦索で行われる。紫電の場合、動作範囲は通常23度だが、フラップ使用時には33度に増大する。一方、紫電改は計画では紫電とほぼ同様の22.5度／33.36度とされており、量産機でも特に変わった点はない。

ちなみに米軍によると、紫電の離陸滑走時における方向舵による方向転換能力が不足しているため、これを補うならフラップを開いて、腕比変更装置により方向舵の動作範囲を拡大するのも手の一つと報じている。

また「試製紫電改操縦参考書」によれば、紫電改でも方向舵の効きはさらに改善が必要とされ、201号機以降でこれの対策を実施するという文言がある。

強度不足に悩まされた 降着装置

中翼配置とされた紫電では主脚柱を長くする必要が生じたが、武装配置等の理由もあり、主翼内に大型の主脚を収めるスペースを確保するのが困難だった。このため、日本機では例が少ない油圧動作の二段伸縮式の降着装置が採用された。

紫電の脚柱は、オレオや車輪等で構成される下部脚柱と、下部脚柱より一回り太く脚収縮時の外筒となる上部脚柱の二つに分かれており、着陸時には脚側面にある脚収縮用の油室から脚上部にある脚伸張用の油室に油を送り込むことで、離陸時にはその逆の操作を行う事で、脚の伸縮を行う機構になっている。

脚の長さは最大伸張時で1.75m、格納時で1.37m、伸縮長は約38.5cm、伸張時のオレオ全圧縮時の長さは1.57mだった。なお、主車輪は直径600mm、幅175mmで、常用内圧4.5kg／平方cmの中空式のものが採用されていた。

複雑な機構をもつ紫電の主脚は、当初は作動に1～2分を要するなど様々な問題が発生しており、それらを解決しつつ実用化に至った。だが紫電の部隊配備後も、搭乗員から「停まる寸前までブレーキを踏むな。ある程度速度があるときにブレーキ

■紫電の主脚構造

866.2
車輪格納時
緩衝脚柱
覆い
オレオ
脚柱
車輪開閉覆い
車輪固定
覆い
車輪
(600mm×
175mm)
12°-15′

■紫電改の主脚構造

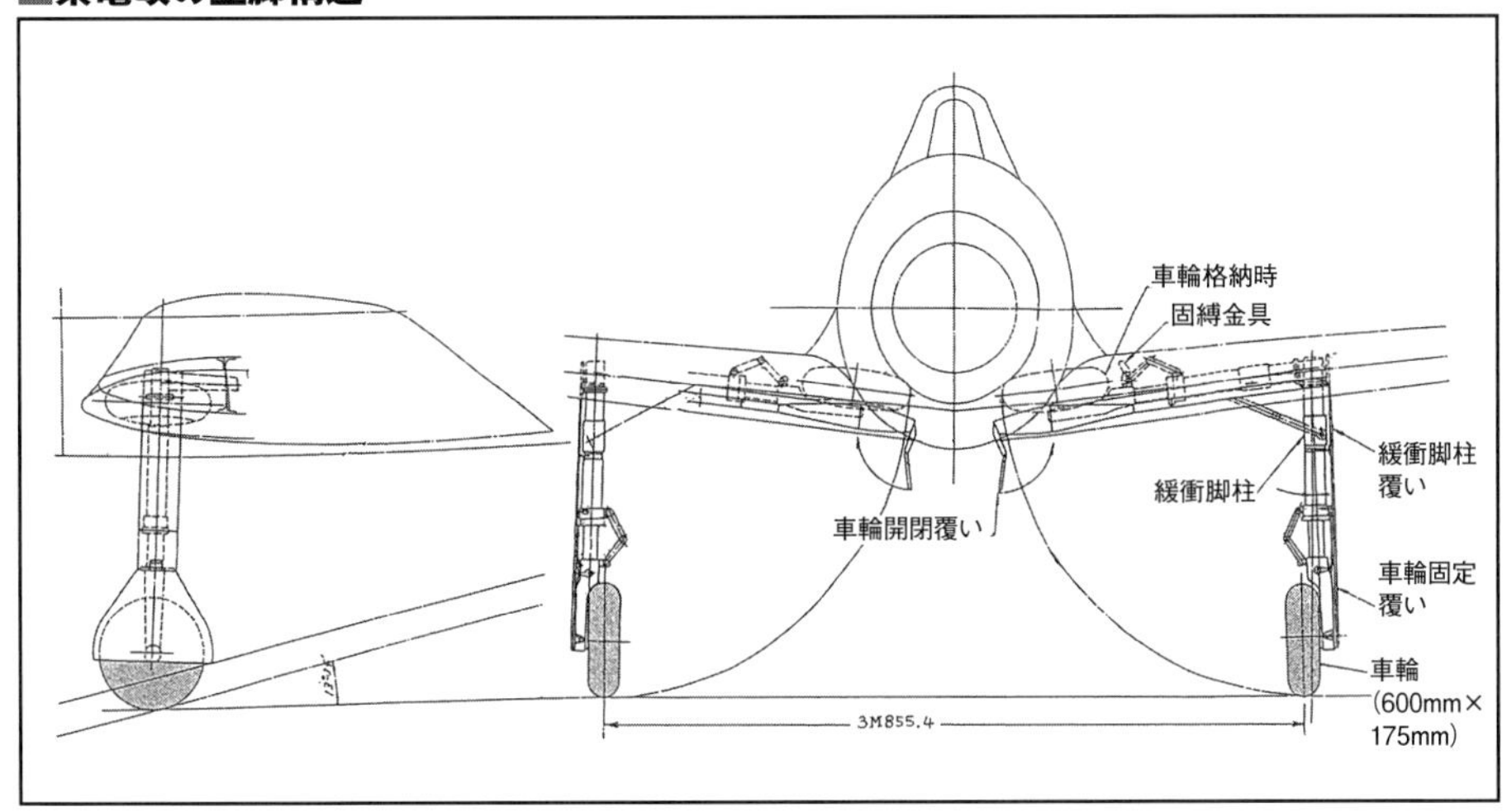

を踏めば、それだけで脚が折れる」とまで言われたように、脚の強度が不足気味で、脚の折損事故が数多く発生した。さらに滑走中、脚の伸縮用油圧ロック機構の不具合により脚が縮んでしまい、それに伴うグラウンドループが発生したことで脚を折損、転倒・転覆に至るなど、複雑な機構を持つ脚に所以する各種の問題・故障が多発してしまう。

また中翼配置の紫電では、その形態もあって輪間距離（トレッド）が広くならざるをえず、これとブレーキの片効き問題が相まってグラウンドループが少なからず発生したことも、この問題をさらに悪化させた。この結果、紫電は部隊配備後に脚に起因する事故で多くの機体を失なうこととなり、これが本機の戦力化を大きく阻害する要因となってしまった。

一方、低翼配置となった紫電改では標準形式の主脚が装備されている。複雑な脚の伸縮機構が廃されたことで強度面の問題が大幅に改善されたのに加え、脚まわりの重量も約100kg軽減され、脚長も1・42mに抑えられた。また輪間距離は紫電の4・45mに対して紫電改では3・86mに狭められ、これと胴体の延長、尾輪の位置をできる限り後方とするなどの措置により、紫電改ではグラウンドループの発生も大きく抑えられた。結果として、紫電改の実用性は紫電から大きく改善されている。

ただし紫電改の主脚は、生産開始後も強度面ではやや不足があると見なされており、「試製紫電改操縦参考書」には101号機以降で脚の一層の強化を実施するとの記載がある。また同資料によれば、紫電改の101号機以降では生産性向上のため左右の脚を共通化するという記載もあるが、これが実際に行われたかどうかは判然としない。なお、主車輪は紫電と同様のものが使用されている。

尾輪は紫電／紫電改ともに緩衝機構を持つ引込式のものとされ、車輪は直径200㎜、幅75㎜のソリッド式のものが使用されている。

紫電改の右側主脚。紫電の脚柱にあった伸縮機構が廃され、脚柱の長さも短くなったことで強度と滑走時の安定性が向上した

紫電改の尾輪（200mm×75mm）。取り付け位置が紫電よりも後方になったことで、胴体延長と併せてグラウンドループの発生率が低く抑えられた

操縦室

気密、防弾対策が施された

操縦席の配置は、単座戦闘機としては一般的なものである。計器板の配置は紫電と紫電改で異なるが、米軍の捕獲機調査資料の図版を見る限り、紫電の後期生産機のものは紫電改に近い形へ変更されていることが確認できる。

ちなみに搭載計器のうち、紫電ではその上昇限度から高度12km以上に対応した高度計の装備が要求されたが、当時そのような高度計が存在しなかったため、差し当たって精密高度計二型を使用したと「試製紫電取扱説明書（案）」に記載されている。前部計器板上部中央位置に置かれた射爆照準器は、九八式が主と

■紫電一一甲型の操縦室配置

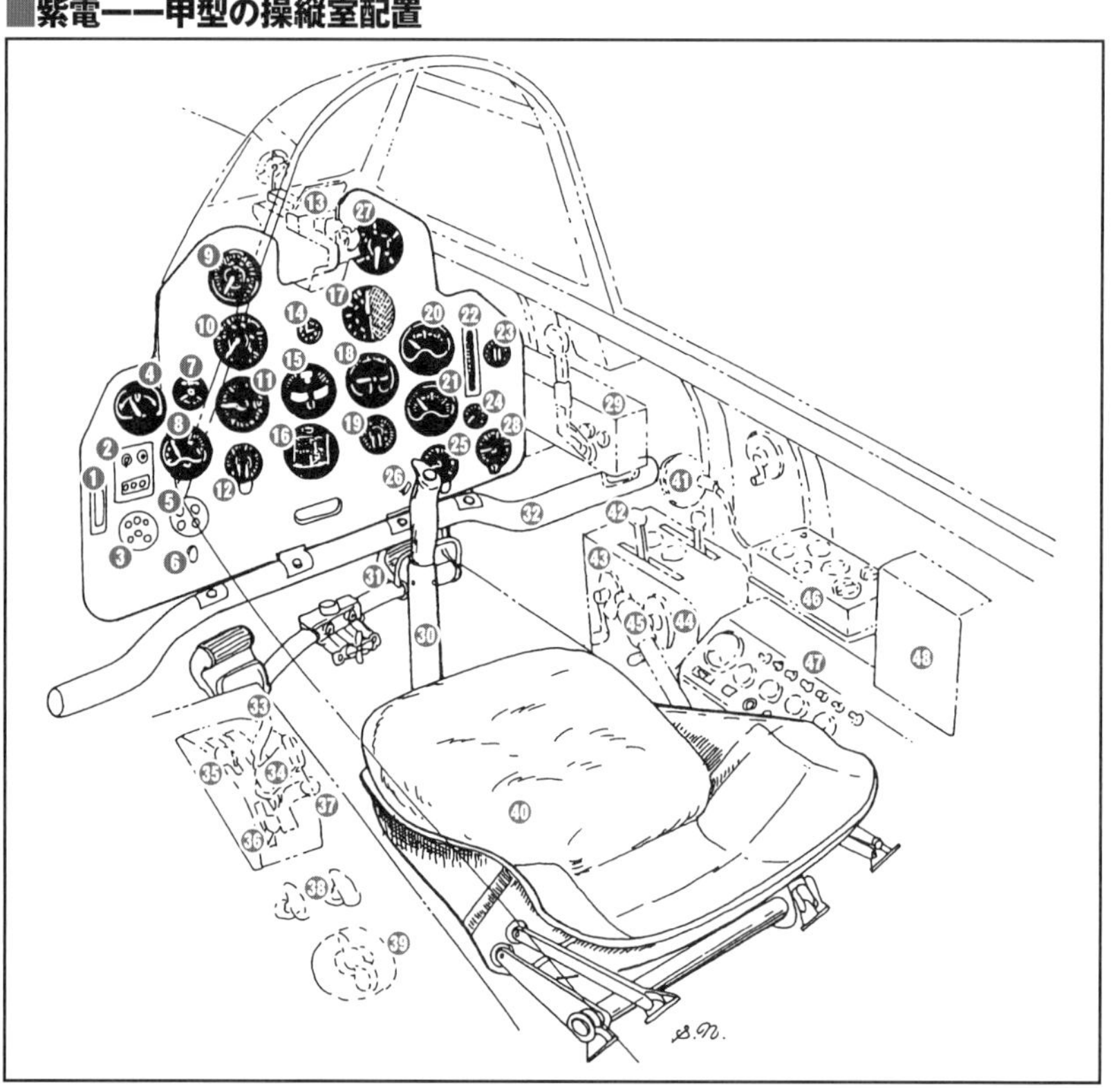

❶フラップ角度表示器
❷自動消火装置表示灯
❸主脚表示灯
❹航路計
❺主脚中間信号灯
❻酸素マスク電熱ソケット
❼電路切断器
❽給気温度計
❾速度計
❿高度計
⓫昇降度計
⓬酸素調整器
⓭九八式射爆照準器
⓮航空時計
⓯旋回計
⓰航空羅針盤
⓱ブースト計
⓲水平儀
⓳油圧計
⓴シリンダー温度計
㉑排気温度計
㉒前後傾斜計
㉓メタノール圧力計
㉔油温計
㉕胴体タンク燃料計
㉖胴体タンク燃料計切り換えコック
㉗電圧回転速度計
㉘主翼タンク燃料計
㉙機首7.7mm機銃
㉚操縦桿
㉛方向舵／ブレーキペダル
㉜7.7mm機銃後方取り付け桿
㉝機銃発射レバー
㉞スロットルレバー
㉟高度弁レバー
㊱自動高度弁レバー
㊲過給機切り換えレバー
㊳爆弾投下レバー
㊴燃料切り換えコックレバー
㊵座席
㊶紫外線灯
㊷給気温度調整レバー
㊸潤滑油冷却器シャッター開閉ハンドル
㊹シリンダー温度調整ハンドル
㊺脚操作レバー
㊻三式空一号無線電話機操作箱
㊼主配電盤
㊽空戦フラップ用継電器箱

■紫電改の風防構成（寸法単位:mm）

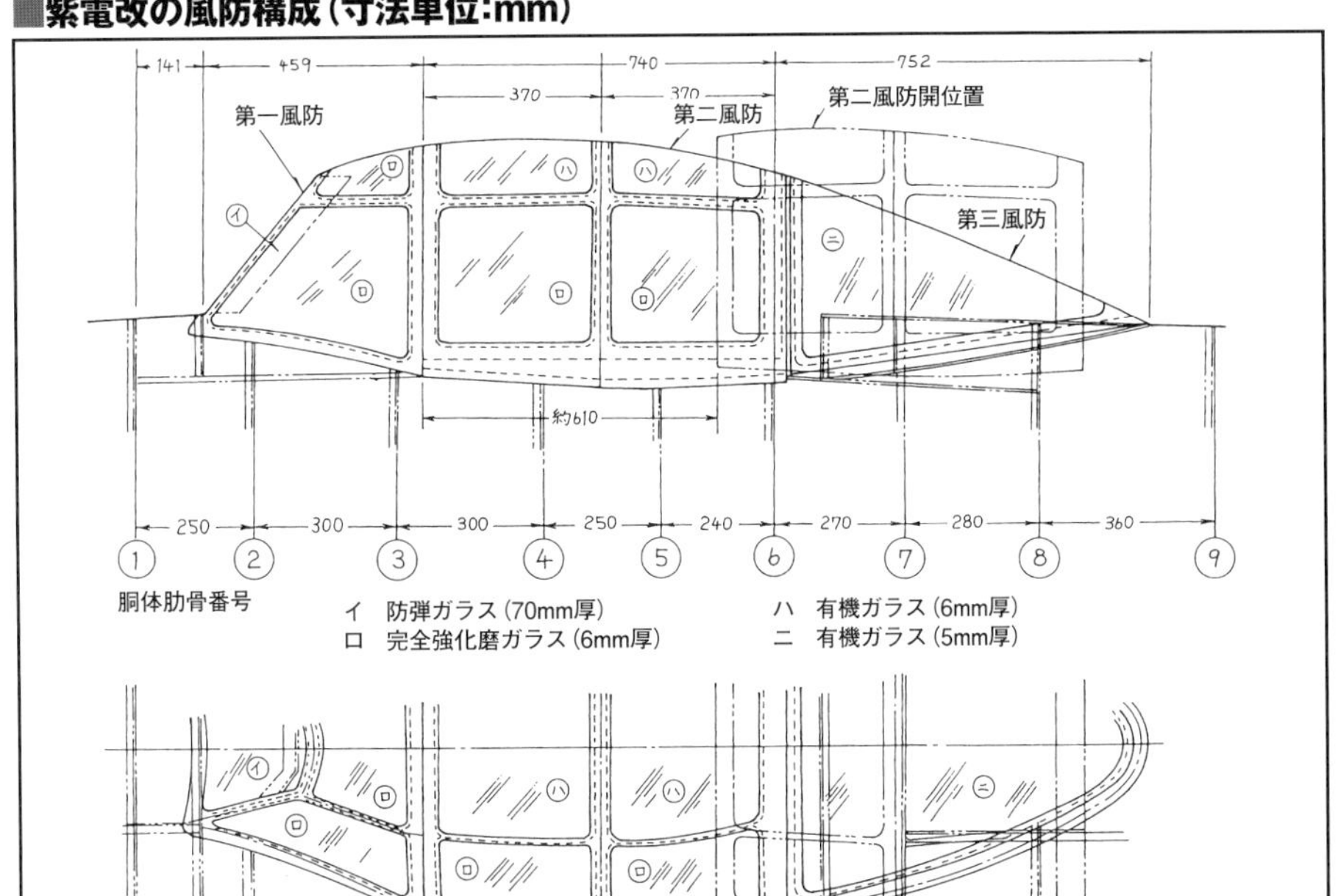

して使用される一方で、紫電改の後期生産機ではこれの後継となる四式射爆照準器が装備された。

操縦席の右側には機銃の再装填機構用の油圧計、空気取入口吸気温度調節レバー、主配電盤、無線機操作用レバー、カウルフラップ操作用クランク、脚操作レバーなどがあり、左側には電熱服用の配電盤や酸素呼吸装置、座席灯、胴体機銃安全装置、昇降舵トリムタブ調整装置、フラップ操作レバー、落下増槽投下レバーに加え、スロットルレバーやプロペラピッチレバー、スロットルレバーに付随する機銃引き金や爆弾投下レバーなど、動力系や兵器操作系の機材が集約されている。

0・4㎜厚のSDH板が上面に張られた操縦席床面は、排気ガスの一酸化炭素の侵入防止と自動消火装置使用時に発生する炭酸ガスの操縦席内への充満を防ぐため、紫電／紫電改ともに気密化が図られている。なお、「試製紫電取扱説明書（案）」には、胴体内気密装置の装備に伴い559号機以降で床面部の変更が図られたとも記されている。

その一方で、紫電／紫電改ともに生産機では一酸化炭素の操縦席への侵入が問題と見なされており、「試製紫電改操縦参考書」には、実用上問題は無いが搭乗員の健康面を考慮して、紫電改ではさらに操縦席の気密対策を行うという文言がある。

風防は、紫電／紫電改ともに涙滴型と言える形状を持つ第一風防（前部）、第二風防（中央）、第三風防（後部）に分かれた三分割式のものが採用されている。前部風防は搭乗員の生存性の向上のため前面部に70㎜厚の防弾ガラスが使用されているが、米軍報告によると、比島で捕獲された紫電一一甲型で防弾ガラス非装備の機体が発見されているので、紫電では生産開始後にこれが取り入れられた可能性がある。なお、紫電改では風防の動きが悪いとして、これの改正を図る措置も執られている。

紫電では飛行時の前下方視界が悪いとされたことを含め、基本的に視界不良であるため搭乗員からは不評だったと言われるが、米軍による試験では、その空中視界の良好性が絶賛されている。紫電改は、紫電より視界は良好だったが不満も少なからずあり、生産開始後に座席を一段上げて装備するという決定がなされている。また、紫電改の艦上機型では発艦時の視界改善のために風防の一部改正を行う予定

■紫電改の操縦室

❶四式射爆照準器
❷筒温調整ハンドル（上）／吸気温度調節ハンドル（下）
❸配電盤
❹脚揚降操作レバー
❺三式空一号無線電話機管制器
❻一式空三号無線帰投方位測定器管制器
❼酸素ボンベ
❽三式空一号無線電話機
❾枠型空中線（ループアンテナ）
❿消火剤ボンベ
⓫一式空三号無線帰投方位測定器
⓬操縦席
⓭燃料ポンプレバー
⓮昇降修正舵操作輪
⓯方向修正舵操作輪
⓰機銃発射管制ハンドル
⓱フラップ操作レバー／各燃料コック操作筐
⓲スロットルレバー／プロペラピッチレバー等操作筐
⓳主計器板
⓴操縦桿

としていた。

射撃兵装／爆弾

単座戦闘機では最大クラスの火力を誇る

●射撃兵装

紫電では固定武装として九七式七粍七固定機銃三型改一（7・7㎜機銃）と、九九式二〇粍一号および二号機銃（20㎜機銃）が装備された。

このうち機首に2挺が装備された7・7㎜機銃は、全備重量12・6kg、弾丸重量25・5g。砲口初速745m／秒、発射速度900発／分と、同格の航空機銃のなかで見劣りしない性能を持つものだった。給弾はベルト給弾式で、1挺あたりの弾数は500発とされている。

しかし7・7㎜機銃に対する防弾装備を持つ米軍機に対しては、F6F搭乗員の「座席後部の防弾装甲鈑に7・7㎜弾を受けたが、大事には至らなかった」という回想の通りに命中しても大きな効果が見込めない状況となっており、このためもあって紫電一一甲型以降は装備が取り止められた。ただし、7・7㎜機銃2挺のみの発射と、主翼の20㎜機銃を含む全挺発射の二つの方式に対応していた紫電一一型の射撃機構は以降の生産型でもそのまま残されたようだ。

紫電が搭載した20㎜機銃のうち、一一型が搭載した九九式二〇粍一号機銃三型（「試製紫電取扱説明書」の記載では一号機銃二型）は、スイスのエリコンFF20㎜機銃をライセンス取得のうえで国産化したものだ。重量23・2kgと当時の各国の20㎜機銃のなかでも軽量で、砲口初速600m／秒、射撃速度520発／分、重量128g、炸薬量10g（通常弾）の弾丸を発射でき、戦闘機に大火力を付与するのに好適な特性をもつ。

なお紫電は、両主翼内に20㎜機銃を1挺ずつ、主翼内翼部の下面にポッド形式で20㎜機銃を1挺ずつ装備しているが、後者は実際には取り付け金具で主翼に固定しているので厳密な意味でのポッド形式とは言い難い。いずれも弾倉による給弾で、100発入り弾倉を使用する。これらの弾倉は翼内スペースを有効に利用するため、前後にずらして配置されている。

戦訓による火力増強と命中精度向上の要求を受けて、紫電一一甲型以降ではエリコンFFL機銃を基にした九九式二〇粍二号系列の装備に切り替えられた。二号系列は一号系列に比べて、砲口初速が750m／秒に増大したことで命中精度が改善され、さらに命中時の貫徹威力等も増大した。射撃速度が480発／分と低いのが欠点だが、総じて当時の航空機用20㎜機銃として有用な能力を持つもので、この機銃の装備は紫電一一甲型以降の紫電の戦闘力向上に大きく寄与した。一一甲型では、やはり100発入り弾倉で給弾される九九式二〇粍二号機銃三型が搭載されており、その装備方法も一一型の配置がそのまま踏襲された。

紫電一一乙型と紫電改では、給弾方式をベルト式に変更したことで発射速度が500発／分に向上した九九式二〇粍二号機銃四型が装備されており、またその配置も4挺全てを翼内装備とするかたちに変更された（機首の武装は無し）。搭載弾数は、紫電一一型乙は1挺あたり200発とされるが、昭和20年7月に海軍航空本部が作成した「海軍現用機性能要目表」では、1挺あたり220発となっている。紫電改も1挺あたり200発だが、過荷載の場合は外側銃用に1挺あたり250発を搭載可能だった。

この他に紫電改の一部では、九九式二〇粍二号機銃四型に射撃速度向上のための増速装置を追加した改型を装備した機体もあった。増速装置付きの二号機銃四型は射撃速度620発／分と他国の20㎜機銃と同等かやや劣る程度の射撃速度を発揮できたが、機構的な問題を抱えており、これを装備した三四三空の機体では装填時の不具合が多発したと報じられた。戦闘三〇一飛行隊長の菅野大尉の戦死につながった筒発事故も、この増速装置に起因するものと見られるなど、その装備は成功したとは言い難い結果を残している。

紫電改では、さらなる火力増強のために三式十三粍固定機銃（13㎜機銃）2挺を機首部に装備する予定があったが、生産計画

■紫電改の主計器板

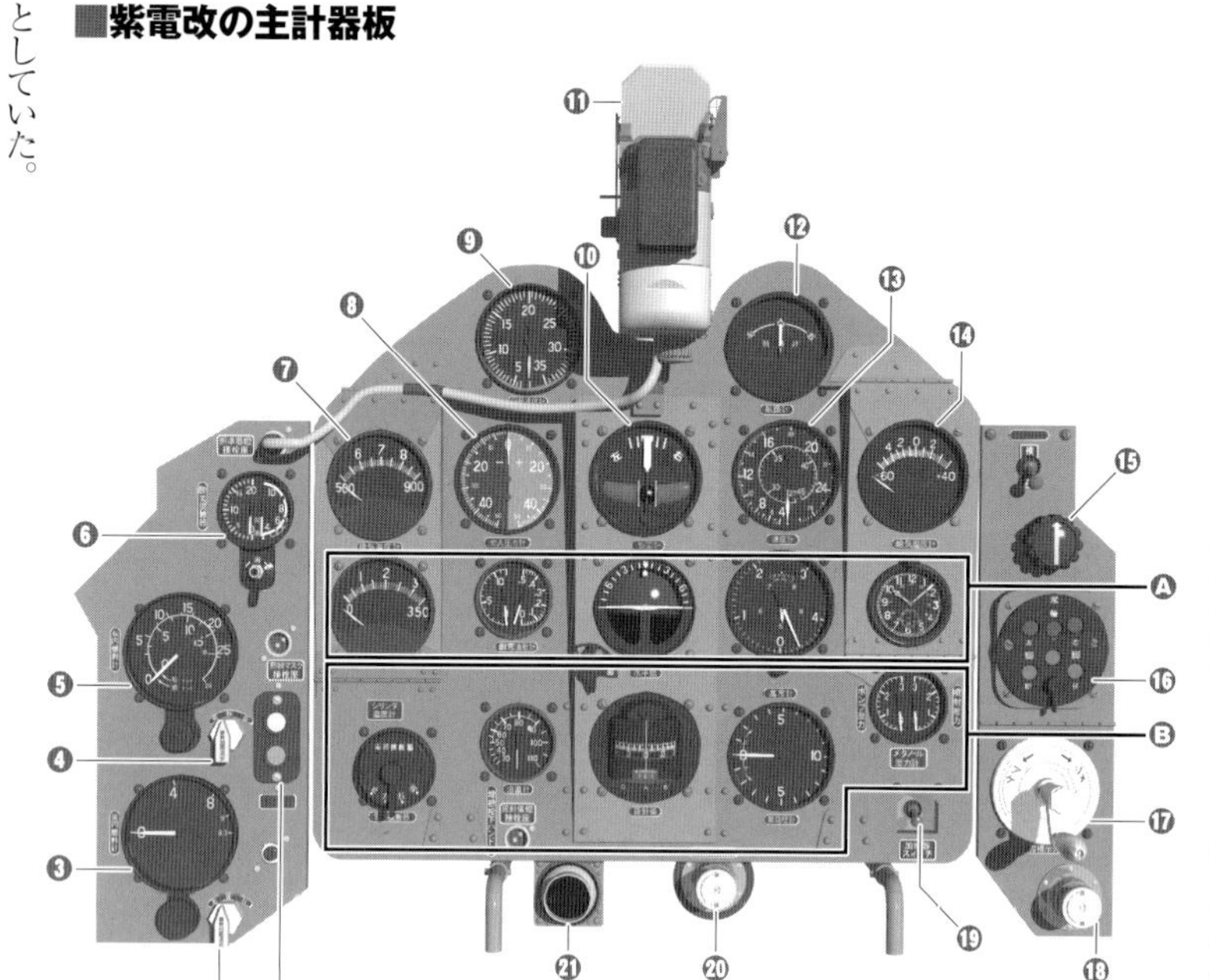

❶燃料管制表示灯
❷翼内タンク切り換えコック
❸翼内タンク燃料計
❹胴体タンク切り換えコック
❺胴体タンク燃料計
❻酸素調整器
❼排気温度計
❽給入圧力計
❾回転速度計
❿旋回計
⓫四式射爆照準器
⓬航路計
⓭速度計
⓮給気温度計
⓯脚信号灯明度調節ダイヤル
⓰脚位置表示器
⓱潤滑油冷却器シャッター開閉ハンドル
⓲プロペラ防氷装置用不凍液注射ポンプ
⓳加圧器スイッチ
⓴燃料注射ポンプ
㉑冷気吹き出し口
Ⓐの段（向かって左から）
・シリンダー温度計
・耐寒油圧計
・水平儀
・高度計
・航空時計
Ⓑの段（向かって左から）
・電路接断器
・油温計
・羅針儀
・昇降計
・メタノール圧力計

■紫電／紫電改が装備した照準器

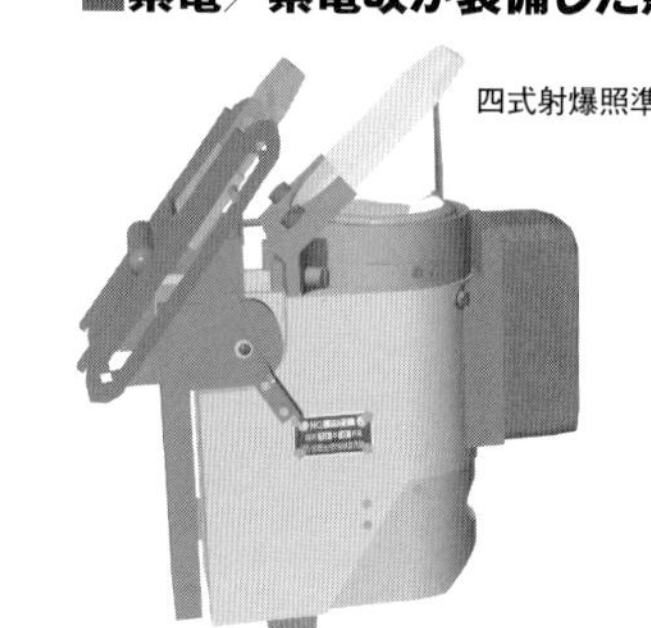

四式射爆照準器

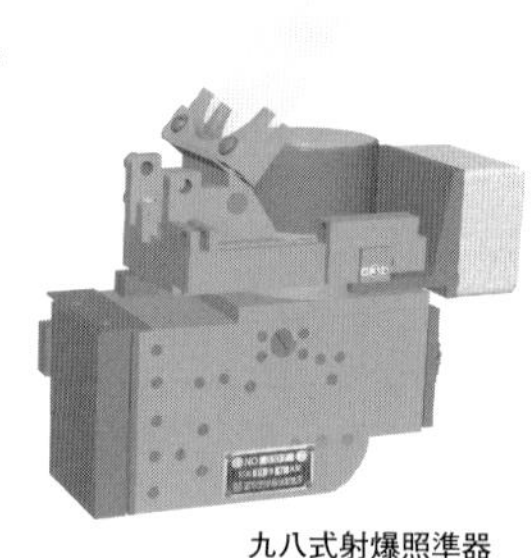

九八式射爆照準器

の見直しにより試作機に搭載されたのみで終わってしまった。

●爆弾

紫電一一型および一一甲型では、30kgまたは60kg爆弾を主翼下に各1発搭載でき、一一乙型では250kg爆弾の搭載も可能となった（最大で250kg爆弾2発）。生産されなかった一一丙型では主翼下の懸吊鉤の改正が行われ、250kg爆弾4発または60kg爆弾4発の搭載が可能とされ、爆弾投下装置もそれまでの手動式から電気式に変えられる予定だった。

紫電改では、量産100号機までは基本的に、紫電一一乙型と同様の装備とされた。101号機以降の爆装能力は250kg爆弾2発または60kg爆弾4発となっている。

通信可能距離が延伸した 無線機器

「試製紫電取扱説明書（案）」の記載によれば、通信兵装は九六式空一号無線電話機と一式空三号無線帰投方位測定器を搭載するとされていたが、早期に三式空一号無線電話機へと切り替えられた。また「試製紫電改操縦参考書」によれば、紫電改は三式空一型無線電話機とク式無線帰投装置を装備としているが、後者はク式の国産版である一式空三号無線帰投方位測定器が搭載されたはずだ。

これらの無線電話のうち、九六式空一号は出力8～10W、CW波による無電機能と電話機能を持つもので、通信可能距離は最大80km（高度3km）と米軍資料にある。三式空一号は送信機と受信機を一体化した当時としては先進的な設計の無線機で、CW波／MCW波による無電通信と電話機能を持っており、出力が強化されたこともあり、最大通信可能距離も160km+と大きい。ただ米軍曰く「湿気への対策が成されていない」ことから、高温多湿の南方等での運用面ではやや難があり、また機器配置等の問題から電話が通じにくいという海軍機共通の問題も抱えていた。

■紫電の射撃兵装全般配置図

❶機首7.7mm機銃
❷九八式射爆照準器
❸機銃発射レバー
❹撃ち殻放出口防塵レバー
❺爆弾投下レバー
❻吹き流し離脱レバー
❼水平検出台（弾道調整用）
❽機銃電気発射管制ボックス
❾20mm機銃弾装填用油圧管
❿20mm機銃発射用電気ケーブル
⓫爆弾投下索
⓬撃ち殻放出筒
⓭三番（30kg）爆弾
⓮翼内装備20mm機銃
⓯翼下面装備20mm機銃
⓰索開閉器

■紫電改の射撃兵装全般配置図

❶20mm機銃電気発射管制箱
❷吹き流し切断レバー
❸爆弾投下レバー
❹機銃発射管制レバー
❺機銃発射レバー
❻九八式または四式射爆照準器
❼索開閉器
❽八九式活動写真銃（ガンカメラ）
❾九九式二〇粍二号機銃四型
❿爆弾
⓫20mm機銃前方支基
⓬20mm機銃給弾筒
⓭九七式七粍七固定機銃（訓練時のみ装備）
⓮外側20mm機銃弾倉（250発入り）
⓯20mm機銃手動装填装置
⓰20mm機銃発射用電気ケーブル
⓱20mm機銃後方支基
⓲爆弾投下用索
⓳索誘導管

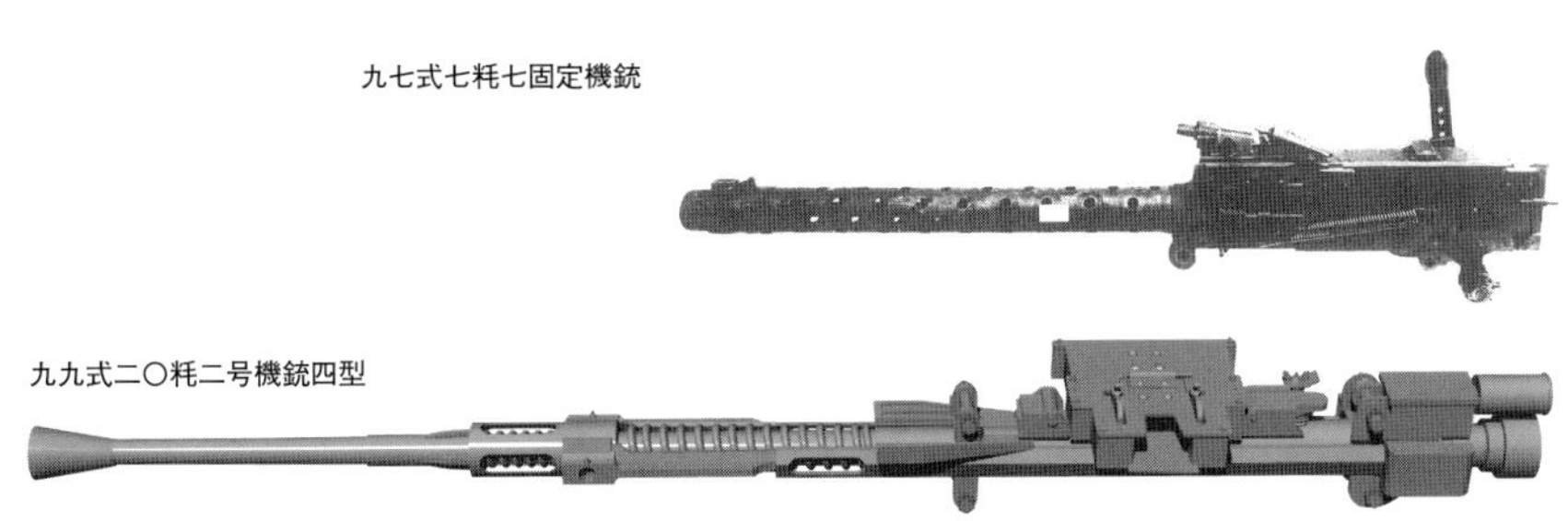
九七式七粍七固定機銃
九九式二〇粍二号機銃四型

太平洋戦争期 日本海軍の

戦闘機開発概史

局地戦闘機 紫電・紫電改のみならず、日本海軍は太平洋戦争の開戦前後、種々多様な戦闘機を開発・整備した。本稿では太平洋戦争期における日本海軍の戦闘機開発を概観して解説する。

文／本吉隆

九六式艦上戦闘機に続いて開発され、昭和15年（1940年）7月24日に制式化された零式艦上戦闘機（写真は一一型）。大火力と長大な航続距離を活かし、艦上戦闘機としてのみならず陸上用の進攻用戦闘機として活躍を見せた

九六式・零式艦上戦闘機の開発

海軍航空の黎明期より日華事変の勃発（昭和12年／1937年）まで、海軍の戦闘機開発は空母から作戦を行う艦上戦闘機のみを対象としていた。複葉戦闘機の時代より、同世代の敵戦闘機と伍するか上回る戦闘能力を持つことが前提だった艦上戦闘機は、艦隊の防空・敵地上空での制空作戦・艦爆／艦攻で編成された攻撃隊の護衛といった各任務で、敵爆撃機の撃攘と敵戦闘機の撃退が可能な戦闘能力・航続力を要求された。

最初の単葉戦闘機として昭和9年（1934年）に九試単戦として試作されて、昭和11年（1936年）に制式採用された九六式艦戦も、この要求に沿って開発が進められたもので、これは太平洋戦争緒戦時には性能陳腐化もあって、間もなく第一線から退いた。

本機に続く艦戦として昭和12年に試作された十二試艦戦は、以前の要求に加えて、日米戦の雌雄を決すると考えられていた主力艦同士の砲戦中、観測機の掩護のために常に上空直援を行えるだけの大航続力を付与した機体として開発されている。これが昭和15年（1940年）に制式化された零戦であり、対戦闘機用及び対爆撃機用の戦闘機として、当時有力な能力を持つと共に、長大な航続力により進攻用の戦闘機としても高い能力を持った。零戦は太平洋戦争中、日本海軍の戦闘機兵力の屋台骨といえる代表的戦闘機として活動することになり、様々な任務で活躍を見せて、終戦まで海軍戦闘機の主力を務め続けた。

局地戦闘機、双発戦闘機、水上戦闘機の開発と整備

一方で日華事変の戦訓では、対爆撃機迎撃用として、優秀な速度性能と上昇能力、強力な火力を持つ拠点防空用の戦闘機と、長距離進攻を行う陸攻隊を掩護可能な長距離護衛戦闘機の必要が認められた。このうち、「局地戦闘機（局戦）」と呼ばれた前者は、昭和14年（1939年）に十四試局戦として試作が行われるが、性能不足及び各種の技術的問題から開発が難航してしまい、昭和18年（1943年）9月に試製雷電として量産化が開始されたものの、以後も様々な問題に見舞われた結果、昭和19年（1944年）秋以降にようやく防空戦闘機として戦列化されるに至り、本土防空戦で一定の活躍を見せるに留まった。

一方、十三試双発戦闘機として試作された後者は、試作機の試験で戦闘機としての性能が不足であることが判明したことと、零戦が長距離護衛戦闘機として活動する能力を持っていたことから、その意義を失って、この用途では採用されなかった。

昭和17年（1942年）3月20日に初飛行、零戦に代わる主力戦闘機として期待が掛けられた局地戦闘機 雷電（十四試局地戦闘機）。量産開始は昭和18年（1943年）9月、制式採用は昭和19年（1944年）10月までずれ込んでしまった

戦闘機としても活動可能な零式観測機と、長時間の直掩が可能な零戦の開発により、日本海軍では専用機開発の意義が一旦失われた水上戦闘機は、㈣計画の策定時期に南方の航空基地が未設営の島嶼の防空用に必要と判断されたことで、まず零戦改造の二式水上戦闘機が繋ぎとして整備され、これに続いて、本命となる水上戦闘機として十五試水戦、後の強風の試作開発が行われた。基本的に局戦的な扱いだったが、爆撃機だけで無く敵戦闘機との交戦も考慮した高速水上戦闘機として開発された本機は、戦局の変化により就役前にその価値を失い、少数機が生産されるに留められた。

飛行場の整備がなされていない南洋方面の島嶼へいち早く進出し、制空権を確保することが期待された日本海軍の水上戦闘機。写真は零戦を改造した二式水上戦闘機（後期生産型）で、本格的な設計の水上戦闘機が登場するまでの繋ぎと考えられていた

太平洋戦争開戦後の日本海軍戦闘機開発

太平洋戦争開戦年の昭和16年（1941年）には、零戦の後継機として、アウトレンジ戦法（※）に適合した航続力を持つ十六試艦戦の試作が計画されるが、設計担当の三菱設計陣の能力飽和もあって、これは太平洋戦争開戦後の昭和17年（1942年）に十七試艦戦として計画が仕切り直される。これが後に烈風となった機体だが、これも様々な技術的障害があって終戦まで戦列化できずに終わる。

また、南方進攻作戦での戦訓

（※）日本海軍艦載機の長大な航続力を活かし、敵艦載機の航続距離の外から艦載機を発艦させ、先制攻撃により敵空母の飛行甲板を破壊するなどして航空戦を優位に運ぼうという戦法。

を受けて、艦上戦闘機より高速で、対戦闘機戦闘で敵戦闘機に伍する性能と、対爆撃機戦闘で有用に使用できる火力を持ち、進攻作戦に投入可能な長大な航続力を持つことが要求された「陸上戦闘機（陸戦）」という新しい機種が策定されて、十七試陸戦とこれを下敷きにした十八試陸戦 陣風の試作が行われるが、この両者も技術的な問題から実用化できずに終わった。

その一方で、十七試陸戦の実用化までに、陸戦として使用可能な能力を持つ高速戦闘機の整備の必要もあり、海軍は十七試陸戦の検討を進める中で、十五試水上戦闘機を元にした急造陸戦である一号局戦こと紫電の試作を開始する。本機は原型機の影響もあり、局戦だが対戦闘機戦闘を考慮した「準甲戦」的扱いとなり、高速陸上戦闘機として期待が掛けられて昭和19年秋に戦列化されたものの、元設計に起因する不具合もあって不成功に終わる。だが、本機の改設計型である紫電改は、優良な性能と実用性を持つ戦闘機として認められ、戦争終結頃に主力戦闘機としての地位を確保した。

昭和17年に米のB-17を有効に迎撃できる高々度性能と高速性能、強大な火力を持つ迎撃戦闘機となる「局戦」の必要が認められたことで、十七試の閃電と十八試の天雷の二機種がこの目的で試作されたが、いずれも性能及び技術的問題により、前者は計画中止、後者は実用化できずに終わってしまった。一方で十八試で天雷と共に試作された前翼式の高速迎撃機とされた震電は、後述する昭和19年7月以降の海軍航空本部の試作機の絞り込みの中で、秋水失敗の場合の保険扱いで試作継続となり、終戦直前に試作機の飛行に成功するが、やはり実用化はできなかった。

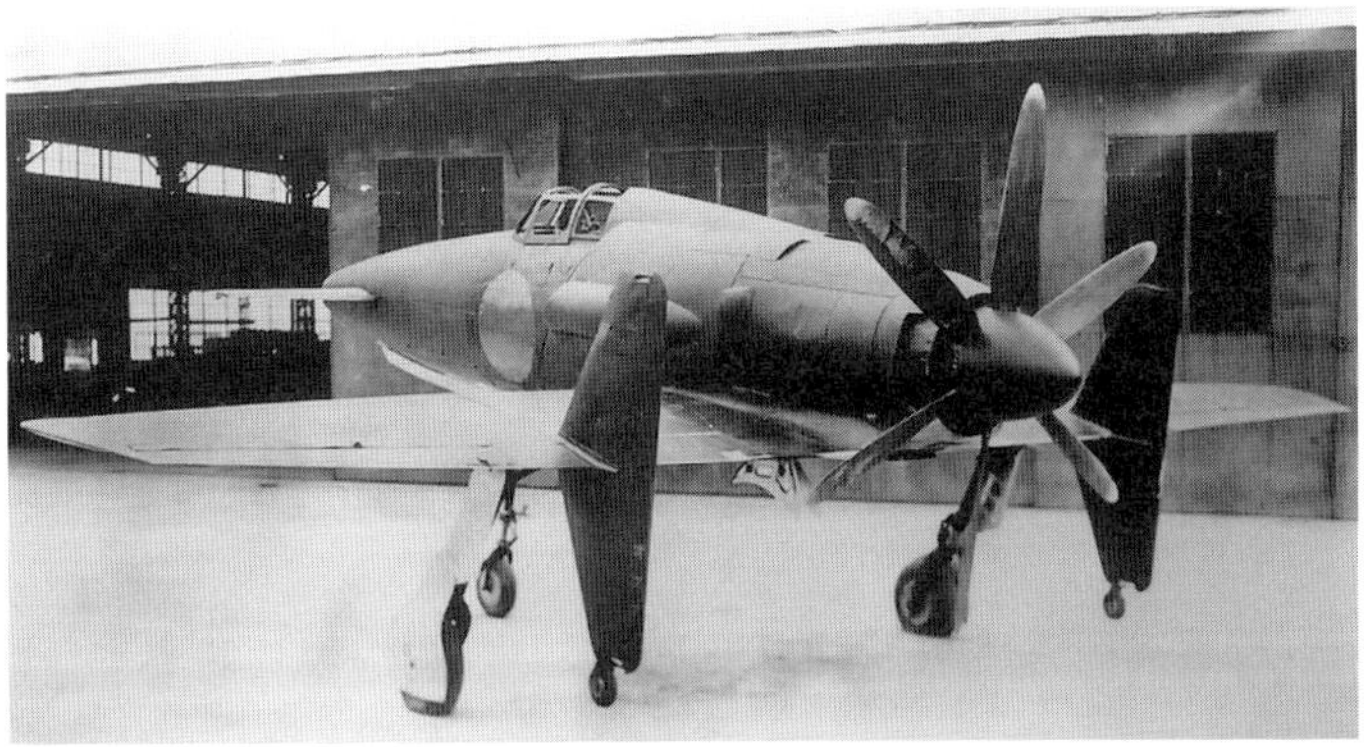

零戦の後継となる十六試艦戦の開発は一旦仕切り直しとなり、十七試艦戦の開発が試みられたものの、性能未達に伴うエンジン換装と再設計が行われて遅延するに至った。烈風一一型（A7M2）は昭和19年（1944年）10月上旬に試作一号機が完成したが、終戦までの戦力化はならなかった

前翼と機体後部のプロペラを持つエンテ型の局地戦闘機、震電。最高750km/hの速力と30mm機銃4挺の大火力を備える局戦となる予定だったが、終戦間際の昭和20年（1945年）8月3日に初飛行を行い、試験飛行中に終戦を迎えた

大戦後半の戦闘機開発

昭和18年（1943年）8月に海軍の戦闘機の目的別分類が改定され、艦戦や陸戦という旧来の呼称が消えて、対戦闘機用戦闘機を「甲戦」、高々度での迎撃戦実施を考慮した対爆撃機迎撃用戦闘機を「乙戦」、夜間戦闘機を「丙戦」とする措置が執られる。

このうち丙戦は、昭和18年春に十三試双戦を元とした二式陸偵を応急改造した機体が完成、同年8月に月光として採用され、以後、終戦まで性能不足等はあったが海軍の主力夜戦として活動した。だが、この年に試作された十八試丙戦の電光は実機完成に至らず、これを補う予定だった銀河改造夜戦の性能不足と、月光の生産停止を補うものとして実施された天雷改造夜戦の失敗もあって、結局、海軍は月光、銀河夜戦とその改造型・極光、彗星、彩雲等の改造機により、終戦まで夜戦兵力を賄うことになった。

マリアナ沖海戦での大敗北後、海軍は次期決戦に備えての兵力急速整備の見地から、主力戦闘機を甲戦としても使用できる乙戦の紫電改に絞り込み、当時試作中の機体については、紫電改で代替できない機体のみを残すこととした。これにより大半の機体が試作中止となる中で、烈風も一旦は整理対象となったが、エンジン換装後の性能向上もあって、紫電改の補助的な戦闘機として採用が決定、また迎撃機として使用する性能向上型の開発も行われたが、前述した通り実用化はならなかった。昭和20年（1945年）春には、翌年以降に主力戦闘機となる新型甲戦として、烈風、陣風、紫電改の改型が検討されたが、これも計画段階で終わっている。

この時期に期待が掛けられたのがジェット機とロケット機で、昭和20年には高々度戦闘機の切り札的存在として計画が進められたドイツのMe163を元にしたロケット式戦闘機の秋水と、ジェット高速攻撃機の橘花を改造した戦闘機型である橘花改の計画が進められている。だが前者は試飛行開始段階で、後者は実機製作前に終戦を迎えてしまった。

十三試双発陸上戦闘機として開発され、昭和17年7月6日に二式陸上偵察機として制式化、後に胴体上下に斜銃を装備して夜間戦闘機となった月光（月光としての制式化は昭和18年8月23日）。本土防空戦においても夜間戦闘機として運用が継続された

局地戦闘機 紫電・紫電改の

開発経緯

太平洋戦争末期に登場し、零戦の後継機として主力戦闘機の座についた紫電改。その開発には水上戦闘機 強風、局地戦闘機 紫電を経るなど、通常の日本海軍戦闘機にはない経緯がある。本稿では強風から紫電・紫電改へ至る過程を詳述する。

文／本吉隆　写真提供／野原茂

水上を滑走する十五試水上戦闘機の一号機。初飛行は昭和17年（1942年）5月4日。同じく「火星」エンジンを搭載する十四試高速水上偵察機（後の紫雲）と同様、二重反転プロペラを装備していた

十四試局地戦闘機および十五試水上戦闘機の開発

日華事変の戦訓を受けて、日本海軍が陸上基地で使用する対爆撃機用の迎撃に特化した高速戦闘機の開発を志向するのは、昭和13年（1938年）9月30日に改訂された「航空機機種並性能標準」の中で、この目的を第一義とする「局地戦闘機（以下、局戦）」の要求が盛り込まれた時だった。

これを元にして日本海軍初の陸上戦闘機である十四試局戦（後の「雷電」）の計画が始められたのは、ワシントン条約体制（※）を脱し、来たるべき対米戦に備えて、南洋諸島の軍事拠点化が考慮されつつある時期だった。これらの島嶼にはできる限り陸上飛行基地の設営が望まれたが、予算等の問題もあって早期に実現できない事態が生じることを考慮して、南洋諸島の防空任務を主務とする、局戦と通じる内容を持つ水上戦闘機の計画が認められ、十四試局戦と並行する形で性能要求の検討が進められることになった。

この時期、海軍では局戦用の大出力発動機として、当時友好関係にあったドイツの大馬力液冷発動機の輸入と、そのライセンス生産を前提としていたようで、実際に三菱で試作予定の十四試局戦も、川西での試作を前提としていた新型の水上戦闘機も、漠然としてではいたがドイツのダイムラーベンツ社製のDB601A及びその発展型であるDB601Eの導入を考慮して検討が進められていたという。だが、昭和14年（1939年）9月に第二次大戦が勃発すると、ドイツから大規模な工業製品の輸入を行うことは事実上不可能となってしまった。これに伴って、当時、高速戦闘機に必要な出力を持つと考えられていたDB601Aの発展型も輸入の道が閉ざされてしまい、これを装備した機体を早期に戦列化することは不可能となった。

このため、十四試局戦と新型水上戦闘機の両計画は、共に適合する発動機不在で計画が頓挫する危機を迎えたが、次期陸攻用として試作されていた十四試「ヘ号」（「火星」）エンジンがこの時期に耐久審査を通過したことで、海軍は昭和15年（1940年）1月初旬に両戦闘機のエンジンを十四試「ヘ号」とすることに決定して、計画を推進させることとする。そして川西担当の水上戦闘機については、この年の9月30日に十五試水上戦闘機（N1K1：後の強風）として試作発注が行われた。

一方で、両戦闘機のエンジンが決定する直前の昭和14年末には、海軍は次世代の大出力エンジンとなる十五試「ル号」（後の「誉」）の試作を中島に正式に命じていた。同エンジンは昭和16年（1941年）夏に耐久審査に合格するに至り、これを受けて海軍は、この小直径で大出力という高速戦闘機用に適したエンジンを用いて、より高性能の局戦開発を志向するようになった。

十五試「ル号」の耐久審査通過時には、既に機体設計が「火星」装備での性能発揮に特化していた十四試局戦は、試作機完成が間近になっていた。このため、海軍は局戦の開発を「火星」と十五試「ル」号の二系統に分けて進めることを望み、雷電の試作はそのまま継続することとして、並行して十五試「ル号」搭載機の試作を行うことを決定した。

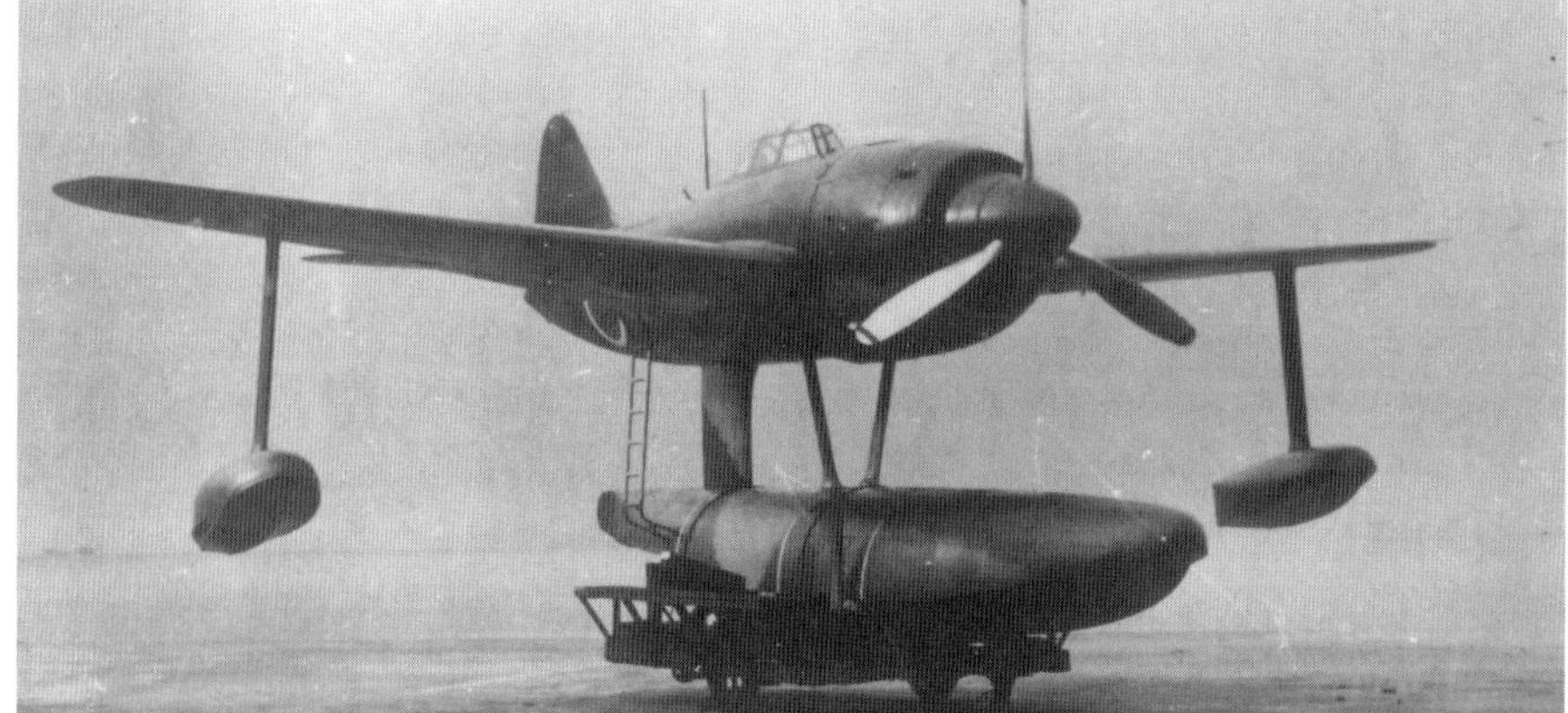

昭和18年（1943年）12月21日に制式採用された強風一一型。層流翼や自動空戦フラップといった、紫電・紫電改にも受け継がれる新機軸を導入した水上戦闘機だった

紫電の開発

本構想に基づき、海軍は当時試作中の十五試水上戦闘機のエンジン換装を考慮し、続いて十五試水戦を元にした改造局地戦闘機の試作実施を検討するようになる。この流れの中で、昭和16年後半には海軍航空本部と川西航空機の間で、十五試水戦を陸上戦闘機に改造する局地戦闘機の可否について意見交換がなされるようになった。

そして、海軍の意向もあり、菊原技師をはじめとする川西航空機の設計陣は、十五試水戦を改造した陸上局戦試案を取りまとめ、昭和16年12月28日に海軍に提案するに至る。この試案提出を受けて、昭和17年（1942年）1月31日には計画要求書案の審議会が開かれたことが示すように、海軍は仮称一号局戦（N1K1-J）の計画検討を本格的に進めるようになった。

（※）…大正11年（1922年）に締結されたワシントン海軍軍縮条約により、日本海軍は英米海軍に対して主力艦の排水量制限を課されるとともに、千島列島、小笠原諸島、琉球諸島、台湾および新領土（内南洋）の軍事施設の要塞化を禁じられた。

この時期には南方進攻作戦の戦訓検討も進められており、陸上基地航空隊専用のより有力な戦闘機の試作開発が必要と考えられるようになっていた。このため、一号局戦の試作発注の頃には、それまで「性能標準」には存在しなかった対戦闘機戦闘を主任務とする単発単座戦となる十七試陸上戦闘機（J3K1）の試作が、やはり川西に命じられている。これに対して一号局戦は、十七試陸戦の実用化までの繋ぎとして、早期に実用可能な高性能の局地戦闘機として試作開発が進められることになった。

恐らく川西にも、海軍のこのような方針が事前に示されていたと思われ、実際に正式な試作発注の前に航空本部の内諾を得ると、正式発注の前より直ちに社内呼称X-1こと一号局戦の設計作業に入っていた。川西に対する試作発注がなされたのは昭和17年4月15日だが、わずか3日後の4月18日には実物大模型による審査が行われるなど、迅速に設計及び試作作業が進められているのは、これを示すものだろう。

本来なら「火星」より小直径の「誉」の採用や、陸上用の局戦として相応しい特性付与のため、胴体設計を一新するのが望ましいことは確かだったが、繋ぎの局戦としての急速設計のため、主翼形式は水上戦闘機としての運用・空力面では望ましいと思われた中翼式のままで、「火星」に合わせた太い胴体も大きくはいじらず、防火壁前方と後部胴体及び垂直尾翼を修正する程度に留められた。

本機は強風の性能から試算して、同機のフロートを廃することによる抵抗減少と「誉」エンジン換装による出力増大により、最高速度は650km／時に達すると見込まれた。その試作1号機は昭和17年末に完成、12月27日には地上滑走試験が開始された。本来なら本機の初飛行は川西のテストパイロットが行うはずだったが、12月31日に滑走試験のみという約束で乗り込んだ海軍の帆足大尉が、滑走中に機体が「自然に浮いたので」そのまま初飛行を実施、成功するという一幕が生じた。その翌日には中翼式の本機独特の機構となる二段引き込み式の主脚を収納しての飛行にも成功するなど、本機の前途は明るいようにも思えた。

実際この時期、高性能戦闘機の早期就役を望んでいた海軍では、先に試作が行われていた雷電の実用化に困難が生じていたこともあり、一号局戦の早期実用化を欲していた。だが、以後行われた一号局戦の社内試験では、「誉」エンジン及び新型のVDMプロペラの不調に加え、二段引き込み式の主脚の動作不良・強度不足に代表される、繋ぎの局戦としての拙速主義で纏められた設計に起因する各種の問題が発生してしまう。

さらにエンジンの予定出力発揮不能と、機体設計の相乗効果による性能未達、失速特性等を含めて飛行特性にも問題が認められるなど、なかなか機体の成熟化は進まず、海軍が領収するのは地上滑走試験開始から約8カ月を経た昭和18年7月24日まで遅れてしまう。この後、海軍側で行われた審査でも速度不足及び前下方の視界不良等の性能面及び機体設計の不備、同時に機体の工作の不備等が指摘される状況となったが、海軍は生産開始後に必要な改修を加えていくことで戦列化を図るものとして、8月10日には試製紫電の名称で生産を開始させる措置を執った。

実際の生産開始は翌月に「誉」二一型エンジンの量産が開始されて以降のこととなったが、機体及びエンジンの不具合が解決されないために生産も進まず、「あ」号作戦の頃（昭和19年6月）ですら戦列化ができない状況に陥った。「あ」号作戦終了後、次期決戦では本機を主力戦闘機として配備する努力が行われ、昭和19年6月～7月には150機の生産予定に対して約100機

昭和17年12月31日に初飛行したものの、一号局戦の機体の成熟化は進まず、試製紫電としての制式採用は昭和18年8月10日までずれ込んだ。写真は昭和18年10月、鳴尾飛行場における試製紫電

川西航空機姫路製作所で生産された紫電一一甲型（初期生産型）。一一型の固定武装はガンポッドに20mm機銃2挺、胴体内に7.7mm機銃2挺だったが、一一甲型では7.7mm機銃を廃し、主翼内に20mm機銃2挺を追加している（計20mm機銃4挺）

が完成するなど、量産の目処は立つようになった。

　だが、機体設計に起因する諸問題から、訓練ですら実戦並みの損耗が発生したため兵力整備は進まず、また、「捷」号作戦直前の9月末、川西の鳴尾工場にあった紫電多数機が水害に遭って大規模な修理を要する事態となったことも兵力整備に悪影響を及ぼした(ちなみに、水害機の数は9月29日の報告に曰く130機に達した)。更に「捷」号作戦の決戦場となった比島に配された紫電は、事故等で訓練時を上回る損耗を出してしまい、ほとんど戦力とならずに終わってしまった。比島戦後にもなお部隊配備が進められたものの、これも機数が限られたこともあって大きな戦力とはなり得ずに終わる。

　かくして海軍が決戦と考えたマリアナ沖海戦及び比島戦時、大きな期待を掛けられた高速戦闘機 紫電は、1000機を超える生産が成されたにも関わらず、期待を大きく裏切る活動履歴を残したのみでその戦績を閉じてしまった。


元山空(二代目)の紫電一一乙型。昭和19年9月、鹿児島。一一乙型ではガンポッドを廃し、固定武装を20mm翼内機銃4挺とした

紫電改の開発

　紫電の試作1号機が初飛行した直後の昭和18年1月には、強風から受け継いだ紫電の特徴である中翼形式は陸上機の運用面で望ましくないこと、「誉」搭載には太すぎる胴体が性能発揮に不利であると認識されていた。

　これを受けて、紫電を元にしつつ、「誉」装備に適した胴体の再設計と低翼化改造を行う研究が、早くもこの時期より始められることになった。

　この「一号局戦改」となる改造試案の研究は、この時期には開発中止となっていた十七試陸戦の設計を参考にしつつ進められ、昭和18年3月になると「仮称一号局戦改(当初呼称はN1K1-J改、後にN1K2-J)」として、海軍から正式に試作指示が下されることになった(なお、この紫電低翼型と共に、十五試水上戦闘機に「誉」を搭載した低翼機型改造機である十八試水上戦闘機の検討が行われていたが、十八試水戦は試作に至らなかった)。

　紫電の低翼化改造は、エンジンとプロペラ、射爆兵装を除けば、主翼の一部を含めて機体のほぼすべてに及ぶ大規模な改設計作業となった。だが川西の設計陣は、既に研究が進んでいた十七試陸戦と、これを引き継いで検討が進められていた後の十八試陸戦(J6K/陣風)の設計も参考にしながら、紫電低翼化案の設計作業を迅速に進めており、昭和18年8月1日には試製紫電改の試作1号機の製造を開始、その約5カ月後の12月31日には完成に至っている。

　試製紫電改は紫電の初飛行から約1年を経た昭和19年(1944年)1月1日から始まった試飛行で、紫電の設計に起因する飛行特性や脚の問題を払拭していることが確認される。更に機体重量は増していたが、機体の洗練により「誉」がなお運転制限下にあるにも関わらず、最大で620km/時を発揮するなど、速度性能をはじめとする諸性能の向上も果たされたことが確認された。これに加えて、設計時により量産に適した構造とすることにも留意された結果、工数及び部品数も減って生産性も大きく向上するなど、総じて大成功と言える成果を示した。

　昭和19年4月に1号機を領収した海軍では、この性能向上を大きく評価するとともに、本機を局戦以外の用途に使用することを考慮するようになる。マリアナ沖海戦での敗北後、次期決戦に必要となる兵力整備が検討されると、間もなく戦力化が可能な紫電改は、局戦扱いではあるが、原型の強風が対戦闘機戦闘を考慮して設計されていたことが幸いして、対戦闘機戦闘に使用する「甲戦」としても使用可能な能力を持つと見なされた。そこで、紫電改で代替できる単発の単座戦闘機はすべてこれに代替して、戦闘機の生産を紫電改に集約することが検討されるようになる。

一号局戦に主翼の低翼化を含む大規模な改造を施した一号局戦改の試作一号機。昭和19年(1944年)3月頃、鳴尾飛行場

　実際にこの構想もあり、紫電改は艦上機型をはじめとする各種改造型の検討が進められる一方で、競合する存在だった雷電は生産を継続するが、その数を絞る措置が執られた。更に昭和19年7月に出された「昭和一九年度飛行機試製（改造計画）」とそれに続く生産集約の方針から、烈風と陣風は共に紫電改に置き換えられて開発中止とする措置が執られていった。

　川西での紫電改の生産は昭和19年8月より開始されており、その後、烈風艦上機型の開発中止に伴い、三菱の陸攻生産用の新工場として建設された水島製作所において、紫電改艦上機型の生産命令も出されている。更に昭和20年（1945年）1月には残された資源を最も有力で実用的な戦闘機である紫電改に集約し、昭和飛行機、愛知航空機及び海軍直轄の第十一空廠、第二十一空廠、高座工廠等でも紫電改の量産を行うことが決定される。

　だが、昭和20年度下期に2150機を量産することを考慮して進められた紫電改の量産及びその生産体制拡大の大計画は、水島製作所の被爆に伴う生産ラインの潰滅等もあって思うようには進まず、終戦までに約400機+が製造されるに留まり、零戦に代わる海軍の主力戦闘機として大規模な配備ができなかったことは、海軍にとっては不幸であった。

　なお、決戦戦闘機として紫電改を元にした各種改正型が検討・試作されていた昭和20年4月、新たに「決戦戦闘機」「次期甲戦闘機」として、昭和21年（1946年）以降に、より性能が向上した連合軍戦闘機に対抗可能な性能を持つ新戦闘機の試作が検討されており、烈風、陣風の改正案と共に、紫電改を元にしたとも見られる「誉」四四型装備の高々度戦闘機案が提案・検討されていた。この「昭和20年度中は連合軍機と対等に戦えるが、以後は劣勢となる」と見込まれた紫電改の地位を補う改設計案が紫電改最後の改正案となり、また、他の試案と共に海軍最後の戦闘機試作案ともなっている。

　紫電と紫電改は、あくまで水上戦闘機改造の応急局戦として始まった機体だが、本来艦戦の主力となる烈風の失敗、陸戦の本命だった十七試／十八試陸戦の計画中止に加えて、戦局の変化もあって海軍の主力戦闘機として位置づけられることになったと言える。

　紫電の失敗は海軍にとって痛手だったが、紫電改の成功は大戦末期の海軍の戦闘機戦備において福音と言えるもので、零戦に代わる主力機として、戦力整備とその活躍が見込まれたが、それが遅きに失したのも事実である。だがいずれにせよ、紫電と紫電改が大戦末期の海軍にとって必要不可欠な存在であったことに疑いは無く、その中で紫電改は海軍の戦闘機戦備計画の掉尾を飾る高性能戦闘機として名を残すことにもなった。

　これから考えれば、強風とこれに連なる一号局戦及び一号局戦改の開発・試作は、戦時中の海軍の航空行政の中でも成功と言える部類のものだろう。

昭和18年12月31日に試作一号機が完成、翌年1月1日より飛行試験に供された試製紫電改。写真は昭和19年、空技廠において撮影されたもの

紫電から性能向上を果たし、“零戦の後継機”の地位を占めることとなった紫電改。写真は爆装能力を強化、垂直安定板の前縁を削るなど改良を施した紫電二一甲型。昭和20年（1945年）、鳴尾飛行場

強風・紫電・紫電改

各型式解説

水上戦闘機から局地戦闘機に改造されるという特異な経緯を経て開発された強風・紫電・紫電改。本稿ではそれらを型式別に紹介、詳細に解説する。

文／本吉隆　図版・写真提供／野原茂

強風一一型（N1K1）

本機は㊃計画で構想された南洋諸島防御用に任じる、「陸上機と伍して戦える水上戦闘機」として開発されたものだ。その設計に当たっては、本機を高速で運動性能に秀でる水上戦闘機とするため、当時最も強力なエンジンだった「火星」の延長軸による機首の絞り込み採用、それに伴う強大なトルクを解消する二重反転プロペラの装備、中翼型式や層流翼の採用による機体抵抗の減少、空戦フラップの導入による対戦闘機戦闘に使用しうるだけの格闘戦性能の確保等、様々な特徴のある設計・艤装が成された。

ただ、そのような斬新な技術を導入した結果、試作途上で技術的な問題が多々発生することになり、主翼付け根への大型フィレットの追加、実用上の問題から二重反転プロペラの採用の取りやめ、それに伴い、エンジンを二重反転プロペラ対応の「火星」一四型（MK4D／離昇出力1530馬力）から「火星」一三型（MK4C／離昇出力はMK4Dと同等）への換装、プロペラを通常型式の三翅型とするなど、実用化までに様々な改修を必要としている。

このため、強風一一型としての制式採用は昭和18年（1943年）12月21日と後れを取り、この時期には戦局の変化もあって、既に水上戦闘機の必要性が無くなっていた。更に最高速度492km／時、武装として翼内装備の7・7㎜機銃2挺と胴体装備の20㎜機銃2挺を持つなど、水上戦闘機として高い性能を持つのは確かだったが、同時期の陸上戦闘機に対抗できる性能を持たないと見なされたため、昭和18年度末までに試作機、増加試作機を含めて合計97機が製造されるに留まっている。

その一方で、本機の設計は十四試局戦のように「火星」エンジンに特化したものでは無かったことから、後の一号局戦や一号局戦改の母体として活用されることになり、これは少なくとも戦時中の日本海軍における戦闘機開発で幸いとなった。

本機には一一型以外の型式は存在しないが、初期の生産機は試作機同様に先端が尖った大型のスピナーを持ち、排気管は集合式のものが採用されていたのに対し、後期の生産機ではエンジンカウリングの形状が前端部が前に延長されて、上部に気化器空気取入口を持つものに変わったため、スピナーは小型で丸みを帯びた形状のものに変更され、排気管も推力式単排気管に改められるなど、多くの変更が生じている。

この他に戦争末期には「火星」二三型より信頼性が向上した「火星」一五型を装備していた可能性がある。昭和18年初頭には「火星」一四型装備（MK4S／離昇出力1850馬力）を搭載して、最高速度が556km／時まで増大する性能向上案（一二型?）の検討も行われていた節があるが、これは実現していない。

■強風一一型（初期生産型）

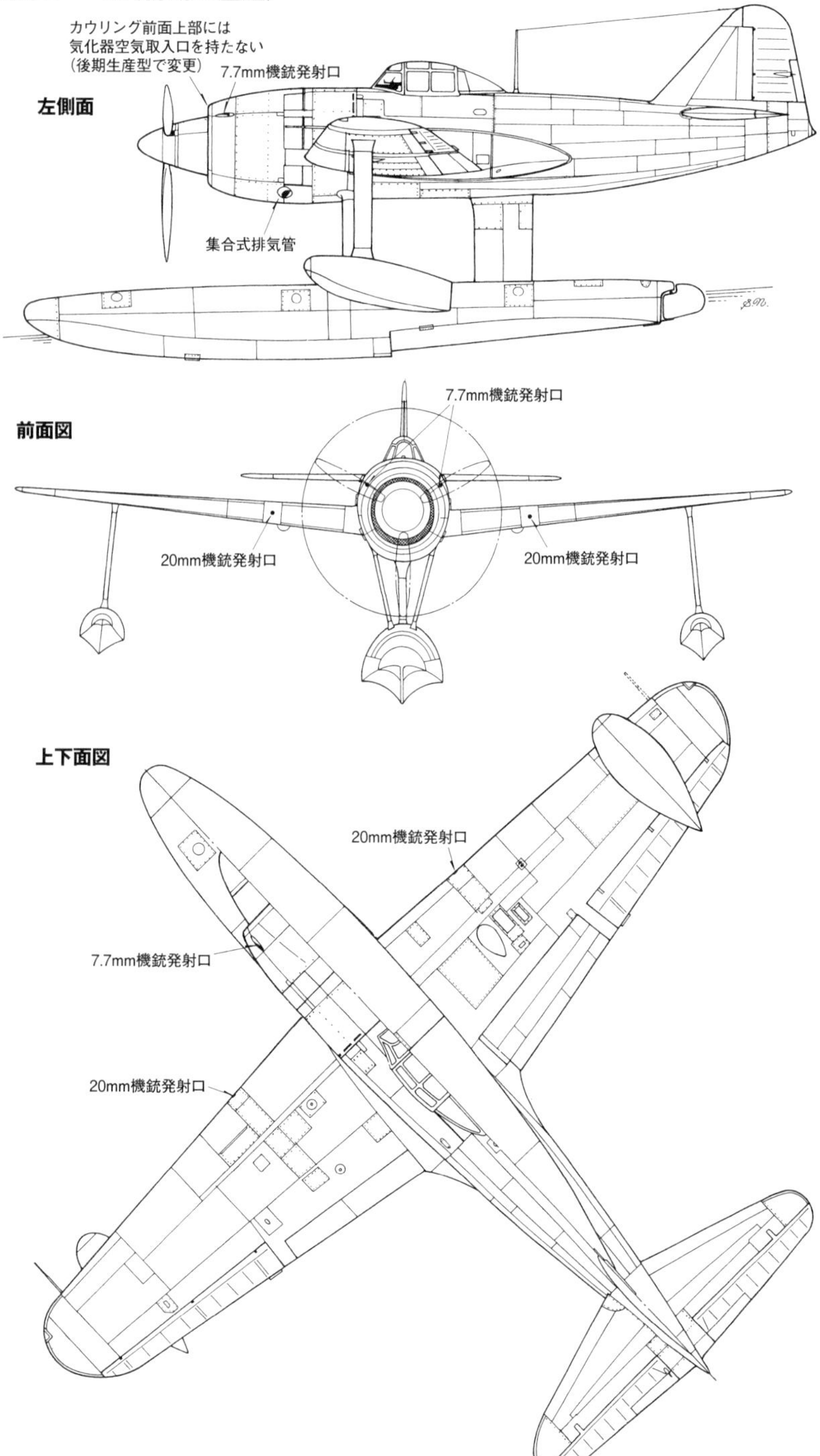

左側面

カウリング前面上部には気化器空気取入口を持たない（後期生産型で変更）

7.7mm機銃発射口

集合式排気管

前面図

7.7mm機銃発射口

20mm機銃発射口

20mm機銃発射口

上下面図

20mm機銃発射口

7.7mm機銃発射口

20mm機銃発射口

十八試水上戦闘機（強風二二型?）

紫電改の試作開始と同時期に

計画されていた、強風の低翼改造水上戦闘機試案。基本的に紫電改の水上戦闘機型というべき機体だったと言われており、エンジンも紫電改同様に「誉」二一型を搭載する予定だった。なお、昭和18年10月に海軍が出した「最近兵器採用予定の飛行機名称案」では、その名称は強風二二型となる予定としており、これから考えれば、先述した「火星」二四型装備案が計画のみで廃案となったことも窺い知れる。ただし本案は、戦局の悪化により水上戦闘機の必要性が無くなったとして、実現せずに終わっている。

「誉」発動機の実用化を見据える形で、昭和16年（１９４１年）秋以降、当時試作中の十五試水戦を元にした改造陸戦が検討された。これを受けて昭和17年（１９４２年）1月より試作開発が行われたのが本機であり、当初の呼称は「仮称一号局戦」とされていた。

本機は早期戦列化が望まれて、昭和18年8月10日に試製紫電として生産命令を出す強硬措置が執られ、その最初の生産型となったのが一一型である。一一型は「誉」二一型エンジンの生産が開始された昭和18年9月より生産に入り、一一甲型の量産開始まで３００機が製造された。なお、紫電一一型としての制式採用は昭和19年（１９４４年）10月のことだった。

紫電一一型は強風の設計を最大限活かしつつ、エンジンを「火星」から新型の２０００馬力級発動機の「誉」二一型（NK9H）に換装すると共にプロペラをVDM式4翅のものに変更、脚を浮舟式から二段引込式の車輪式に変更した。これが本機の主たる改正点だが、同時に陸上戦闘機として必要な飛行特性や運用性を確保するため、後部胴体の再設計と垂直尾翼及び方向舵の改正など大規模な改設計が行われた結果、機体の外形及び印象は強風から大きく変化している。

一一型の武装は強風と同様の装備に加えて両翼下に九九式一号20mm機銃装備のポッドを各1基装備したため、20mm機銃4挺、7・7mm機銃2挺という重兵装となっており、本型は海軍が望んだ戦闘機の「機銃6挺装備」を具現化した数少ない実例ともなった。爆装能力は両翼下に小型爆弾を各1発搭載可能で、「試製紫電取扱説明書（案）」及び「紫電一一型取扱説明書」では、30kg爆弾（三番）の訓練用爆弾各種の搭載法のみが記されているが、実戦用となる60kg爆弾も搭載可能だった。

「誉」二一型の不具合多発に伴い、これに運転制限を課して実用化が図られたため、性能推算では最高速度は５５２km/時（海面高度）～６５４km/時（高度６０００m）、上昇時間高度６０００mまで5分50秒とされていたが、エンジンの大幅な出力減少と大型の機銃ポッド装備による抵抗増大等もあって、実測値では最高速度が５８０km/時程度、高度６０００mまでの上昇時間も約2分増大するなど、結果として同時期に実用化された連合軍戦闘機に性能面で遜色が見られる機体となってしまった。

なお、推算の航続距離は全備状態で２０９３km、第三過荷で最大３７２２kmに達するとされているが、これはいずれも非防弾タンク装備時の推算であるため、防弾タンク装備時には割り引く必要があり、更に実戦部隊での生産型では、性能低下及び重量増や抵抗増大もあって、後述のようにこれも推算を大きく割り込む数値となってしまった。

この性能低下に加えて、本機は以後の型を含めて、空中での運動中に無理が利かずに高速失速を起こす悪癖があり、これの手当てが遅れると不意自転を起こす一大欠点を含めて飛行特性が良いとは言えなかった。また、主脚に起因する事故が多数発生して「訓練時でも戦地と同レベルの損耗が出る」ため、戦力化が困難であるなど、就役後に応急陸戦改造に起因する各種の不具合による実用性不良が頻出してしまう。そして、これが本機の高速戦闘機としての価値を減じてしまう結果を招いた。

■一号局地戦闘機 試作一号機

左側面

カウリング形状は後の生産型と異なる
無線機アンテナ支柱無し
先端が丸い形状のスピナー
片側2本の集合式排気管
武装は未装備

■試製紫電（増加試作機）

左側面

無線機アンテナ支柱追加
カウリング形状変更
スピナー形状変更
排気管形状変更

■紫電一一型

左側面

カウリング上下面のアレンジを変更
九七式7.7mm固定機銃発射口
九九式一号20mm固定機銃三型

■紫電一一甲型

左側面

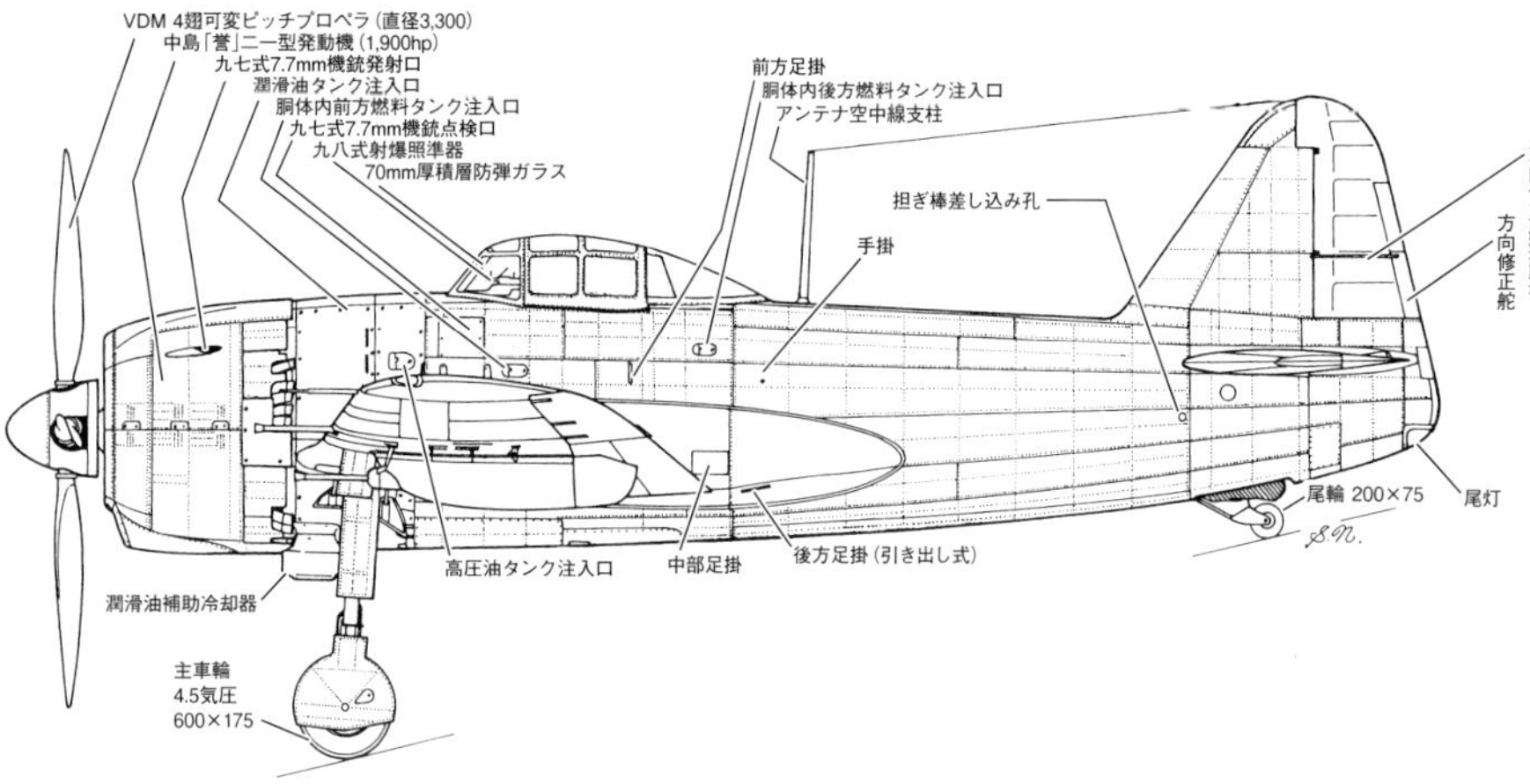

VDM 4翅可変ピッチプロペラ(直径3,300)
中島「誉」二一型発動機(1,900hp)
九七式7.7mm機銃発射口
潤滑油タンク注入口
胴体内前方燃料タンク注入口
九七式7.7mm機銃点検口
九八式射爆照準器
70mm厚積層防弾ガラス
前方足掛
胴体内後方燃料タンク注入口
アンテナ空中線支柱
担ぎ棒差し込み孔
手掛
方向修正舵連動桿
方向修正舵
尾灯
尾輪 200×75
後方足掛(引き出し式)
中部足掛
高圧油タンク注入口
潤滑油補助冷却器
主車輪
4.5気圧
600×175

前面

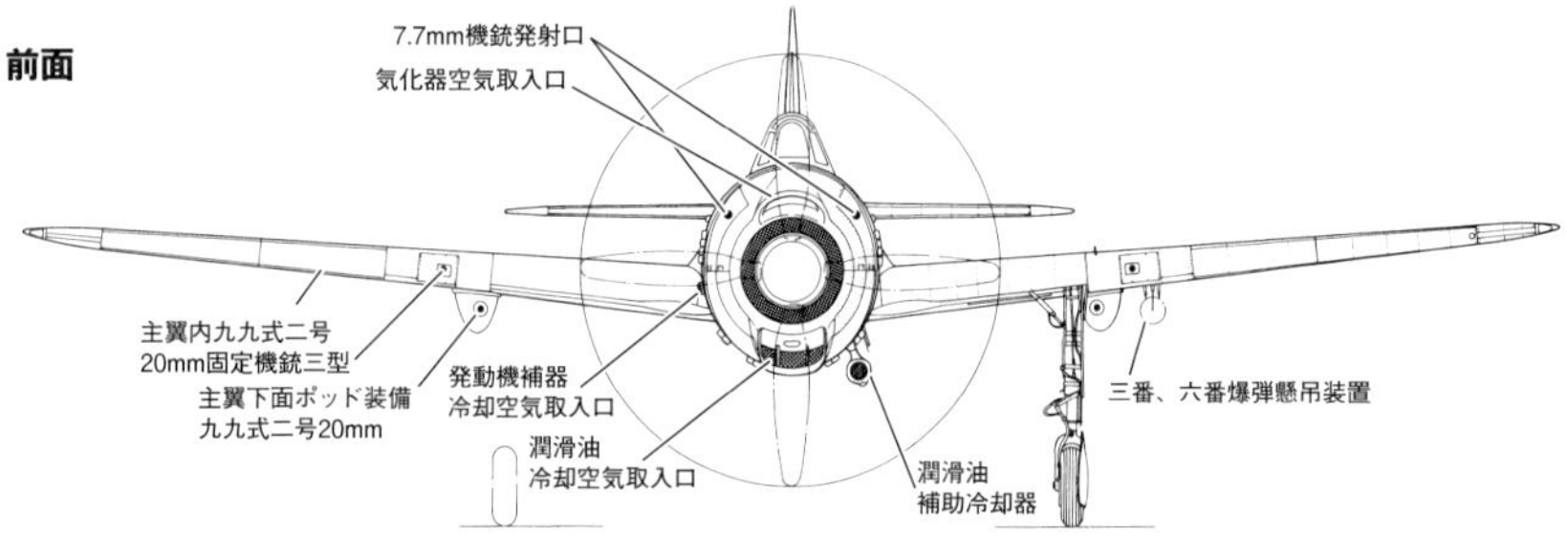

7.7mm機銃発射口
気化器空気取入口
主翼内九九式二号
20mm固定機銃三型
主翼下面ポッド装備
九九式二号20mm
発動機補器
冷却空気取入口
潤滑油
冷却空気取入口
潤滑油
補助冷却器
三番、六番爆弾懸吊装置

上面

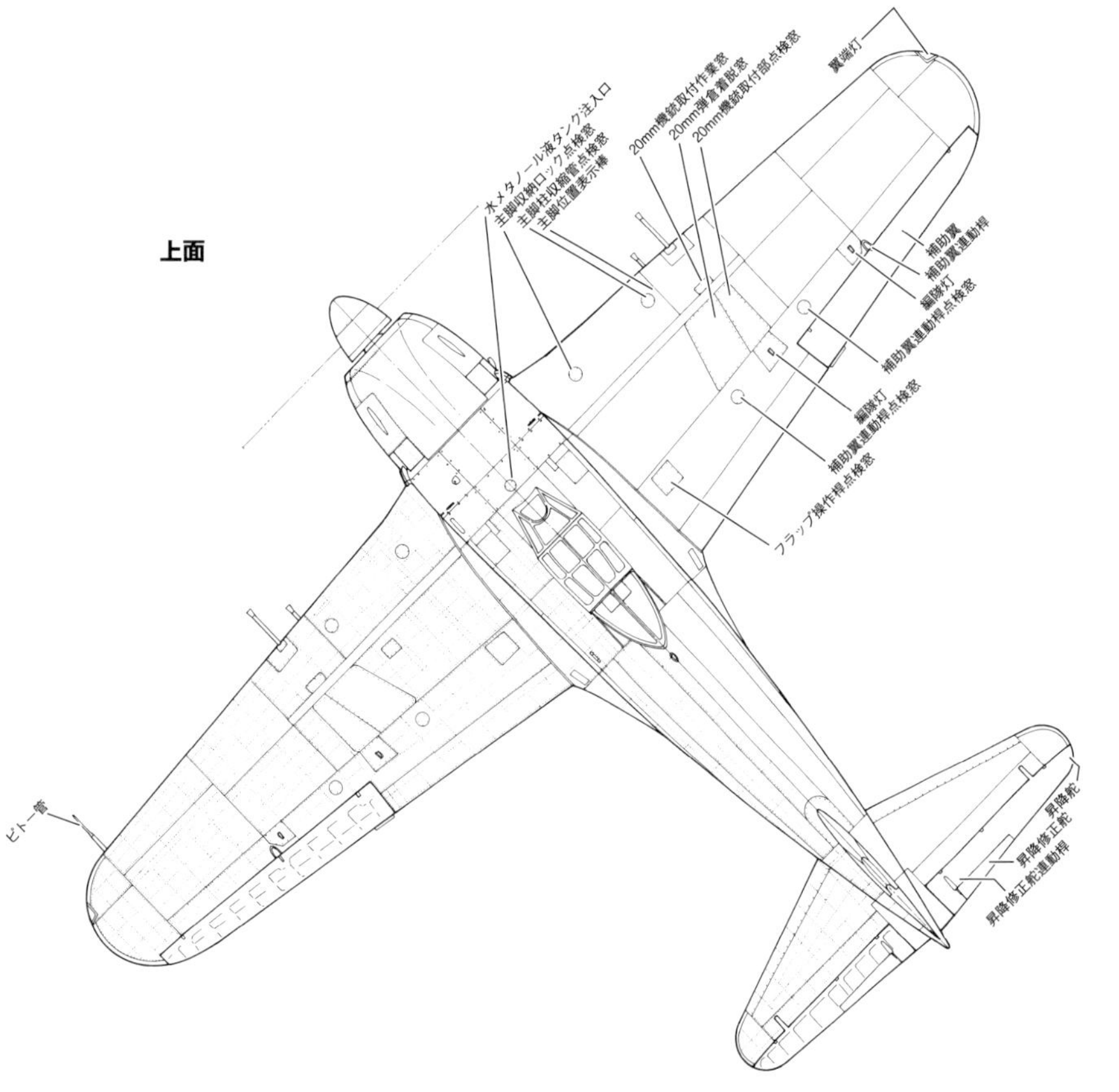

翼端灯
20mm機銃取付作業窓
20mm弾倉着脱窓
20mm機銃取付部点検窓
水メタノール液タンク注入口
主脚収納ロック点検窓
主脚柱収縮点検窓
主脚位置表示棒
補助翼
補助翼連動桿
編隊灯
補助翼連動桿点検窓
編隊灯
補助翼連動桿点検窓
フラップ操作桿点検窓
ピトー管
昇降舵
昇降修正舵
昇降修正舵連動桿

紫電一一甲型 (N1K1-Ja)

本型は翼内及びガンポッドの機銃を、大型かつ高初速で命中時の威力が高い九九式二号20㎜機銃三型に換装することで火力強化を図った型式で、この20㎜機銃の換装と胴体装備の7・7㎜機銃の廃止以外は、一一型と変わらない機体だった。武装変更により本型の機銃装備は20㎜機銃4挺となり、これは以後の紫電・紫電改の標準形態ともなっている。

なお、一一型では銃口部がわずかに突出するのみであるため、零戦や強風のような銃口装置を使用せず、機銃調整後に銃口部の蓋となる部分に孔を開けて使用すると「試製紫電取扱説明書(案)」には記されていたが、大型の二号機銃の装備により、これに対応した改正が図られている。爆装能力等は一一型から特に変化は無い。

一一甲型は紫電では最多数の500機が製造されており、また、一一型は元々二号機銃の搭載を念頭に置いて設計が成されていたため、一一型から一一甲型へと改造した機体も少なからず存在したと言われている。この結果、一一甲型は比島戦以降の戦闘で海軍の戦闘機兵力の主力機の一つとなるが、事故等で大多数が早期に損耗したため、有効な戦力として使用できずに終わってしまった。

紫電一一乙型 (N1K1-Jb)

搭載する20㎜機銃をベルト給弾式の九九式二号四型へと換装すると共に、甲型までが装備した翼下面の機銃ポッドを廃して、20㎜機銃4挺すべてを翼内装備とした改正型。この改正に伴い、機銃の装弾数は内翼、外翼共に200発(過荷載で220発)に増大している。また、機銃の取り付け角も、敵爆撃機の前上方からの急降下攻撃に対応する形で、上向きに3度の角度を付ける形に改められ、カウリング部の7・7㎜機銃口の位置と角度変更(上向き3度)も行われている(これは、一一甲型以降では7・7㎜機銃の装備は実施されなかったが、なお機体側は装備可能な状態が継続されていたことを示唆する

■紫電一一乙型

左側面

7.7mm機銃発射口の位置が後退

アンテナ空中線変更

ベルト給弾式の九九式二号20mm固定機銃四型に換装し、4挺すべてが翼内装備となる

主翼上下面の20mm機銃関連のパネル変更

■紫電一一丙型 跳飛爆撃実験機

火薬ロケット噴射口

五十番（500kg）跳飛爆弾

ものなのかも知れない）。

　爆撃兵装も以前の型式が搭載可能だった60kg爆弾だけでなく、両翼下に250kg爆弾各1発の搭載が可能なように強化された。なお、本機の製造時期には、生産簡易化のため、尾翼の翼端部の形状が角形にされたという。

　昭和20年（1945年）7月に海軍航空本部第二部が作成した「海軍現用機性能要目表」には、乙型を念頭に置いたと見られる紫電の性能が記載されている。

　それによれば、最高速度は583km／時（高度5900m）、上昇限度1万2100m、航続距離は落下増槽装備（第二過荷状態）で2545km、航続時間6・87時間、行動半径890kmとなっている。なお、紫電の後期型は機体形状の洗練の影響もあってか、最高速度は海軍振り出しの数値より若干高い590km／時程度の性能を発揮したとも言われている。

　生産機のうち801号機以降が該当する本型は、事実上、紫電の最終生産型となっており、生産終了まで約200機が製造されている。本型は米軍捕獲機の写真で確認できるように、比島戦の後半時期より配備が開始されており、比島作戦の終了後から終戦までの昭和20年時点で本土にあった紫電装備の各部隊では、本型が主力機として配備されて活動している。

紫電一一丙型（N1K1-Jc）

　乙型に続いて生産実施が考慮されていたが、試作に留まったと言われている一一丙型は、一一乙型を元にして、両翼下に60kg爆弾及び250kg爆弾2発（計4発）搭載可能とした爆装能力向上型として計画されたもので、爆弾投下装置も以前の型の手動式から電気式へと改められている。

　この他に丙型ベースでは、胴体下部に反跳爆撃用の250kg跳飛爆弾を搭載可能とする跳飛爆弾懸吊装置を取り付け、胴体両側に加速用ロケット6機を装備すると共に、抵抗減少のために全体を流線型カバーで覆った「マルJ」と呼ばれる実験機も試作されている。2機が試作されたと言われる「マルJ」改造機は、敵機の迎撃及び敵艦隊の弾幕を突破し、敵艦への跳飛攻撃を実施するための対艦攻撃機として計画されたもので、ロケットを2本ずつ漸次点火していくことにより、通常の紫電より25％程度の速度向上を果たすことができたという。

紫電練習戦闘機型

　武装を胴体の7・7㎜機銃のみとした機体慣熟訓練及び戦闘訓練実施用の単座練習戦闘機型で、恐らくは機体運用寿命に達した紫電の改造機と思われる。練習戦闘機型の改造数等については詳細が分からないが、昭和19年8月に開隊した七〇一空では、翌9月の時点で保有機として練習機型24機を持つのみと報告しているので、各部隊で相応の数が使用されていたものと推察される。

紫電二一型（N1K2-J）

　通常「紫電改」と呼ばれる本機は、紫電を原型としつつ、より陸上機として実用性・運用特性に秀でる低翼式に改設計したもので、実際に当初の名称は「一号局戦改」とされていた。ちなみに、試製紫電改、紫電改の名称は、本機の取扱説明書である「試製紫電改操縦参考書」を含めて、海軍の書類でも一般的に使用されているが、制式呼称は紫電二一型で、機種符号も強風、紫電の系譜であることを示すものとなっている。

　「海軍現用機性能要目表」の記載にもあるように、紫電一一乙型を低翼型にした機体と見なされていた本機だが、単純な紫電の低翼改造では無く、抵抗減少や下方視界改善のための胴体の断面形状刷新、飛行特性改善のための胴体延長を含む胴体部及び尾部形状の全面改正、水平尾翼位置の変更等を含めて、本格的な陸戦とすべく極めて大規模な改設計が行われており、総じてほぼ別機と言って良い機体へと変貌している。紫電一一乙型に近い形態の主翼も、主脚短縮に伴う主脚位置の変更等を含めて多くの相違点が生じており、また、翼型も同じLB翼ではあるが変更がなされたことが、紫電・紫電改の取扱説明書の記載から見て取れる。

　エンジンは紫電同様に「誉」二一型が装備されており、これが運転制限下にあったのも同様だったが、機体形状の洗練もあり、「海軍現用機性能要目表」が示す公式値が最高速度594km／時（高度5600m）とされたように、紫電より10km／時程度高速であるとされている。ただし、海軍の試作機による試験中に620km／時を発揮したほか、実戦機でも好調であれば600～610km／時弱を発揮できると言われるなど、海軍の

■一号局地戦闘機改 試作一号機

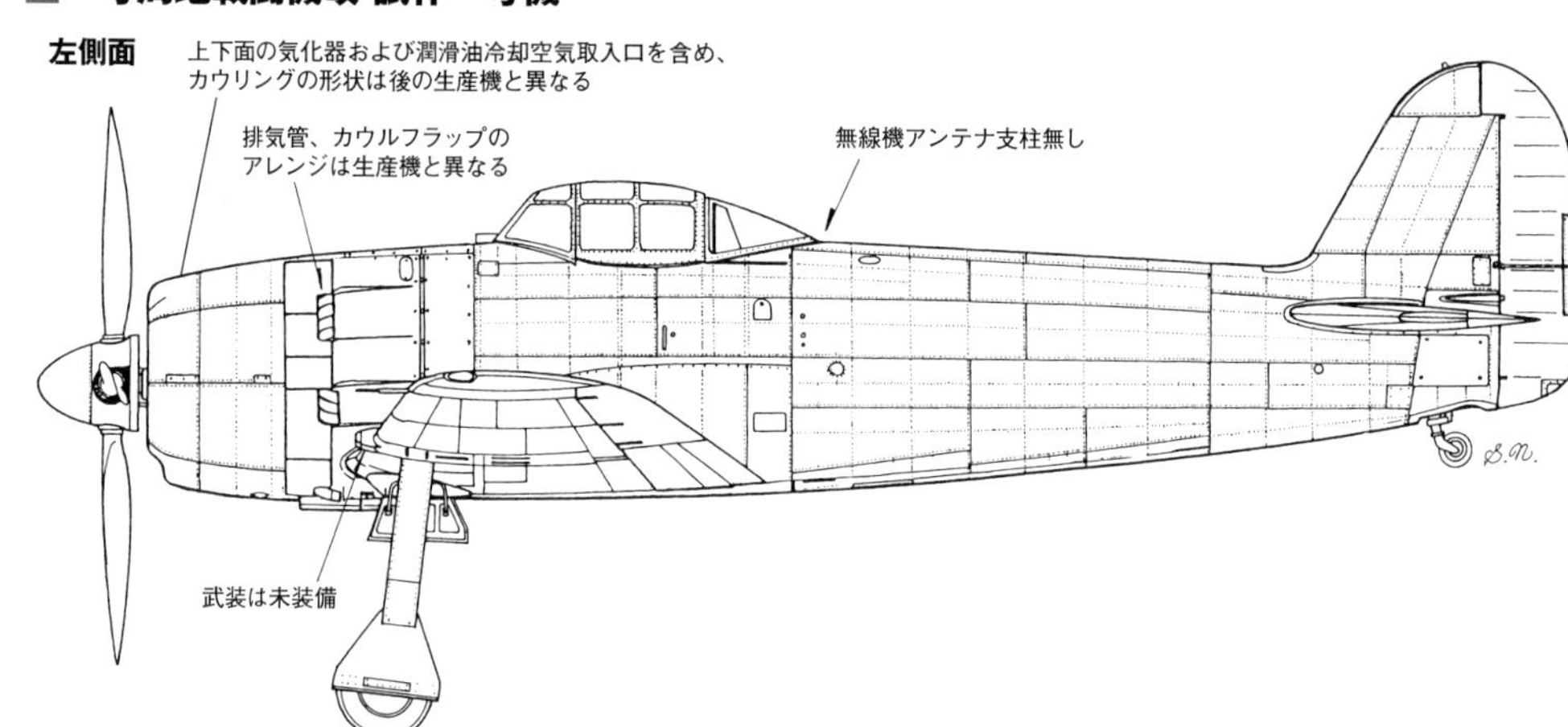

■試製紫電改 増加試作機

左側面

カウリング前部上下面の気化器および
潤滑油冷却空気取入口を変更
排気管、カウルフラップの
アレンジを変更
生産第101号機
以降用の減積（13%）
垂直安定板を装備

公式値を上回る性能発揮が可能であるとも当時から言われていた（「試製紫電改操縦参考書」の中の概略値でも、５８３km／時（高度３０００m）及び６１１km／時（高度６０００m）という数値が示されている）。

　更に上昇力も高度６０００mまでの公称値が7分22秒、先述資料の概略値で6分20秒と概ね紫電を上回り、胴体延長を含む機体の大改正により、「空戦時に無理が利く」ことを含めて飛行特性も基本的に優良で、自動空戦フラップがより適合したこともあって運動性能もより優良となるなど、格闘戦用戦闘機としては紫電より大きな性能改善が図られている。

　ただし「海軍現用機性能要目表」では、上昇限度は1万７６０m、航続距離２３９５km（落下増槽装備／航続時間6・8時間）、戦闘行動半径約８４０kmと、性能によっては紫電より低下したものも少なくなかったことを示す数値が出されている。なお、「試製紫電改操縦参考書」では、本機の概略航続力は全力30分+３８９km／時での巡航3時間（計１１６７km）とされていた。

　本機の固定武装は紫電一一乙型と同様のもので、爆装能力も基本的にこれと同一である。機銃の装備法も一一乙型同様に3度の仰角が付けられたが、紫電改では3号機からまず内翼銃に実施され、51号機以降で外翼銃にも実施されたという。

　本型の本格的な量産は昭和19年11月より始まっており、昭和20年1月に製造されたと見られる１００号機を最後として、後述の甲型へと生産が切り替えられた。

紫電一一甲型（N1K2-Ja）

　紫電の悪癖だった高速失速・不意自転の改正のため、前述のように紫電改では胴体延長と尾部の再設計が行われているが、飛行試験の結果、その効果が過剰で戦闘機としては「方向安定性が良すぎる」面があり、これが運動性能を損ねていると見なされた。このため、本機の方向安定性の見直しが図られ、垂直尾翼の面積を13%減少させる措置が執られた。

　この垂直尾翼の改正を図った機体が「一一甲型」もしくは「紫電改甲」と呼ばれるもので、他に両翼下に装備した爆弾懸吊架である九七式甲型爆弾懸吊鉤改一の装備数を両翼共に2基（計4基）として、60kg爆弾と２５０kg爆弾を最大4発搭載可能とする改正も実施された。爆弾の投下装置は紫電一一乙型と同様に手動式だが、これの改善を目的とした「投下力量低減装置」の装備が行われたという。また、主脚も強度の向上を図ると共に、左右互換とした新型のものに変更することが予定されていた。

　量産１０１号機以降が該当する本型は、当初は１００機で量産を終える予定だったが、２０１号機以降となる予定だった三一型が生産中止となったため、終戦まで生産が継続されている。

　この結果、本型は川西及びその他の生産拠点含めて３００機+が生産され、紫電改の最多生産型となっている。

試製紫電三一型（N1K3-J）

　試製紫電改一とも呼称された本機は、基本的には一一甲型を元にしているが、各種改造による重心後退対応として発動機架を１５０mm延長し、これに伴って生じた機首上面部のスペースに三式13mm機銃一型を、翼銃同様に3度の仰角を付けて2挺を装備した武装強化型と言うべき機体である。「試製紫電改操縦参考書」によれば、２０１号機からの改正として、爆装能力も要目上は変わらないが、それまで固定式だった弾体抑の引込式への変更、四式六発投下管制器装備による投下機構の電気投下式への刷新を行うほか、方向舵及び方向舵のトリムタブ位置の改正、親子型式の新型空戦フラップの採用等、各部に相応の改正を図る予定とされている。

　当初の計画では昭和20年2月以降、一一型に代わる主生産型として、生産２０１号機より本

■紫電二一甲型

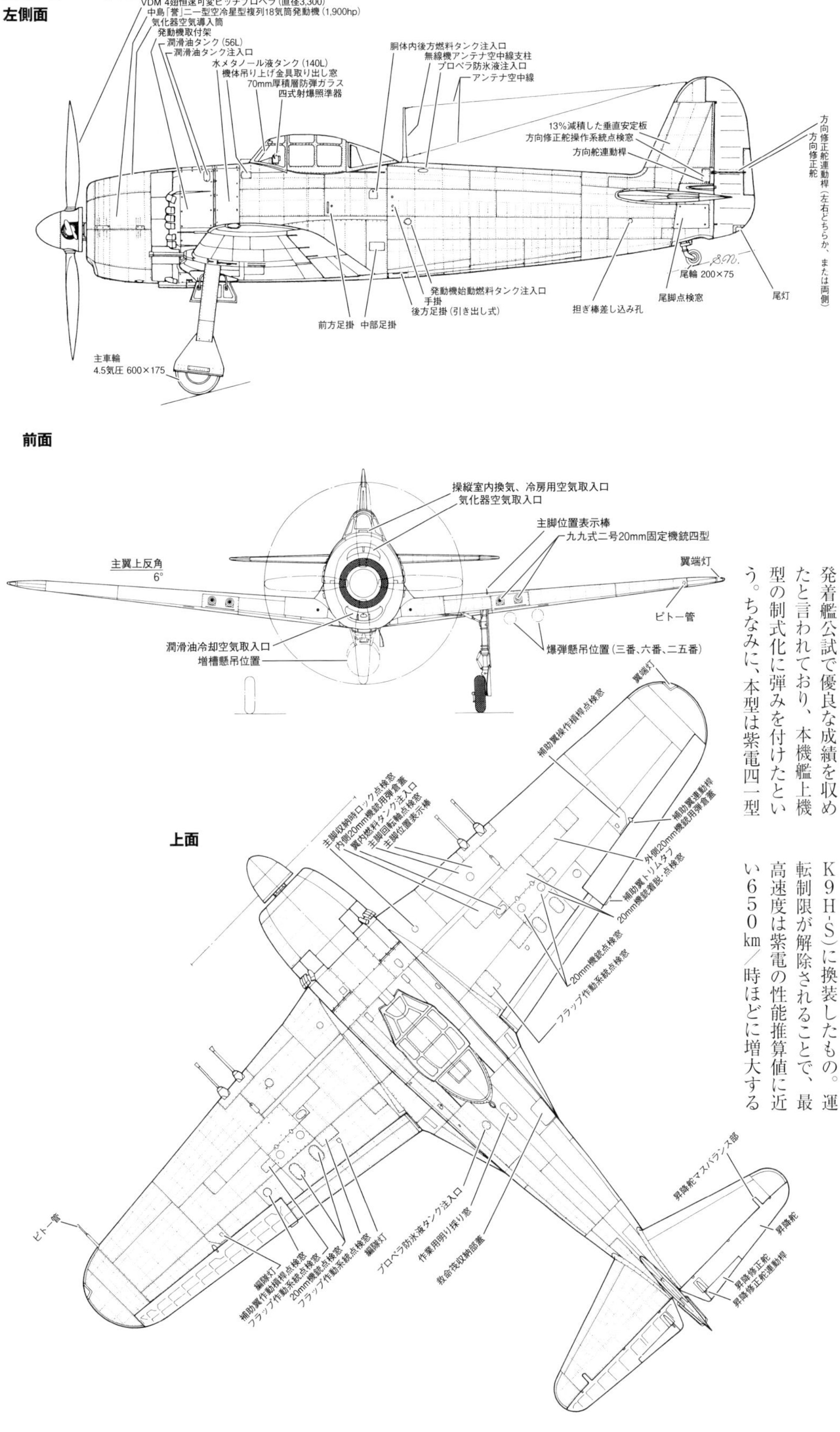

左側面

前面

上面

型の生産に入る予定としており、現在もこれをそのまま記載している資料は少なくない。だが実際には、このような各種の機体改造は、昭和20年度で1万1800機を生産予定とされた紫電改の大量生産を阻害することから見送られ、試作機2機のみの製造に留まっている。このため、試製紫電三一型・試製紫電改一という呼称は海軍の書類上に存在するのみで、生産機は存在しないというのが正しい。

試製紫電改二（N1K3-A）

海軍の試作機種統廃合の中で、空母機としての開発が取り止められた烈風に代わる艦上戦闘機型の試作型。基本的には試製紫電改一の試作機のうち1機に着艦フックを含む空母艦上機用艤装の装備、着艦時のバルーニング防止のためのフラップの改修等を実施したものだった。

本改造機は昭和19年11月12日に実施された空母「信濃」での発着艦公試で優良な成績を収めたと言われており、本機艦上機型の制式化に弾みを付けたという。ちなみに、本型は紫電四一型とも呼称されるが、艦上機型の本命は後述の四二型で、本型は試作機の名称のみの存在だった。

試製紫電三二型（N1K4-J）

試製紫電改一（試製紫電三一型）のエンジンを運転制限が解除される予定の「誉」二三型（NK9H-S）に換装したもの。運転制限が解除されることで、最高速度は紫電の性能推算値に近い650km／時ほどに増大する予定で、これにより昭和20年後半でも米英軍の最新鋭戦闘機に伍する性能確保ができると見込まれていた。なお、参考までに紫電改の海軍の計算推測性能値を記すと、最高速度は594km／時（高度2500m）及び644km／時（高度6000m）、高度6000mまでの上昇時間5分15秒となっている。

ただし、前述のように大量生産の見地から、生産ラインの変更を伴う三X型系列の生産は行われず、昭和20年後半に生産に入る予定だった「誉」二三型は主生産型の二一型甲の機体に搭載されるはずだった。このため、「誉」二三型装備機の型式番号は、恐らく二一型等の新規の型式番号が振られたものと見られている。

試製紫電改四（N1K4-A）

やはり試作機のみが製造されたと言われる本型は、試製紫電改一と試製紫電改二の関係と同様に、試製紫電改三（試製紫電三二型）を元にする艦上機型で、実用化された場合の型式名称は紫電四二型が予定されていたという。

本型が量産されれば、「試製紫電改操縦参考書」で示された艦戦独自の改正とされる視界向上のための風防への起倒式遮風板の装備や、離昇時及び上昇能力の改善のためのＫＬ65型と呼ばれる新型プロペラの装備等が行われたと見られており、このため、原型の陸戦型とは若干だが外形的な差異が生じたと思われる。なお、この新型プロペラの装備の影響で、原型に比べて本型の速度は7～8㎞／時ほど低下することが見込まれていた。

ちなみに、改二・改四を含めた紫電改の艦戦型は、発着速度が日本空母で運用するには高すぎる嫌いがあり、近年の研究では、本機を運用可能な空母は相当限られたものとなったのではないかと推測されている。

試製紫電改五（N1K5-J）

戦争末期の生産機種の重点が、本機を含む「誉」エンジン装備機に偏ることは、航空機増産の隘路となると懸念された。このため海軍航空本部は、紫電改の生産拡大の推進を図ると共に、出力増強による性能向上も期待して、三菱製の「ハ43」一一型（MK9A／離昇出力2200馬力）エンジンを装備する改型を計画、これが試製紫電改五と呼ばれる機体となったものだ。

本型はその計画経緯もあり、新エンジン搭載のために機首部は完全に再設計され、外見は相応に異なるものとなるはずだったが、機体自体は量産を考慮して「誉」装備型と同一となる予定だった。なお、以下は筆者の私見だが、三X型系列の生産が取り止められたのは、零戦の六X型の機銃4挺装備機で言われるように、機首機銃を持たない二一型系列を元にすることで、異なる型式のエンジンへの換装を容易とするという狙いもあったのでは無かろうか。

ただし、本型は装備予定のハ43

■試製紫電三一型（試製紫電改一）

左側面

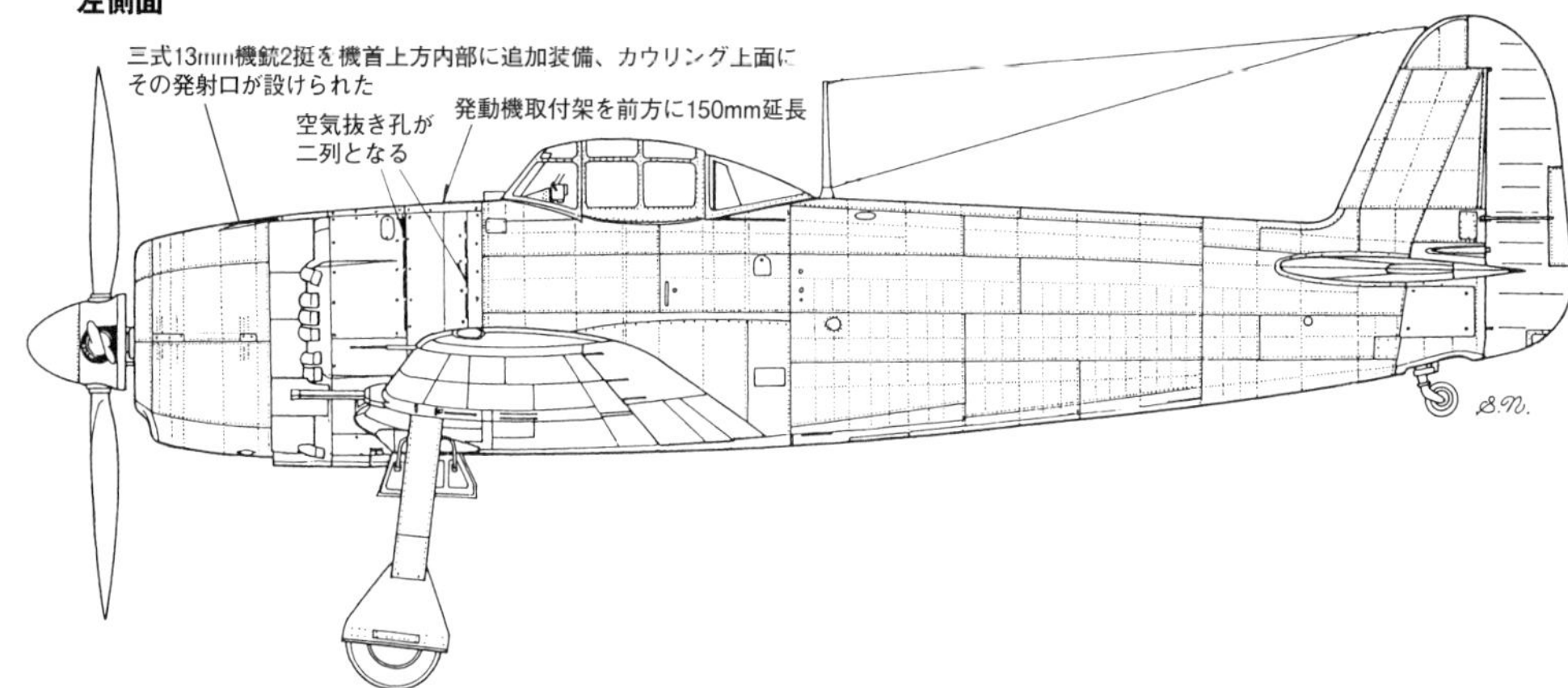

■試製紫電改四（紫電四二型）

左側面

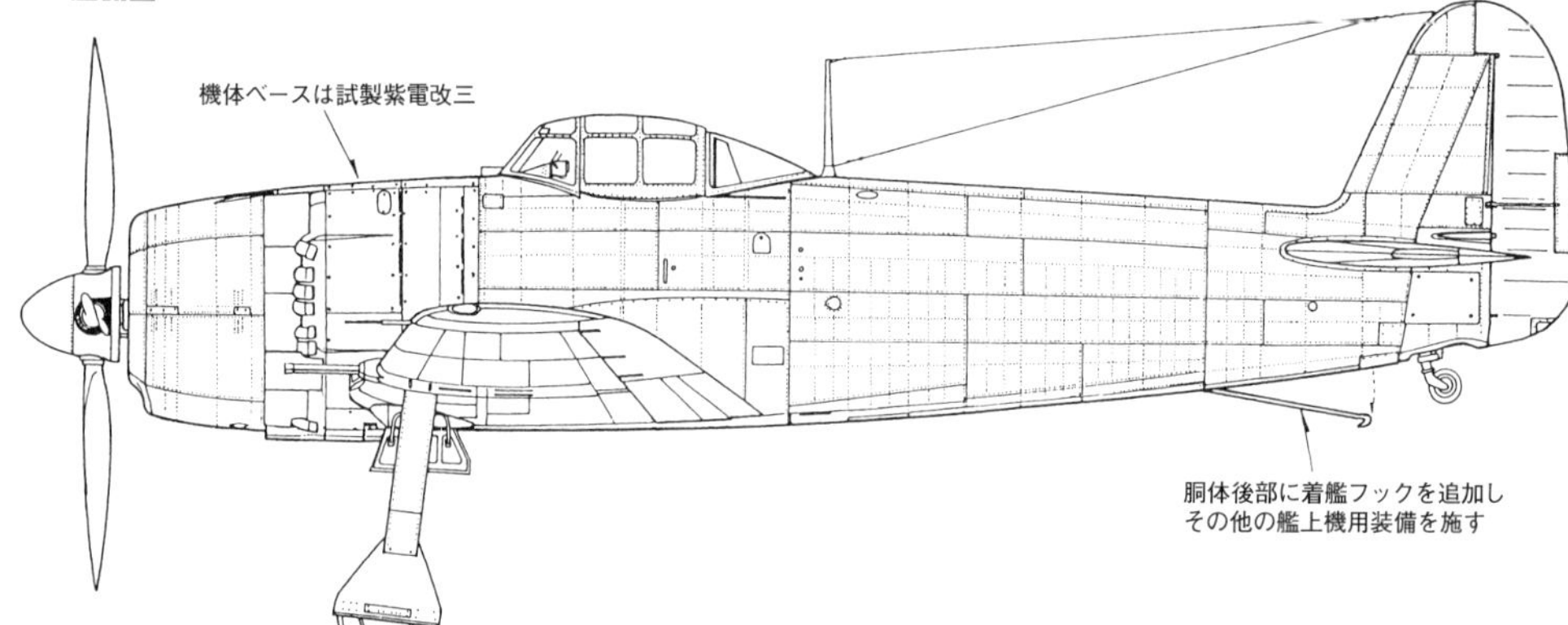

■試製紫電改五

左側面

発動機を三菱「ハ43」一一型空冷星型複列18気筒（2,200hp）に換装

カウリングを再設計

■仮称紫電練習戦闘機型

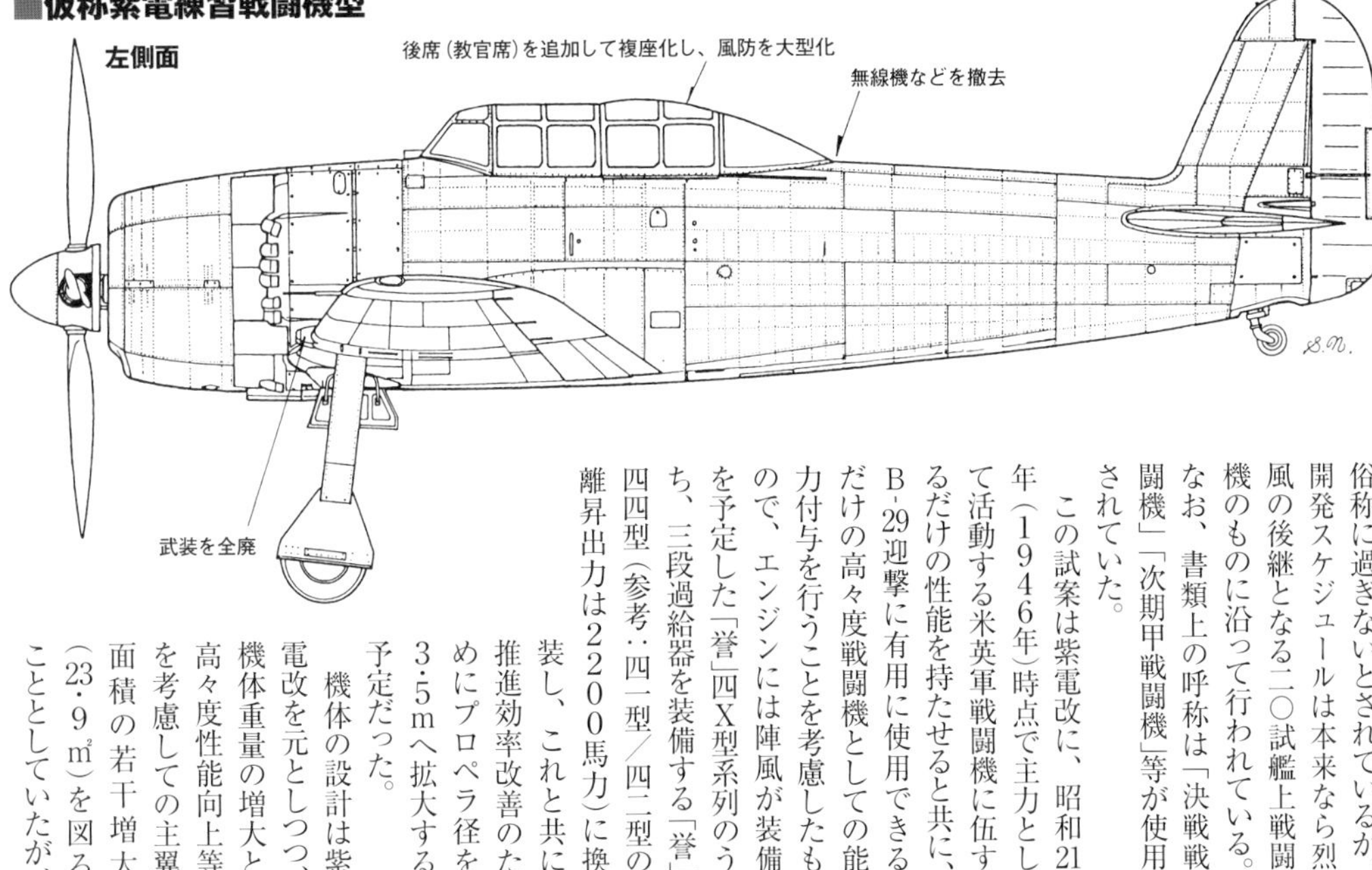

が昭和19年12月の三菱名古屋発動機製作所の被爆潰滅で生産不能となったこともあり、実機の製造には至らなかった。なお、本型は制式化されれば、紫電二五型と呼ばれたとする資料があるが、戦後、川西から戦略爆撃調査団に出された資料によれば、紫電五三型と呼称する予定だったとされている。

仮称紫電性能向上型

日本海軍最後の戦闘機試作開発計画となった、いわゆる「二〇試甲戦」の計画で検討が行われた性能向上型を指す。近年の研究でこの「二〇試甲戦」の名称は俗称に過ぎないとされているが、開発スケジュールは本来なら烈風の後継となる二〇試艦上戦闘機のものに沿って行われている。なお、書類上の呼称は「決戦戦闘機」「次期甲戦闘機」等が使用されていた。

この試案は紫電改に、昭和21年（1946年）時点で主力として活動する米英軍戦闘機に伍するだけの性能を持たせると共に、B-29迎撃に有用に使用できるだけの高々度戦闘機としての能力付与を行うことを考慮したもので、エンジンには陣風が装備を予定した「誉」四X型系列のうち、三段過給器を装備する「誉」四四型（参考：四一型／四二型の離昇出力は2200馬力）に換装し、これと共に推進効率改善のためにプロペラ径を3.5mへ拡大する予定だった。

機体の設計は紫電改を元としつつ、機体重量の増大と高々度性能向上等を考慮しての主翼面積の若干増大（23.9㎡）を図ることとしていたが、全備重量が約4.8トンと大幅に増大する見込みだったことから、翼面荷重は200kg／㎡に悪化する見込みで、恐らく格闘戦性能は原型より低下したものと思われる。これらの改正により、本型は最高速度が高度9400mで663km／時とされるなど、高々度性能を含めて、総じて飛行性能は原型の紫電改よりは相応に向上すると見られていた。

仮称紫電練習戦闘機型（N1K2-K）

紫電二一型（紫電改）に対する慣熟訓練実施等を目的として、複操縦装置付きの複座練習戦闘機に改造されたもの。機体は特に大型化されていないが、複座とするための操縦席部の改造と、大型化した風防を持つのが特色となっている。このような改造の結果、抵抗が大幅に増大したのか、機体速度は米軍報告書によれば約555km／時ほどに低下していたという。

紫電改鋼製型

欠乏していた軽金属資源節約と、生産数拡大を考慮して計画された鋼製紫電改は、陸軍の四式戦の鋼製化案であるキ113と同様に、肝心の特殊鋼の供給目処が立たなかったため、計画のみに終わっている。ちなみに本型では、鋼製化に伴う増大する重量に対処するため、主翼面積の拡大が行われる予定だった。

■強風・紫電・紫電改 性能諸元

	強風一一型	一号局地戦闘機	試製紫電	紫電一一型	紫電二一型（試製紫電改）
全幅	11.998m	12.000m	12.000m	12.000m	11.990m
全長	10.588m	8.900m	8.945m	8.885m	9.346m
全高	4.750m	3.900m	3.900m	4.058m	3.960m
主翼面積	23.500㎡	23.500㎡	23.500㎡	23.500㎡	23.500㎡
自重	2,700kg	2,500kg	2,700kg	2,897kg	2,657kg
全備重量	3,500kg	3,650kg	3,850kg	正規3,900kg ／過荷4,321kg	正規4,000kg ／過荷4,860kg
エンジン	「火星」一三型（1,460hp）×1	「誉」改一〇一（2,000hp）×1	「誉」二一型（2,000hp）×1	「誉」二一型（2,000hp）×1	「誉」二一型（2,000hp）×1
最大速度	488.9km/h（高度5,700m）	585.2km/h（高度6,000m）	585.2km/h（高度5,900m）	583.4km/h（高度5,900m）	594.5km/h（高度5,600m）
航続力	（航続時間）4.8時間	―	（航続時間）正規2.5時間／過荷5.0時間	正規1,715km/3.86時間／一過荷1,737km/4.69時間／二過荷2,545km/6.87時間	正規1,715km/4.87時間／過荷2,295km/6.8時間
上昇力	高度4,000mまで4分11秒	高度6,000mまで5分30秒	高度6,000mまで5分30秒	高度6,000mまで7分50秒	高度6,000mまで6分20秒
固定武装	20mm機銃×2、7.7mm機銃×2	20mm機銃×2、7.7mm機銃×2	20mm機銃×2、7.7mm機銃×2	20mm機銃×4	20mm機銃×4
搭載量	30kg爆弾×2	―	250kg爆弾×2 または60kg爆弾×2	250kg爆弾×2 または60kg爆弾×2	250kg爆弾×2 または60kg爆弾×2
乗員	1名	1名	1名	1名	1名

紫電・紫電改の運用と部隊編制

日本海軍戦闘機隊の“最後の希望”となった局地戦闘機紫電・紫電改。両機は大戦末期の航空隊においてどのように運用されたのだろうか。また、紫電・紫電改を含む航空隊はいかなる編制を採ったのだろう。本稿にて概説する。

文／本吉隆　写真提供／野原茂

紫電・紫電改の運用

紫電と紫電改は元来、共に「局戦（乙戦）」扱いの陸上戦闘機だ。しかし、別項でも述べたように原型の強風が基地防空用の水上戦闘機ではあるが、敵戦闘機との交戦も考慮して設計が行われていたこともあり、敵戦闘機との交戦を主務とする「甲戦」として活動することが期待されていた。

このため海軍では、紫電と紫電改の任務を零戦と同様に考えており、彼我の陸上基地航空隊同士の戦闘において、制空進攻実施による決戦（敵地を含む）での戦闘域における制空権の確保、局戦の任務である味方勢力圏内における敵爆撃機迎撃など防空任務への従事、また、味方爆撃機の敵地進攻及び敵艦隊攻撃の際の護衛任務の実施など、概して単発単座の戦闘機に望まれるすべての任務に投じられている。

比島戦以降になると、爆撃機の護衛任務には特攻機の掩護も含まれるようになり、また、魚雷艇攻撃等の攻撃任務や、零戦より高速という性能面の優位を活かして、強行偵察任務に投じられた機体もあった。

比島戦終了後の本土空襲・九州沖航空戦、沖縄戦を含む終戦までの紫電と紫電改も、基本的に上記の任務に準じた形で作戦を行っていたが、末期には九州上陸作戦の実施前の戦略爆撃及び戦術攻撃任務のために本土上空に来襲する米英軍機の迎撃任務が主体となり、その中で最後の出血を強いられている。なお、紫電と紫電改による特攻作戦は、検討こそされたが実施はされていない。

紫電を含む戦闘機隊の編制

紫電が就役を開始した昭和18年（1943年）初夏、海軍の戦闘機隊編制は3機で構成される小隊を基本単位として、これを2個（常用6機＋予備2機）もしくは3個（常用9機＋予備3機）で中隊を編成する形とされていた。

航空隊所属の戦闘機部隊は、開戦後しばらく、中隊2個（12機＋4機もしくは18機＋9機）ないし3個（18機＋6機もしくは27機＋9機）で編成されることが多かったが、中隊4個〜5個（36機＋12機／45機＋15機）等のより大きな編制が採られることもあり、昭和18年中期以降、最大で8個中隊（72機＋24機）にもなる大規模な編制が一般化していった。紫電装備の最初の航空隊となった三四一空もこの例外では無く、昭和18年11月15日に編成された時点では、常用36機＋予備機12機の48機編制となっており、昭和19年（1944年）2月には常用72機＋予備機24機の編制になっていたと言われる。実際に昭和19年3月の特設飛行隊制度の設立後には、三四一空には常用36機＋予備機12機の戦闘第四〇一飛行隊が置かれ、7月には同様の定数を持つ戦闘第四〇二飛行隊の配備もあり、常用72機＋予備機24機という元来の定数を満たしている。

その一方で3月15日に零戦と紫電混成の三六一空（乙戦隊は1個飛行隊分36機＋12機か？）も編成されるが、これは戦力化できず7月10日には解隊となった。

昭和19年8月に出された「捷号作戦航空戦準則」では、飛行隊の構成の最小単位が2機（編隊）となり、続いてこれを2個合わせた4機編制の区隊、続いて小隊が区隊2個（8機＋4機）、中隊は小隊2個（16機＋8機）へと変化しており、大隊（飛行隊）は中隊2個（32機＋16機）として、48機編制の飛行隊では常用32機＋補用16機が基本構成となった。

ただし飛行隊によっては、指揮小隊を1個追加する代わりに1個区隊を欠とする場合や（中隊指揮下の区隊7個の場合、常用36機＋予備18機の総計54機）、小隊の編制を区隊3個として、合計72機編制（常用48機＋予備24機／指揮小隊追加の場合は、52機＋26機の78機）とすることも記されていた。

この「準則」が出された時期にT攻撃隊の敵艦隊攻撃時の制空隊として編制されたのが戦闘第七〇一飛行隊で、戦史叢書によれば、戦闘七〇一の編制は紫電24機（予備機12機？）とされており、小隊3個のやや小ぶりな編制だったと思われる。11月に入ると戦闘七〇一は三四一空の指揮下に入り、同航空隊の編制は3個飛行隊となった。このため、三四一空は定数上は

比島（フィリピン）クラーク飛行場で放棄され、米軍に鹵獲された第二〇一航空隊（二〇一空）の紫電一一甲型。比島戦時の昭和19年10月25日、関行男中佐らが“特攻第一号”となったことで知られる航空隊で、紫電も訓練用に配備されていたと見られる

区隊／小隊編制による編隊戦法

昭和19年8月の「捷号作戦航空戦準則」以降、飛行隊の最小単位は2機編隊となり、これを2個合わせた4機編制の区隊、2個区隊による小隊、2個小隊による中隊が編成されることとなった。基本的な編隊飛行では、小隊および区隊の指揮官が先頭に立ち、その左後方に同じ編隊の機が付く。指揮官機の右後方には区隊内のもう1つの2機編隊が付いた（図版／田村紀雄）

常用96機＋予備機36機の大所帯となったが、戦闘及び事故による相次ぐ損耗が補給を上回ったため、この定数を満たすことは不可能で、昭和20年（1945年）1月中旬には消耗し尽くしてその活動を終えた。

この他に比島戦時には、訓練用の紫電が二〇一空に配されているのが確認できるが、どの程度の機数があったかは良く分からない。

実戦任務にも投じられる練習飛行隊の二一〇空も、紫電の大規模運用部隊の一つで、その指揮下に乙戦として2隊合計紫電48機を定数として持っていた。興味深いことに同空の乙戦隊の編制は、常用36機と予備12機という以前の9機編制の中隊4個編制と同様とされており、以後、終戦までこの定数を確保していたようで、乙戦隊が徳島空派遣隊となった後もこの数量が記されている。

この他に紫電装備の部隊は、沖縄戦時の六〇一空が百里原基地（現・茨城県小美玉市）から第一国分基地（現・鹿児島県霧島市）への移動の際に13機を出動させたように、約1個中隊規模の紫電を使用していたことが報告されている。また、三四三空の指揮下から分離して、後に筑波空指揮下に入った戦闘四〇二と、昭和20年5月に筑波空の指揮下で新編された戦闘四〇三も紫電を使用しており、これら両飛行隊は通常編制が取られていたはずだ（ただし、戦闘四〇二が筑波空の指揮下に入った時期には、同飛行隊が定数には達せずに1個中隊規模を持つのみだった）。

他にも実験飛行隊である横空（横須賀空）や、偵察第十一飛行隊や偵察第一〇二飛行隊で少数機が使用された。また、谷田部空や元山空等の練習航空隊でも一定数が配されて運用が行われたことが、現存する写真から確認できる。

紫電改を含む戦闘機隊の編制

紫電改を唯一大規模に運用した三四三空では、同空指揮下の戦闘三〇一、四〇七、七〇一の実戦飛行隊と、訓練隊となった戦闘四〇一の各飛行隊が配されていた（一時期、三四三空の指揮下にあった戦闘四〇二は、紫電改の配備を受けていないと見られる）。

3個の実戦飛行隊は基本的に48機編制で、定数は総数144機に達するが、初陣となった昭和20年3月19日の空戦では、3個の実戦飛行隊が揃って投入したのは各1個中隊（16〜18機）であることから見ても、終戦時まで稼働機による完全な定数は揃えられなかったと推測できる。なお、この日、三四三空が出撃させたのは先の3個飛行隊の合計50機に加えて、直援隊及び後発した編隊／区隊規模の兵力を含め、合計63機（うち紫電11機）で、この日の出撃割から戦闘三〇一のみがその編制に指揮小隊を置いていたことが窺える。その後、三四三空は稼働機の確保と機材の補充に苦しみつつ戦闘を続けるが、以後も3個飛行隊合計で36機以上の機数を戦闘参加させたことは無い。

この他に紫電改は、一〇〇一空や横空で少数機が使用されており、横空の紫電改は実戦で戦果も収めている。

三四三空・戦闘第三〇一飛行隊の飛行隊長を務めた菅野直大尉の紫電二一型。機体番号はA15。昭和20年4月10日に撮影された写真

●紫電改飛行隊の編成例（昭和20年4月12日／奄美大島・喜界島索敵攻撃時の三四三空）

指揮官　大尉　菅野直

- **第一中隊**　直率
  - **第一小隊**　直率
    - 第一区隊：大尉 菅野直／上飛曹 加藤勝衛／一飛曹 清水俊信／二飛曹 三ツ谷幹雄
    - 第二区隊：上飛曹 杉田庄一／上飛曹 笠井智一／二飛曹 宮沢豊美／飛長 田村恒春
  - **第二小隊**　飛曹長 柴田正司
    - 第一区隊：飛曹長 柴田正司／上飛曹 米田伸也／二飛曹 宮田広利／二飛曹 大坪通
    - 第二区隊：上飛曹 鹿野至／上飛曹 青山芳雄／二飛曹 森田作太郎／一飛曹 大森修
  - **第三小隊**　中尉 橋本達俊
    - 第一区隊：中尉 橋本達敏／上飛曹 桜井栄一郎／上飛曹 新里光一／一飛曹 吉原真人
- **第二中隊**　大尉 松村正二
  - **第四小隊**　直率
    - 第一区隊：大尉 松村正二／上飛曹 佐藤精一郎／二飛曹 今井進／一飛曹 西村誠
    - 第二区隊：上飛曹 堀光雄／上飛曹 田中昿／一飛曹 桐山輝雄／飛長 仲晴豊
  - **第五小隊**　飛曹長 宮崎勇
    - 第一区隊：飛曹長 宮崎勇／一飛曹 半田正一／二飛曹 沖本堅／一飛曹 浅間六郎
    - 第二区隊：上飛曹 富杉亘／上飛曹 村木一郎／二飛曹 石川武／二飛曹 〆本俊夫
- **第三中隊**　大尉 山田良市
  - **第六小隊**　直率
    - 第一区隊：大尉 山田良市／上飛曹 杉滝巧／上飛曹 吉岡資生／飛長 丹羽良治
    - 第二区隊：上飛曹 松本安夫／一飛曹 木村勉／二飛曹 山田孜／二飛曹 吉田広義

※編制表上、11区隊44機が参加しているが、うち2機は出発取り止めとなり、8機がエンジン不調等で引き返し、戦闘参加は34機となっている。

局地戦闘機 紫電改の戦術・戦法

解説・イラスト／坂本明

日本海軍最強の単座戦闘機である紫電改の任務は、制空と迎撃が主だったが、その相手は戦闘機、爆撃機、哨戒機と様々で、攻撃する際にはそれぞれ異なる戦術や戦法がとられた。ここでは各場面で紫電改がどのように戦ったのかを見ていこう。

◎対戦闘機戦闘

紫電改の空中戦の基本戦術は一撃離脱戦法だった。高速で降下しつつ目標の敵機を後ろ斜め上方から攻撃する方法で、太陽を背にして攻撃を行えばより有利である。ただしこの方法は、降下角度を誤ると敵機の前方に飛び出してしまう危険がある。また攻撃時に敵機に接近しすぎると、自機の機首部分の陰になり敵機が見えなくなることがあった。

また、紫電改を運用した第三四三海軍航空隊は徹底して編隊による戦闘を重視した。戦闘における基本は４機編隊で、乱戦により編隊が乱れても２機１組で戦い、離れないように徹底指導された。右のイラストは２機１組による対戦闘機戦闘の例である。

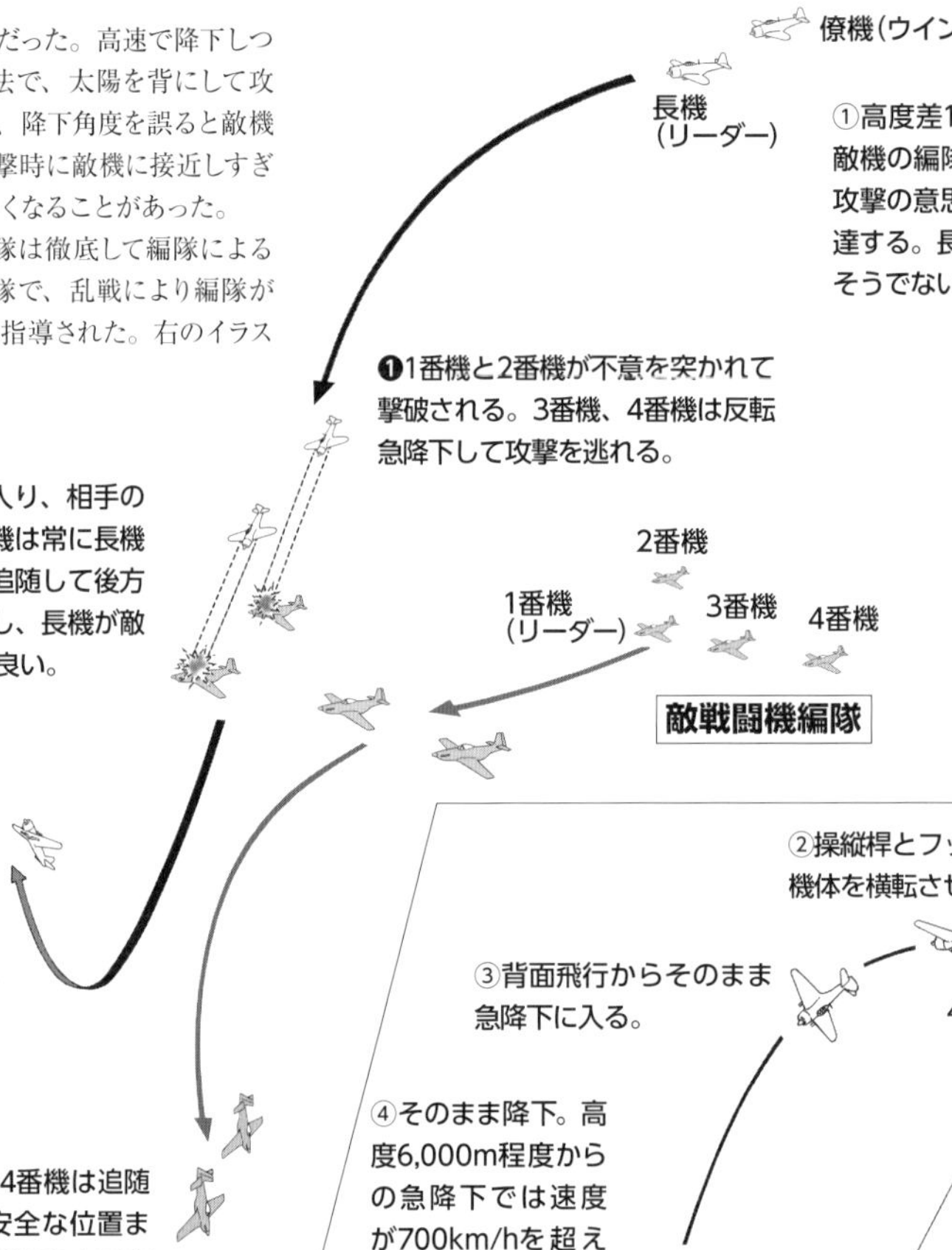

僚機（ウイングマン）

長機（リーダー）

①高度差1,000m程で、下方を飛行する敵機の編隊を発見。長機（リーダー）は攻撃の意思を僚機（ウイングマン）に伝達する。長機が小隊長なら送信機を使い、そうでない場合は手信号で知らせる。

❶1番機と2番機が不意を突かれて撃破される。3番機、4番機は反転急降下して攻撃を逃れる。

②2機の紫電改は高度差を活かして急降下に入り、相手の後ろ斜め上方から攻撃を加える。その際、僚機は常に長機の動きに追随する。僚機の任務は常に長機に追随して後方を守り、長機を攻撃に専念させること。ただし、長機が敵の1番機を攻撃した場合は他の機を攻撃しても良い。

2番機

1番機（リーダー）

3番機

4番機

敵戦闘機編隊

③攻撃後は、あまり降下しない内に機首を引き上げ再び上昇する。降下し続けていると敵機の前方に飛び出してしまう恐れがあるからだ。上方から降下することで位置エネルギーを速度に変換でき、降下速度を増すことで運動エネルギーを増大させ、そのエネルギーを再び上昇するためのパワーとして使い、有利な位置につくことができる。

❷3番機、4番機は追随されない安全な位置まで降下。態勢を立て直して反撃に移る

全備重量が約４トンで、最大速度が約600km/hにもなる紫電改のような大型戦闘機は格闘戦よりも一撃離脱戦法に適していたが、紫電改は自動空戦フラップを装備していたため、格闘戦も問題なく行うことができた。

◎対爆撃機戦闘① 垂直背面攻撃

B-29のような高高度を飛行する爆撃機を攻撃するためには、実用上昇限度いっぱいまで上昇し、目標を発見するまで出来る限り高度を維持して待機することもあった。無線通信で送られてくる情報をもとに索敵を行い、目標を発見したら、背面飛行から旋回急降下に移り垂直背面攻撃を行った。

この際、目標のほぼ真上から降下しつつ接近して射撃を行うが、正確な照準は難しく、速度があるため射撃のタイミングも極めて短かった。また、機体にも大きな負荷がかかるため危険な攻撃法だった。しかし、B-29のような高性能の大型爆撃機を撃墜するにはこの攻撃法が最も効果的だったようで、多数のB-29がこの攻撃法により撃墜されている。

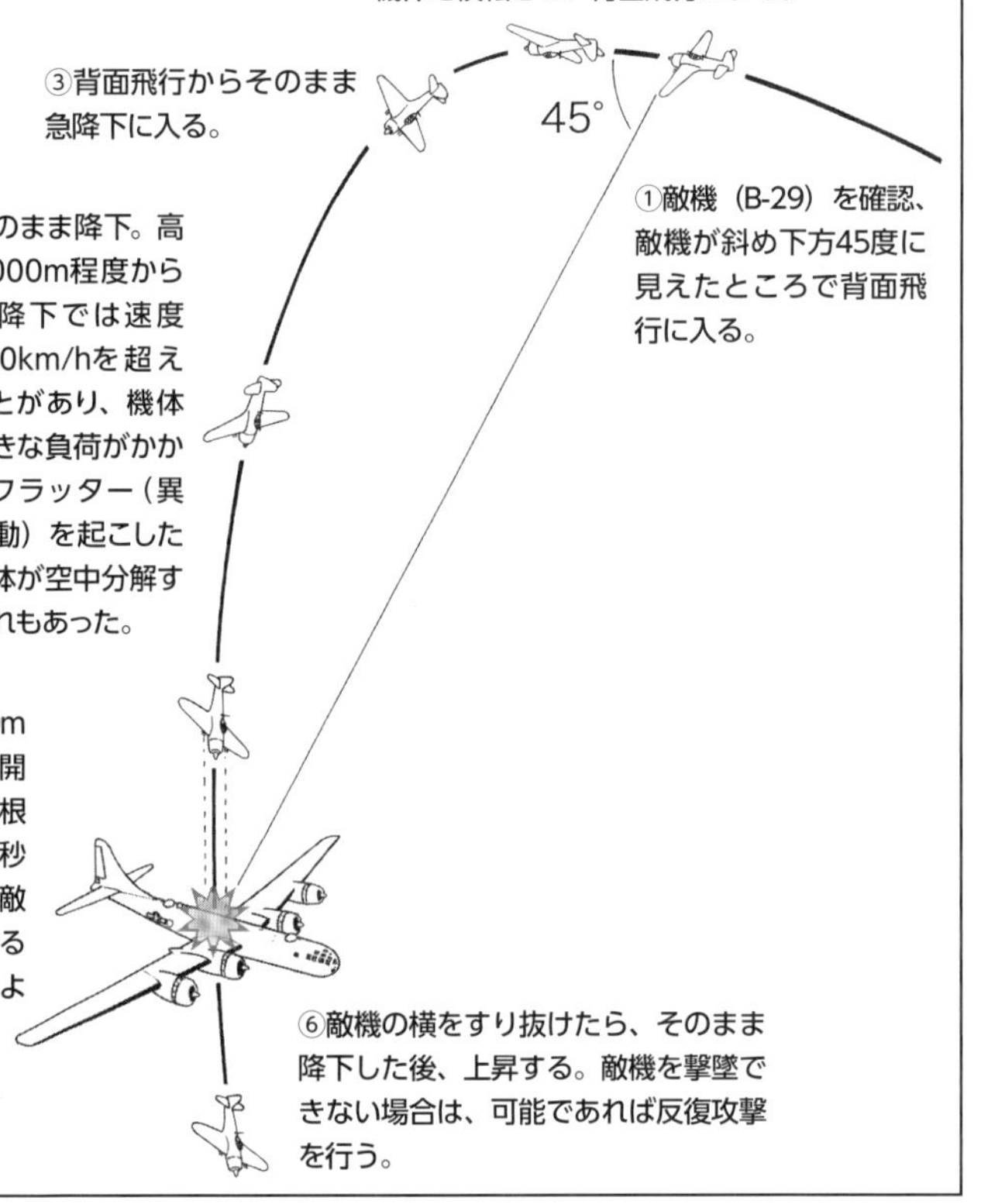

①敵機（B-29）を確認、敵機が斜め下方45度に見えたところで背面飛行に入る。

②操縦桿とフットペダルを操作して機体を横転させ、背面飛行にする。

45°

③背面飛行からそのまま急降下に入る。

④そのまま降下。高度6,000m程度からの急降下では速度が700km/hを超えることがあり、機体に大きな負荷がかかり、フラッター（異常振動）を起こしたり機体が空中分解する恐れもあった。

⑤敵機との距離が100m以下になったら射撃を開始。操縦席や主翼付け根などを狙い、長くて1秒間ほど撃つ。射撃後、敵機の横をどうすり抜けるかは操縦桿の引き方により変わってくる。

⑥敵機の横をすり抜けたら、そのまま降下した後、上昇する。敵機を撃墜できない場合は、可能であれば反復攻撃を行う。

◉対爆撃機戦闘② 編隊による攻撃

B-29による日本本土空襲は甚大な被害をもたらした。日本軍は本土防空のために様々な航空戦闘を展開したが、なかでも第三四三海軍航空隊が行った迎撃戦闘は、紫電改の区隊または小隊による連携を重視したものだった。

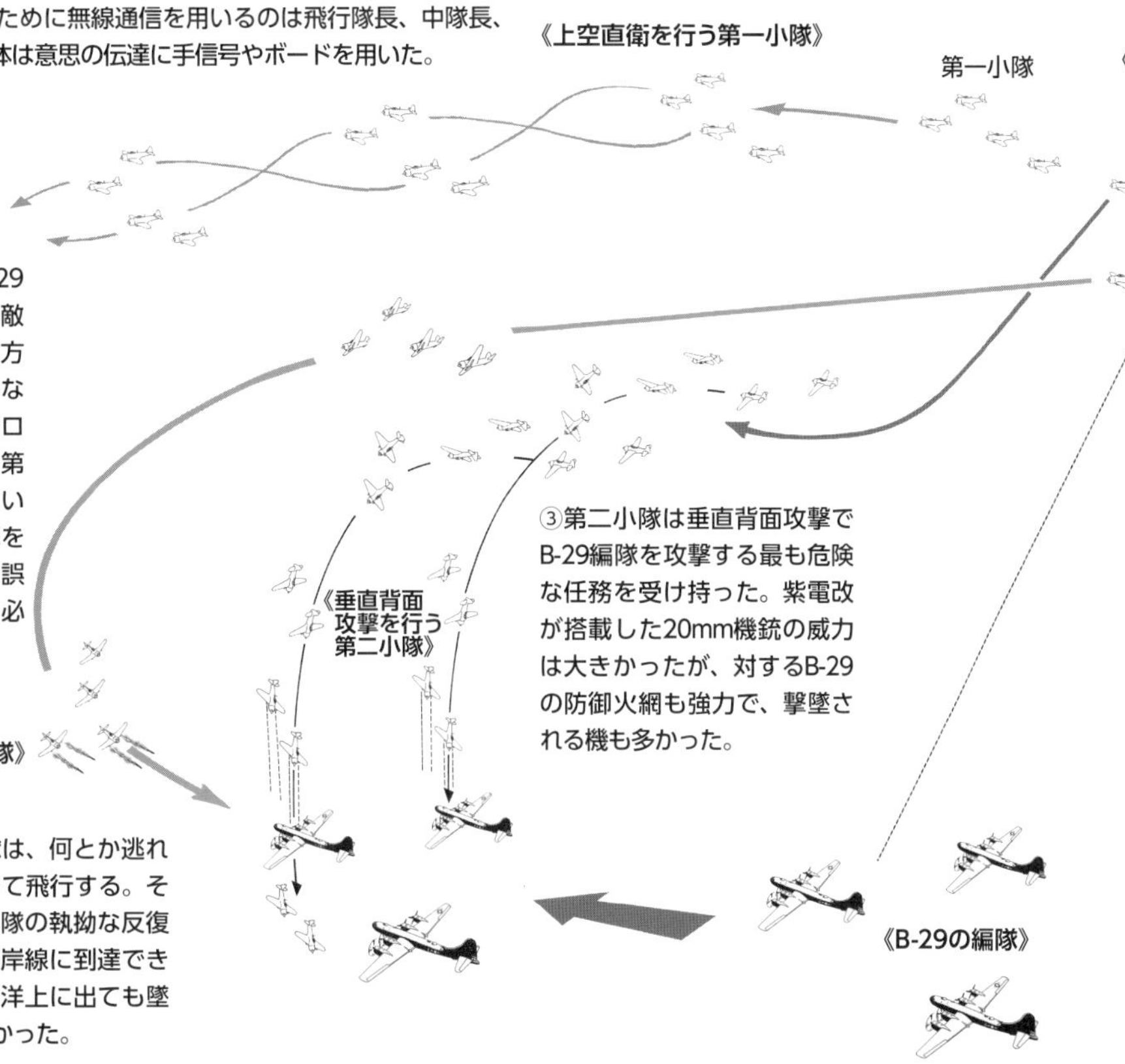

①日本本土に来襲するB-29編隊を攻撃するために、紫電改の飛行中隊（第一、第二、第三の三つの小隊で構成）は定められた高度9,000mで待機。無線通信により敵の進攻状況の連絡を受け、索敵を開始。高度約4,000mで敵の編隊を下方に発見する。中隊長（第一小隊）は無線通信で各小隊長に攻撃命令を伝達する。その後、各小隊はそれぞれに与えられた任務を遂行する。

②第一小隊は敵の戦闘機部隊が現れた場合に備えて上空で待機。味方の小隊がB-29の攻撃に専念できるようにする。2機1組（分隊）で交差を繰り返すように飛行する「バリカン」と呼ばれる機動を行いながら、周囲を監視する。指揮官である中隊長は、上空から戦闘全体の指揮を執る。ちなみに、命令伝達のために無線通信を用いるのは飛行隊長、中隊長、小隊長までで、他の機体は意思の伝達に手信号やボードを用いた。

③第二小隊は垂直背面攻撃でB-29編隊を攻撃する最も危険な任務を受け持った。紫電改が搭載した20mm機銃の威力は大きかったが、対するB-29の防御火網も強力で、撃墜される機も多かった。

④第三小隊は全速でB-29編隊の前方に急行し、敵編隊の数千メートル前方で反転。そして反航しながらB-29と同じ高度でロケット弾を発射する。第二小隊が攻撃を行っているところにロケット弾を撃ち込むので、味方を誤射しないよう注意する必要があった。

⑤攻撃されたB-29編隊は、何とか逃れようと海岸線を目指して飛行する。その間にも、紫電改の小隊の執拗な反復攻撃を受けたため、海岸線に到達できず撃墜されたり、また洋上に出ても墜落してしまう機体が多かった。

《所定高度で待機する飛行中隊》
第一小隊
第二小隊
第三小隊
《上空直衛を行う第一小隊》
《垂直背面攻撃を行う第二小隊》
《ロケット弾による攻撃を行う第三小隊》
《B-29の編隊》

◉哨戒機への攻撃

アメリカ軍は索敵、小型舟艇への銃爆撃、撃墜された味方の戦闘機・爆撃機搭乗員の救助といった任務にPB4Y-2やPBM哨戒機を用いた。これらの哨戒機は航続力は大きいが速度が遅く、運動性能も低かったため、紫電改などの日本軍戦闘機の格好の獲物となるはずだった。しかし武装が強力で、防弾装備も十分だったため簡単には撃墜できず、日本軍の戦闘機搭乗員を苛立たせる存在だった。

①救難活動や索敵に出てきた敵の哨戒機を発見、攻撃態勢に入る。

②発見されたことを察知した哨戒機は、攻撃を避けるために海面スレスレの高度まで降下し防御態勢をとる。海面スレスレまで高度を下げられると、下から撃ち上げることはできないので、攻撃は上方からに限定された。

③哨戒機の装備する防御機関銃は強力なので、長く敵の銃火に晒されることになる後ろ上方からの攻撃は避けた方が良かった。

④哨戒機の防御銃火に長く晒されるのを避けるため、前方あるいは側方からの攻撃を行った。しかし、余りにも接近すると射撃後の回避行動がとれず、海面に突っ込む危険があった。

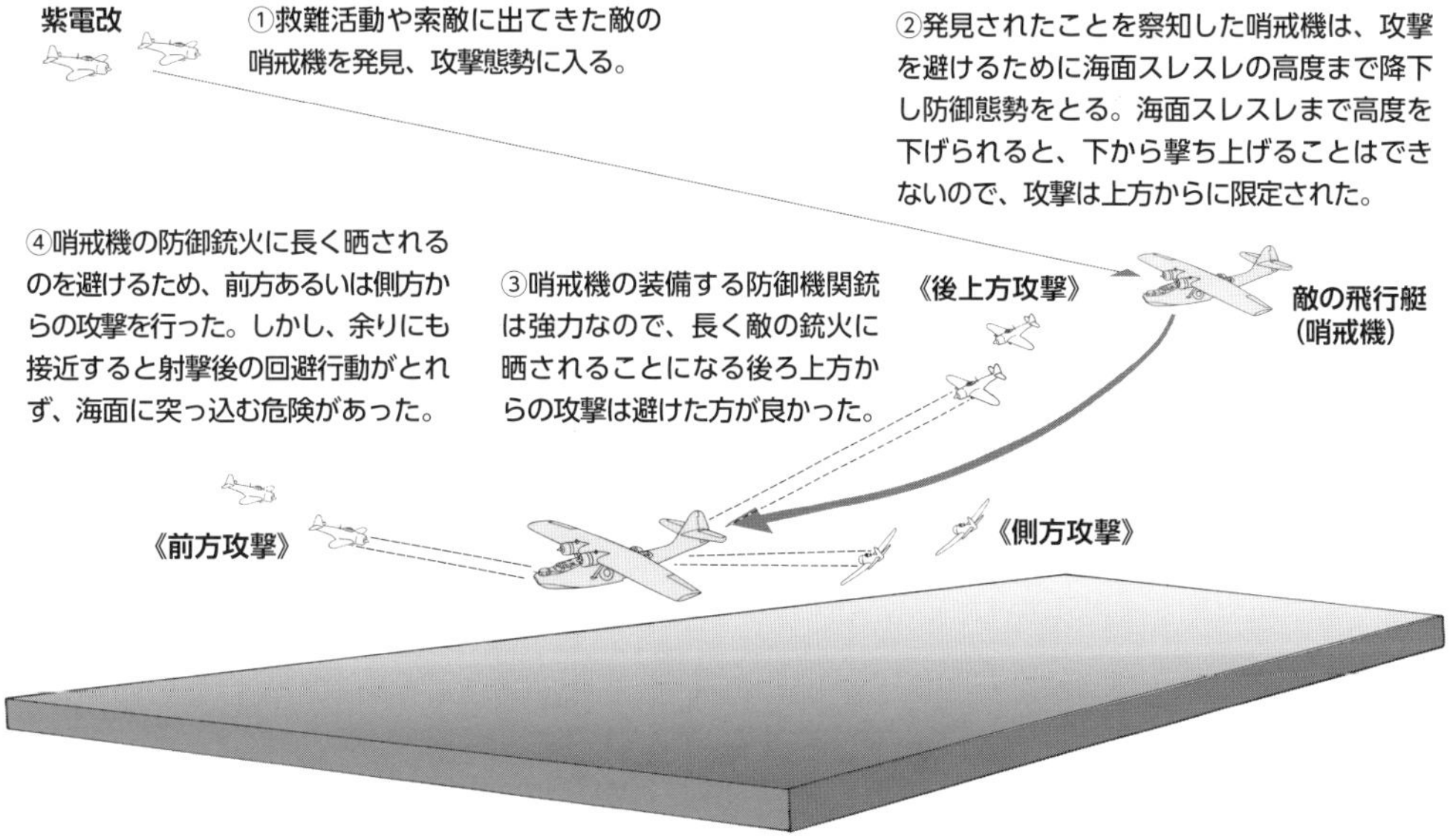

紫電改
敵の飛行艇（哨戒機）
《後上方攻撃》
《前方攻撃》
《側方攻撃》

紫電の刃（やいば）

紫電・紫電改の戦歴

太平洋戦争後半に実戦化され、米軍に一矢報いる戦いを繰り広げた紫電と紫電改。滅びゆく日本海軍にあって、最後の輝きを放った紫電・紫電改隊の奮戦を紐解く。

文／松田孝宏　イラスト／長谷川竹光

●紫電・紫電改 関連地図

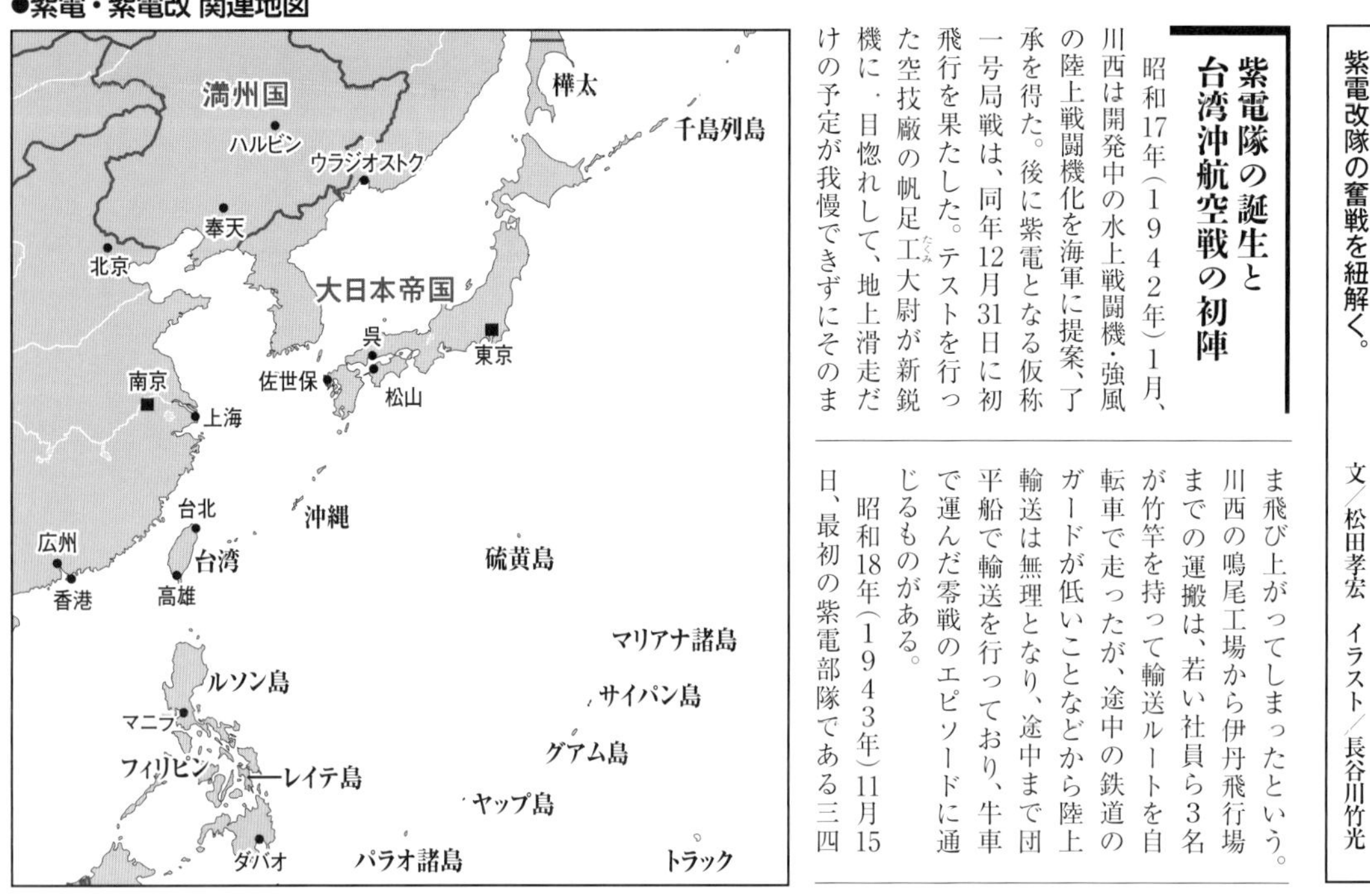

紫電隊の誕生と台湾沖航空戦の初陣

昭和17年（1942年）1月、川西は開発中の水上戦闘機・強風の陸上戦闘機化を海軍に提案、了承を得た。後に紫電となる仮称一号局戦は、同年12月31日に初飛行を果たした。テストを行った空技廠の帆足工（たくみ）大尉が新鋭機に一目惚れして、地上滑走だけの予定が我慢できずにそのまま飛び上がってしまったという。川西の鳴尾工場から伊丹飛行場までの運搬は、若い社員ら3名が竹竿を持って輸送ルートを自転車で走ったが、途中の鉄道のガードが低いことなどから陸上輸送は無理となり、途中まで団平船で輸送を行っており、牛車で運んだ零戦のエピソードに通じるものがある。

昭和18年（1943年）11月15日、最初の紫電部隊である三四一空が松山で編成された。通称・獅子部隊は飛行隊長として、零戦が初戦果を挙げた重慶の空戦にも参加した大ベテラン、白根斐夫（あやお）大尉が着任した。この時は飛行機が1機もないため、二六三空から零戦を借りて離着陸訓練をやる程度であったが、時に二六三空と張り合った際などは三四一空の大塚上飛曹が高圧線の下をくぐる曲芸飛行を見せた。

翌12月21日は強風一一型が制式採用され、同月31日は紫電二一型こと紫電改の前身となる仮称一号局戦改が初飛行している。

昭和19年（1944年）は1月から3月にかけて三四三空（初代、通称は隼部隊）、三六一空（晃部隊）、三四五空（光部隊）と紫電部隊が次々に開隊したが、機体の供給が追いつかず、最初の紫電隊となる三四一空などは昭和19年初頭まで零戦で訓練を行っていた。三四三空、三四五空などは紫電の供給が間に合わず、零戦部隊になってしまった。

紫電は「作りにくい」機体としても知られており、川西は昭和18年末までに193機を製造したものの、海軍に納入できたのは71機で、それ以外はどこか欠陥のある不良品が鳴尾工場内に溢れかえった。海軍は川西の要請を受け、空技廠などから技術者や整備員を鳴尾工場に派遣、改修、整備、技術面の指導を行った。

この前例のない措置により、ようやく紫電の量産と納入は軌道に乗り、昭和19年春には月に10機が完成するようになった。生産は徴用工や女学生も動員して増産が図られ、完成機のテストで忙しい川西のパイロットに代わり、実戦部隊から搭乗員が直接、領収にやって来た。

昭和19年7月、必要に応じて編成した飛行隊を各航空隊に配属する「特設飛行隊制度」が導入され、三四一空は戦闘第四〇一および第四〇二飛行隊から成る紫電隊に編成を改めた。8月31日、戦闘四〇一の紫電17機は台湾の高雄に進出、上空直衛任務に就いた。本来は8月上旬に進出することになっていたのだが、故障の続出による稼働機の減少や訓練不足などから下旬になったのである。しかし、現地でも故障が多発、9月なかば時点では17機のうち2機が破損、11機が整備中で稼働機は4機に過ぎなかった。

そして昭和19年10月、仮称一号局戦は紫電一一型として制式採用された。初飛行から2年近く、最初の部隊編成から1年以上が過ぎての制式化であった。

10月12日の朝、米機動部隊が台湾、沖縄の日本軍航空基地を襲うと、台湾沖航空戦が生起した。同日、台湾に進出していた戦闘四〇一は、分隊長・淺川正明大尉の指揮で7機の紫電が上空哨戒を行っており、約60機から成る敵攻撃隊の第一波を発見。飛び立ってきた24機の紫電と1機の零戦とともにこれを迎え撃った。敵戦闘機はグラマンＦ６Ｆヘルキャット。

戦闘四〇一は10機を撃墜した

昭和18年10月、鳴尾飛行場における試製紫電。33ページ中段の写真と同じ機体

ものの損失も14機と多く、稼働機は8機にまで減少してしまった。たが、山田武夫一飛曹は4機のF6Fを撃墜、平川英雄一飛曹も3機を撃墜したところ弾丸切れとなり、体当たりで1機を撃墜して落下傘で生還するなど、戦果も損害も華々しい事実上の初陣となった。翌13日も迎撃戦闘は行われたが、この日に目立つ戦果はない。

14日は第六基地航空部隊による敵機動部隊攻撃に、戦闘四〇二から32機の紫電と8機の零戦が宮崎を出撃して制空隊を務めた。また、横須賀で編成された戦闘第七〇一飛行隊はベテランが多く、T攻撃部隊の直衛を務めた。

紫電を装備する三四一空の3個飛行隊は昭和19年10月下旬にルソン島クラーク・マルコット飛行場へ進出、レイテ島方面の戦いに参加した。イラストはP-38戦闘機と空戦を行う戦闘四〇二の紫電一一型。パイロットは先任分隊長の山田良市中尉。同中尉はその後、三四三空の戦闘七〇一に所属し、戦後には航空自衛隊の第15代航空幕僚長に就任している

戦闘七〇一の飛行隊長は当初、中国戦線以来のベテランとなる新郷英城少佐であったが紫電を好んでいなかったようで、ある日の飛行時に片脚が出ないトラブルに見舞われると、「おれはもう紫電をやめる」と言ってその足で海軍省に赴き後任を決めてしまった。

しかし、台湾沖航空戦で日本陸海軍は虚構の大戦果と裏腹に大量の飛行機を失い、惨敗した。

紫電の苦闘が続く比島の戦い

台湾沖航空戦から間もない昭和19年10月20日、米軍がフィリピン・レイテ島に上陸して比島決戦が開始された。台湾の紫電部隊は、23日までにルソン島へ三四一空の36機が進出しており、24日の航空総攻撃には稼働全機となる21機が制空隊として出撃した。三四一空は7機撃墜(不確実1機)を報じたが、F6F戦闘機との交戦で11機を失い、損傷機も多く稼働機は4機へと激減してしまった。

連合艦隊がレイテ沖海戦で壊滅した後となる10月28日は、レイテ島タクロバン攻撃に三四一空の紫電6機が制空隊として参加。10機のF6Fと戦い1機撃墜、不確実1機を記録した。翌日から三次にわたって実施されたマニラ空襲で8機の紫電が失われたが、零戦隊と協同で18機の撃墜を記録している。

10月下旬、戦闘七〇一はT攻撃部隊から三四一空に編入され、飛行隊長の白根少佐は戦闘四〇一、四〇二、七〇一の3個飛行隊を指揮下に置いた。11月1日からレイテ攻撃に参加した紫電隊は、練度の高い戦闘七〇一を中心にレイテ進攻作戦、基地防空、船団護衛、魚雷艇攻撃など連日のように作戦行動を続けた。紫電は自動空戦フラップによる優れた空戦性能、対地・対艦攻撃にも威力を発揮する強力な武装、三号爆弾による大型機迎撃などなかなかの活躍を示したが、未熟な搭乗員には乗りこな

ルソン島クラークの飛行場に遺棄された二〇一空の紫電一一甲型。右主翼の翼内およびガンポッドの20mm機銃が明瞭に見える

せず、やはり故障が多いのが難点であった。

11月24日、オルモック湾上空でP・38戦闘機と交戦した白根少佐が戦死。3飛行隊の指揮は、ミッドウェー海戦で空母「蒼龍」戦闘機隊に属し、協同も含め海戦の1日で10機を撃墜した藤田怡与蔵大尉が受け継いだ。

フィリピンの戦いが続く12月1日、制式採用前ながらも紫電改が、紫電とともに東京上空で邀撃戦に参加して初陣を飾っている(詳細は次節)。紫電や紫電改は機銃の弾道が200m先で集中するよう、無風の日を選んで約1カ月半にわたった射撃実験を経て取り付け角度が定められており、「照準しやすい戦闘機」と好評を得ていた。

ルソン島に残された紫電一一甲型は数機が捕獲・レストアされ、米陸軍の航空技術情報部(ATAIU)による徹底的な調査に供された。これらの紫電はすべて失われ、現存していない

12月15日に米軍がフィリピン・ミンドロ島に上陸すると、戦闘は同島が中心となり、15日と16日は岩下邦雄大尉が率いる戦闘七〇一の12機が敵船団強襲に参加した。17日は、レイテ沖海戦時から開始された特攻の直掩も行ったが、稼働機は4機となった。2日前には12機が作戦に参加したことを鑑みると、この稼働率の悪さでは現場の不評を買ったのも無理はない。

この戦い以降、紫電はその高速を買われて機動部隊の白昼強行偵察に重用されるようになった。特に戦闘四〇二の光本卓雄大尉が、しばしば敵空母を発見している。

やがて昭和20年(1945年)1月、ルソン島リンガエン湾に米軍の大船団が姿を現した。紫電隊が攻撃の準備を進めていたところ、4日の朝にP・47戦闘機が来襲、整列していた13機はわずか2機による銃撃で8機が炎上する大損害を受けてしまう。9日、米軍がリンガエン湾に上陸を開始すると三四一空は、岩下大尉が徹夜で修理させた4機で敵を攻撃したが、数日で全機が失われた。

戦力を失った三四一空から、搭乗員は本土に帰還。幹部や地上勤務の将兵はクラーク地区で陸戦隊に転向し、第十七戦区を担当して勇戦したが、搭乗員と別れる際に「またこの地に帰って来てくれ。それまで司令はこの地を死守しているぞ、君たちひとりひとりは、1戦艦1空母に匹敵する大切な身だ」という心からの言葉を残した舟木司令や、園田飛行長ほか多くの戦死者を出して昭和20年3月に解隊となってしまった。

本土防空戦の始まり 新鋭機・紫電改も参戦

さかのぼること比島決戦真っ只中の昭和19年11月中旬、空技廠飛行実験部に所属の山本重久大尉は試作艦上機型の紫電改を操り、公試中の空母「信濃」で発着艦テストを行った。紫電、紫電改のテスト飛行も経験している山本大尉は、操縦しやすい紫電改ならば経験の浅い搭乗員でも空母での運用は可能と判断した。間もなく沈む「信濃」にとって唯一と言っていい空母らしい行動であったが、紫電改が艦上機として運用されることはなかった。

山本大尉はその後、昭和20年2月17日に空技廠の紫電改も出撃した迎撃戦に参加しており(後述)、5、6撃で弾を撃ちつくしたものの、自身が攻撃したF4Uが地面に激突するのを見届けている。空戦フラップの働きは良好、急降下中の際の機体の「すわり」も良好で射撃照準がやりやすく、20㎜機銃4挺の威力は大したもので、列機はほとんど一撃で敵機を撃墜していたとのことだ。なお、乗艦すべき艦を失った「信濃」飛行長の志賀淑雄少佐は、三四三空の飛行長として辣腕を振るうことになる。

マリアナを飛び立ったB・29による本土空襲が開始された12月10日、B・29の偵察機型、F・13が単機で東京に飛来。これを紫電と紫電改が迎撃したが、捕捉できなかった。この、マリアナから飛来するB・29による本土空襲が紫電改の初陣と言われている。13日と22日は名古屋が空襲され、二一〇空の紫電が出撃している。

そして12月25日、松山で二代目となる三四三空が開隊した。剣部隊とも呼ばれる三四三空は、源田サーカスや南雲機動部隊の参謀として名を馳せた源田実大佐が、戦闘機によって制空権を奪回すべく司令に着任。少なからぬ数の生き残りベテラン搭乗員が集められ、最新鋭戦闘機・紫電改の集中運用によって歴史に名を残すことになる。全体の技量は平均を上回る程度、優秀な人材や機材を独り占めして反感を買った、などの証言もあるが、当時の日本海軍戦闘機隊において精強だったことは間違いないだろう。わずか5カ月程度となった紫電改の戦歴は、ほとんど三四三空の戦歴と重なる。紫電改は横須賀空や一〇〇一空などにも配備されたが、組織的に運用したのは三四三空のみであった。よって、以後は三四三空の行動を中心に記すことで紫電改の戦歴としていく。

三四三空はすでに11月下旬から戦闘第三〇一飛行隊が横須賀で訓練を開始しており、1機しかない紫電改(型式番号の末尾にちなみ、隊員たちはJ改と呼んでいた。紫電はJ)を隊員たちは宝物のように扱った。訓練には紫電も使われたが、「殺人機」の噂を聞いていたベテランが初

紫電の編成が進められていた昭和19年3月、紫電改の前身となる一号局戦改の試作が行われていた。写真は鳴尾工場における一号局戦改の試作1号機

飛行で特性を理解した証言もあるから、やはりおしなべて技量の高い搭乗員が集まっていたと言えそうだ。しかし昭和20年の正月、戦闘三〇一は初詣を兼ねて金比羅宮を紫電で空中から参拝し、帰投時に1機が地上滑走中に転覆、搭乗員は即死した。原因はブレーキの不調で、殉職第1号として三四三空は正月から暗澹とした雰囲気に包まれた。

やがて昭和20年1月、仮称一号局戦改は紫電二一型、通称・紫電改として制式採用となる。紫電も紫電改も制式採用前に部隊編成や実戦投入がなされており、特に故障の多い紫電を制式化することに日本海軍が危惧を抱いていたと想像できる。

横須賀空、大原亮治上飛曹が操縦する紫電一一型。飛行中の紫電を捉えた珍しい写真

2月16日と17日、硫黄島上陸の前哨戦として米機動部隊の艦上機が関東地方に来襲した。この時期、関東の紫電と紫電改は横須賀の横空審査部、空技廠に10数機が、筑波には4機の紫電が配備されていた。16日午前8時、霞ヶ浦上空で哨戒に当たっていた筑波空の紫電4機は、高度4000mでF6Fを発見すると攻撃を開始。三次にわたる戦闘で1機を失ったが、撃墜および撃破各1機と伝えられ、零戦隊との協同では撃墜6機、撃破5機を記録したという。横須賀空では16日に続き17日も交戦、17日は10数機の紫電と紫電改が厚木上空でF6FとF4Uの一群と激突。優位からの奇襲も奏功して、逃げていく敵機も洋上や八王子上空まで追撃して19機すべてを撃墜（不確実6機）したとされている。

戦果を挙げた横須賀空の紫電改のうち、1機はかつて戦闘七〇一で紫電隊を率いた岩下邦雄大尉が搭乗していた。紫電改の搭乗はこの日が初めてだったというから、見事なものだ。岩下大尉によれば、帰投すると通信員が「今後横空の上には行くな」との敵の通信をキャッチしたと教えてくれた。戦後の岩下氏は「零戦搭乗員会」5代目代表世話人、続いては「零戦の会」会長を平成14年（2002年）から平成23年（2011年）まで務めた。その後、惜しくも平成25年6月8日に逝去された。

また、先述したようにかつて紫電改の試作艦上機型で空母「信濃」で発着艦を行った、横須賀空審査部の山本重久大尉も撃墜を記録した。昭和19年5月から審査部で紫電改の育成に当たった、いわば育ての親による戦果であった。

戦いは翌日の新聞でも大きく報道され、幸薄い紫電はこの瞬間、最大の栄光に包まれていたのである。

17日は横須賀空の武藤金義飛曹長が厚木基地上空で紫電改を操り、単機で12機のF6Fに挑んで4機を、いずれも一撃で撃墜した。その戦いぶりは地上からも望見されており、宮本武蔵の一乗寺下り松の決闘を思わせるとして、武藤飛曹長は「空の宮本武蔵」と称された。

編成進む剣部隊 目指すは最強戦闘機隊

松山で開隊した新生三四三空は、昭和20年2月中旬に紫電改への機種改変を開始。その陣容は、闘志あふれる菅野直大尉が率いる戦闘三〇一（新選組）、沈着冷静な林喜重大尉の戦闘四〇七（天誅組）、この2人を束ねる名隊長・鴛淵孝大尉の戦闘七〇一（維新隊）に紫電改が配備され、ミッドウェー海戦では「飛龍」艦攻隊で雷撃を行った橋本敏男大尉の偵察第四飛行隊（奇兵隊）には最高速の艦上偵察機・彩雲が配された。飛行長は先述の志賀少佐。副長は中島正少佐で、中島少佐は3人の戦闘隊長を「知将鴛淵、猛将菅野、林大尉の技能将」と評している。

昭和20年3月に4個飛行隊の編成を完了し、訓練に励む三四三空には他隊にない特徴がいくつかあり、そのうちの一つが1区隊4機を基本とする編隊戦闘の重視である。単機では苦戦しても編隊ならばこれを補い、編隊空戦を行う米戦闘機にも対抗できると考えられたためだ。ただし隊員の証言によれば、空戦フラップの性能が素晴らしく、単機の空戦でも零戦をはるかに上回ったという。訓練を重ねたところ零戦よりも使いやすくなったというが、零戦が使い勝手で遅れを取るとは、戦後証言でもきわめて珍しいのではないだろうか。

偵察機隊を擁する戦闘機隊も珍しいが、これは優位な態勢から空戦ができるよう、事前に敵情や天象を得て戦闘機隊指揮官に報告することを源田が必須と考えていたためだ。また源田は、在英時代にバトル・オブ・ブリテン（英本土航空戦）をつぶさに見た経験から、通信機材の確保や各地のレーダー、見張所、上級司令部と密接に連絡できる情報ネットワークを作った。「聞こえが悪い」ことで知られる機上無線電話も、横須賀航空隊の技術指導を取り入れて改良したところ、格段の改良に成功した。

また、「新選組」など各隊に個別の通称を付け、時に隊歌を作ったことは、隊員たちの士気を上げることになった。戦後のメディア展開でも、「剣部隊」「天誅組」といった文言にどれだけの少年が胸を焦がしたか、改めて記すまでもないだろう。

なお、三四三空の歌として、以下の歌詞が伝えられている。

今日も飛び立つ
ララン、ララン、ララン
迎撃戦闘に見張るまなこは
無敵の瞳
雲間に見えたぞ敵大編隊
夜泣きの機銃がひとたび
火を吹けば
落ちるロッキード、
グラマン戦闘機
凱歌はあがるぞ雲の上

昭和20年2月、川西航空機で製作された試製紫電三二型の試作機（川西517）。垂直尾翼の機体番号の上に描かれた「油谷班」は整備班の名と伝えられている

3月はすでに関東に米機動部隊が来襲していたが、源田司令は錬成に5カ月かかるとして実戦投入を控えていた。同じく3月のある日は、編隊空戦の訓練中に機体が空中分解、搭乗員が殉職する事故が起きた。開発時、テストに当たっていた志賀飛行長は激しい衝撃を受けたが、B‐29迎撃の戦闘でも戦闘三〇一の1機が空中分解を起こしている(搭乗員は生還)。戦中はついに原因が分からなかったが、戦後になって飛行機の技術が進むと、遷音速という速度領域に入った時の衝撃波によるものと推測されており、紫電改の高性能が当時は未知の領域だった音速に踏み込んでいたと言えよう。

戦闘三〇一の笠井智一上飛曹によれば、訓練はかつて例を見ない菅野隊長の全機編隊離陸や、杉田庄一上飛曹によるいきなりの編隊宙返りなど相当に激しいものであったという。

こうした中でも精鋭部隊の投入を望む声は強く、米軍も3月14日に沖縄攻略作戦を発動、まず南日本を攻撃すべく、ウルシー環礁から第58機動部隊が出撃していた。

このため3月13日には初の出撃命令が下されており、戦闘四〇七の林大尉に率いられた40機が発進したが、この日、敵は来襲することなく、上空警戒の後に帰投した。以後も連日、警戒飛行が続き、18日には偵察四の彩雲が「土佐沖で敵機動部隊発見」を報じたため、戦闘七〇一の鴛淵大尉が指揮する72機が出撃したものの、会敵はできなかった。しかし、米機動部隊が九州近海から動いていないことからも、三四三空では間もなく戦闘になると確信した。紫電改という剣が振るわれようとしていた。

松山上空に凱歌轟く紫電改伝説の始まり

迎えた3月19日の早朝5時45分、3機の彩雲が索敵に、続いて上空制空に7機の紫電が飛び立った。九州近海の米第58機動部隊を発見するためだ。やがて、遅れて飛び立った彩雲4番機が午前6時50分に「敵機動部隊見ユ、室戸岬ノ南30浬、〇六五〇」と報じてきた。源田司令がすかさず出撃を命じ、「サクラサクラ(紫電改部隊)、ニイタカヤマノボレ(全機発進)!」の号令が飛び交う。基地では「シキシマ、シキシマ(全機始動)」の命令により、待機していた54機がエンジンを始動、2000馬力の「誉」発動機から爆音が轟く。戦爆連合の敵大編隊が豊後水道を北上中という第二報が入ると、戦闘七〇一の16機、四〇七の17機、三〇一の21機が順に離陸を開始した。総指揮官・鴛淵大尉に率いられた紫電改戦闘機隊に、上空警戒を行っていた7機の紫電も合流した。

松山には64機のF6Fと56機のF4Uが侵入、伊予灘沖で戦闘七〇一が交戦を始め、松山上空でも空戦が始まった。紫電改の20㎜機銃4挺はF6Fを易々と撃破、米軍パイロットは自分たちの相手が強敵であると感じていた。源田実は著作『海軍航空隊始末記』で、部下と交わした会話を、

「司令、絶対優勢です」

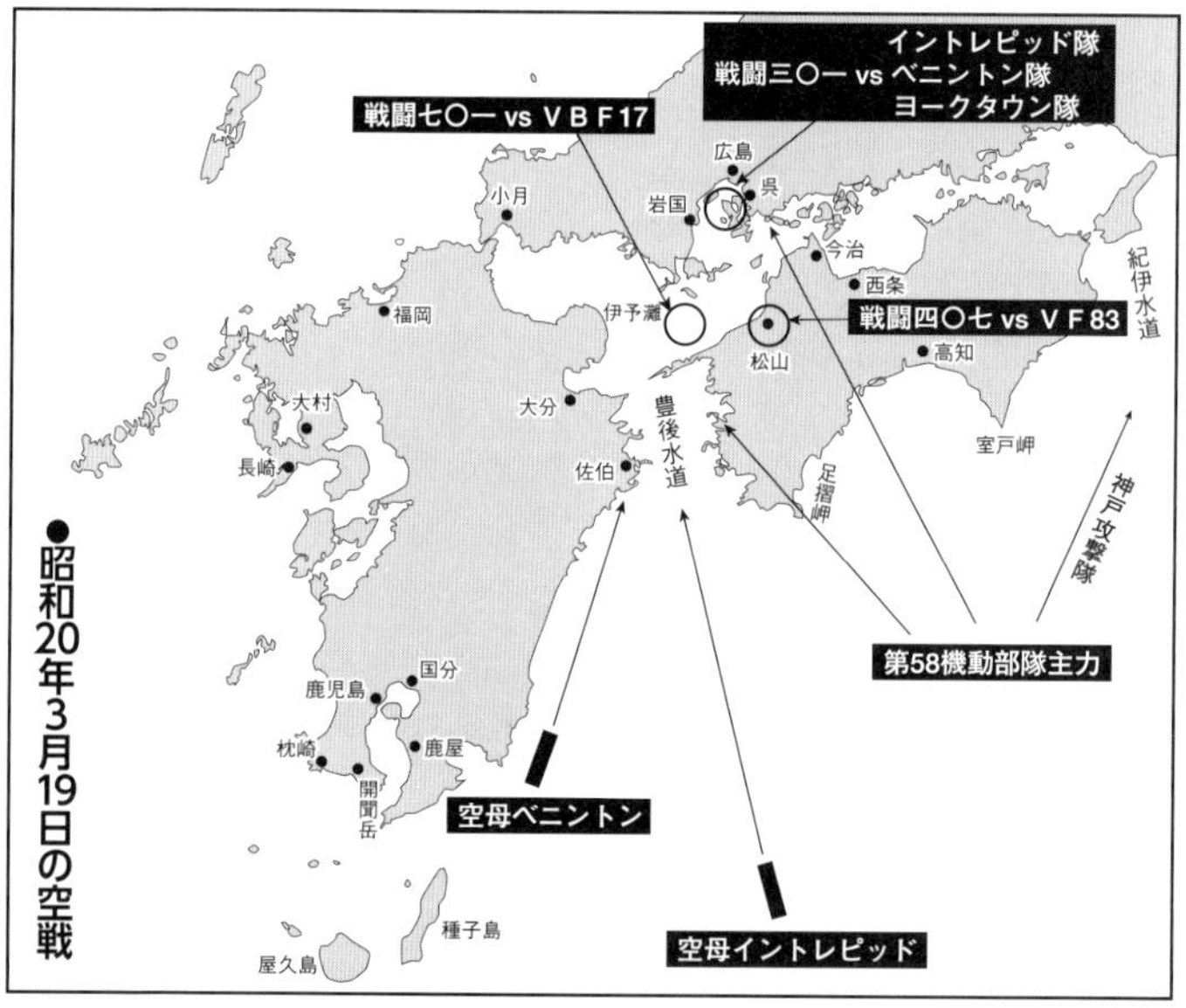

三四三空、そして紫電改を象徴する戦いとなった松山上空戦。中でも戦闘四〇七の紫電改17機は、松山飛行場に対する攻撃を実施せんとする「エセックス」VF-83のF6F 17機と真正面から激突、基地上空で乱戦の巴戦を行った。イラストは飛行隊長・林喜重大尉機

●昭和20年3月19日の空戦

昭和20年3月19日、三四三空と米艦載機群との間で一連の空戦が生起した。松山上空にて戦闘四〇七と「エセックス」のVF-83の空戦が起きたほか、呉上空で戦闘三〇一と空母「イントレピッド」「ベニントン」「ヨークタウン」艦載機群との空戦、伊予灘上空にて戦闘七〇一と空母「ホーネット」のVBF-17との空戦が行われている(参考文献:『源田の剣 第三四三海軍航空隊―米軍が見た「紫電改」戦闘機隊』著/ヘンリー境田、高木晃治)

「うむ、そうらしいな」

と回想している。短い生涯で、紫電改が最高の輝きを放った瞬間であった。

三四三空は16機を失い、搭乗員13名の戦死と引き替えに52機(うち4機が爆撃機)の撃墜を報じた。地上で破壊されたり被弾したりと使えなくなった機体も多く、空戦後の作戦可能機は紫電改28機、紫電9機、彩雲2機に減少した。

米軍側は64機を撃墜、14機が損失したと報じており、敵味方ともに戦果がかなり誇大な点が興味深い。三四三空の撃墜記録は加藤勝衛上飛曹の9または5機、杉田庄一上飛曹の3機、松場秋夫少尉と塩野三平上飛曹による各2機が含まれているという。戦闘四〇七の市村吾郎大尉によれば、撃墜したF6Fのほとんどに撃墜マークらしきものが描かれていたとのことで、米軍パイロットも相応の技量であったようだ。また、戦闘三〇一の菅野大尉は撃墜されたものの、落下傘降下で無事に生還した。

中島副長は45機を撃墜、12機を損失と認識していたが、この数字をもってしても、日頃から抱く「5倍の敵を落とせば勝利、3倍で止まるときは敗戦」との持論から、「3倍の戦果では、五分五分か、敗戦ぐらいに厳しい計算をすべきだった」「どこかに一抹の悲しさを秘めていた。暮れなずむ19日のそれが感懐だった」と振り返る。

そして松山上空の空中戦は近年、かねて伝えられるような「大勝利」ではないとの認識が定着して久しい感があるが、熟練搭乗員と最新鋭戦闘機を集中、彩雲によるいち早い敵情の把握と有利な態勢からの戦闘と、源田司令の目指した戦いが叶った一戦であったのも事実である。これを裏付けるように、米第38機動部隊は「南九州攻撃の際、よく訓練された強力な戦闘機隊が現れた」「特に対戦闘機戦に熟達しており、邀撃に際しては明らかに地上からレーダー管制によって指揮されている」「緊密な協同作戦、積極果敢な攻撃行動など、明らかに他の戦闘機隊と違う」といった通達が秘密裏になされている。

戦後長らくメディアは「最後のエース部隊による大戦末期の大戦果」として伝え、東宝映画『太平洋の翼』、ちばてつや氏のマンガ『紫電改のタカ』などの効果もあって、わずか5カ月程度しか実働期間のない紫電改は、海軍戦闘機では零戦に次ぐ知名度を得た。昭和20年3月19日の「ほとんど引き分けに等しい勝利」を得た空中戦が、その大きな理由を占めていることは間違いない。

戦いは沖縄へ 消耗する紫電改

昭和20年3月26日、米軍は沖縄の慶良間列島に上陸を開始した。台南の一三二空から偵察第十二飛行隊の紫電が索敵に出発。この時は敵発見に至らなかったが、沖縄戦における紫電初の作戦行動とされている。以後も偵察第十一飛行隊、戦闘第一〇二飛行隊の紫電が加わり、偵察、索敵、哨戒に従事した。敵機動部隊発見のほか、PB4Y・2飛行艇撃破は戦闘機ならではの功績だ。

4月1日は沖縄本島に米軍が上陸、沖縄救援のため戦艦「大和」を旗艦とする第二艦隊が出撃するが、途中で撃沈された。余談ながら、東宝映画『太平洋の鷲』では沖縄に向かう「大和」艦隊の上空警戒のため紫電改が飛来しており(実際は零戦)、「松山の紫電改です」「来てくれたか」というセリフに続いて登場する紫電改の、非常にドラマチックなシーンは絶対必見である。

さらに沖縄戦のため、二一〇空の紫電14機が出水に進出、六〇一空の指揮下で4月6日から中旬まで制空任務に就いた。この間、零戦隊の戦果も含め6機を撃墜している。

六〇一空からも紫電隊が第一国分基地に進出、4月3日は零戦36機に交じり戦闘四〇二所属機が出撃した。しかし3機が引き返し、5機は上空掩護を行った。紫電は航続距離が短く、現地で空戦ができなかったのだ。この日は11機を撃墜、5〜7機を撃破したが、紫電2機と零戦8機を損失した。

一方、松山の空戦で戦果を挙げた三四三空も沖縄戦の参加が命じられ、4月上旬から中旬にかけて鹿屋へ進出した。6日には10機が奄美大島方面、11日は15機が徳之島や喜界島方面の制空に出撃したが戦果はない。12日は菊水二号作戦が行われ、三四三空は奄美大島と喜界島付近を警戒して、特攻機の進路を開くよう命じられた。これを指揮するのが戦闘三〇一の菅野大尉で、三〇一から2個中隊と戦闘七〇一から1個中隊、計44機の出撃となった。だが2機が不調のため、午前10時45分に42機が鹿屋を出撃。その後8機が引き返したため、残る34機は午後12時45分に喜界島南方まで飛び、50分よりF6F約50機、F4U約30機と約25分にわたり交戦した。紫電改隊は23機撃墜(うち不確実3機)を報じたが、記録によれば米軍は2機を失ったに過ぎない。三四三空は11機を失って5機が不時着。鹿屋へ帰投したのは18機であった。

ちなみに、4月12日に喜界島上空で紫電改と戦った空母「ホーネット」のVF・17戦闘飛行隊指揮官、マーシャル・ビーブ少佐は「紫電改はF6Fと同等、もしくはF6Fより優れていた」との証言を残している。テストパイロットとしてF6Fの性能を熟知、撃墜8機のエースであるビーブ少佐の言葉通り、終戦後の飛行でF6Fは紫電改に追いつけなかった。

4月15日、鹿屋を約80機の米軍機が襲った。この時、三四三空でもトップクラスの戦果を誇る杉田庄一上飛曹は迎撃のため離陸した直後、銃撃を受けて撃墜されてしまった。米軍記録に損失機はなく、残念ながら完封された戦いであった。

16日は菊水三号作戦が実施され、三四三空は戦闘三〇一から16機、四〇七から12機、七〇一から8機と計36機が奄美大島・喜界島方面の制空に出撃した。F6Fとの交戦で6機を撃墜(うち不確実4機)したものの、紫電改は1機が自爆、1機が不時着、8機が未帰還となるなどの結果、三四三空の紫電改は稼働33機と減少した。米軍記録は2機損失で、この日も負け戦と言える。

なお、特攻作戦が主体となり

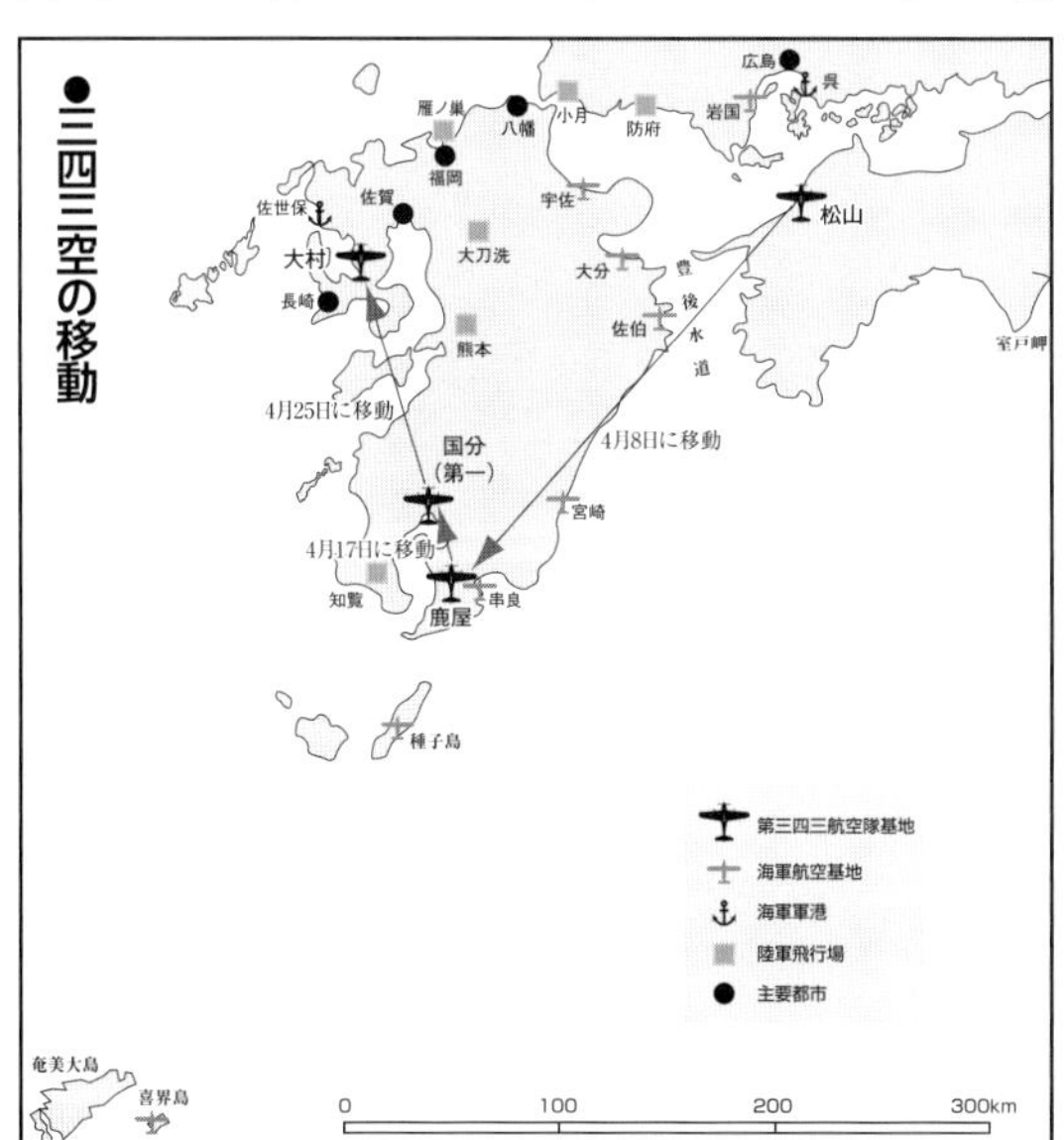

昭和19年12月に開隊した三四三空(二代目)は、昭和20年2月中旬に紫電改へ機種改変、3月は松山基地にて米艦載機群と戦闘を繰り広げた。その後、4月には九州方面へ移動し、終戦まで長崎県大村基地などで活動している(参考文献『源田の剣』)

つつあったこの時期、紫電隊と紫電改隊から特攻に出ることはなかった。昭和19年12月は紫電隊の三四一空に特攻隊を出すよう第一航空艦隊から命令が下ったが、藤田隊長がつっぱねている。三四三空の中島副長は二〇一空飛行長時代に多くの特攻隊を出しており、隊員から「中島少佐とは目を合わせるな」とささやかれたとも伝えられ、三四三空隊員は自分たちも特攻隊になるのかと動揺した。しかし、志賀飛行長や源田司令の反対で特攻出撃がなかったことは幸いであった。

B-29と戦った紫電改と紫電

4月18日、三四三空は南九州に来襲するようになったB-29を迎撃するため、鹿屋から鹿児島県姶良郡国分町の第一国分基地へ移った。最初の出撃は4月20日となったが、戦果なし。21日の来襲時は、松山の戦闘四〇七別働隊から5機（1機が引き返す）、第一国分基地から各隊計26機が出撃、B-29を2機撃墜、2機撃破したものの、米軍記録では損失機なし、こちらは戦闘四〇七飛行隊長の林大尉を含む2機を失う手痛い損害を受ける。

22日は出撃可能な14機が第一国分基地から迎撃に飛び立ち（2機が引き返す）、B-29の8機編隊を攻撃して1機を撃破、全機が帰投した。だが米軍記録は損失機ゼロ、引き分けと言えそうだ。

4月25日、三四三空は松山へ戻った。B-29と戦った一週間で3機を撃墜、被害は未帰還機2機、大破2機、基地が被爆して炎上・大破した機が約15機と記録されている。しかしこれまで記したように、米軍側にこの一週間の損失記録はない。

4月30日、三四三空は大村へ進出。今度の任務は、五島列島に出没しては漁船や貨物船などを銃撃するコンソリデーテッドPB4Y-2プライバティアやPBMマリナーといった米軍哨戒機の迎撃である。最初に戦闘を行ったのは5月11日、松村正二大尉が率いる戦闘三〇一の紫電改4機で、空対空ロケットの二七号爆弾を搭載して出撃。フック大尉のPBMに二七号爆弾を命中させて大破に追い込み、シムズ大尉機を機銃で撃墜した。紫電改隊は全機が帰還している。

昭和20年5月11日、大村基地を出撃した戦闘三〇一の紫電改4機（指揮は松村正二大尉）は、五島列島沖にてマーチンPBM-5マリナーを発見。紫電改隊は空対空ロケット弾である三式六番二七号爆弾を発射し、これを大破せしめた

5月15日は戦闘七〇一のベテラン松場秋夫中尉が8機を率いて2機のPBMを撃墜したが、1機が被撃墜、2機が被弾不時着、松場大尉も負傷した。5月16日は戦闘三〇一の菅野隊長が上空支援の戦闘四〇七を含む12機で出撃したが、会敵できたのは戦闘四〇七機だけで、大関常雄上飛曹機を失った上にPB4Y-2の2機撃破にとどまり、意外なほどの苦戦を強いられる。

5月17日は戦闘四〇七と戦闘七〇一が石塚光夫少尉の指揮で出撃したが、B-24がベースのPB4Y-2は重武装・重防御の難敵で、2機を失いながら敵を逃がした。この日が米軍哨戒機との最後の戦闘になるが、数機の撃墜、撃破と引き換えに4名の搭乗員を失う結果となった。

5月初旬には「絶対に一梯団のみを徹底的に攻撃して、損傷のまま帰投させてはならない」との厳命を受けた40数機の紫電改が大村を飛び立った。3個飛行隊を指揮する戦闘七〇一の鴛淵大尉は、攻撃隊をロケット弾攻撃隊と銃撃隊に分け、距離約800mからロケット弾を放ち、銃撃隊は急降下を開始した。落伍したB-29に紫電改の集中攻撃が浴びせられ、遁走をもくろむB-29にも反復攻撃がなされた。11機のB-29は3機に激減、2基のエンジンが停止し重量物を投下しながら気息奄々と飛行するB-29にも熾烈な攻撃を加え、洋上に四散せしめた。米軍記録では2機損失、こちらの未帰還はゼロとはいえ（1機が落下傘降下）、現実はやや寂しい数字である。

こうした戦いの一方、関東や中部地方では紫電隊が健闘していた。

昭和20年1月4日、二一〇空の紫電隊は徳島基地へ約30機が派遣され、9日の東京および名古屋空襲時は和歌山方面で迎撃に参加した。14日の名古屋空襲では6機、2月4日の神戸空襲では9機がB-29を迎え撃った。

米海軍が運用した哨戒飛行艇、マーティンPBMマリナー。逆ガルの主翼が特徴的な双発飛行艇だ。三四三空は通算3機の本機を撃墜している（米軍記録による）

2月16日、17日の戦いはすでに記した通りである。

4月12日は、試験を重ねていた30kgロケット弾を装備の紫電改3機が横須賀空より出撃。1番機が塚本祐造大尉、2番機が羽切松雄少尉、3番機が武藤金義飛曹長という豪華トリオであったが、発射されたロケット弾はすべて不発となった。

5月5日、紫電18機を保有していた谷田部空は、筑波空、大村空、元山空、二一〇空の紫電隊らと戦闘第四〇三飛行隊を編成、筑波空の配属となった。分隊長を務めた石坂光雄元大尉によれば、中翼の紫電は視界が悪く、二段式の引込脚も故障が多く、エンジンからはよく油が漏れるなど整備も非常に難しかったという。紫電の欠点は相変わらずだったようだが、不平を口にする隊員はいなかったという。紫電は手間がかかる戦闘機ではあったが、零戦より高速、20㎜機銃4挺の重武装、ずんぐりした見た目よりも良好な格闘戦性能などで、高く評価する声も前線にはあったのだ。

また戦闘四〇三は、いつしか「奇兵隊」とも呼ばれ、次のような隊歌が伝えられている。

狂乱怒濤に鍛えたる
鉄腕いままた翼得ぬ
男のなかの男ぞと
微笑む眼下雲なびく
鋼の翼羽ばたいて
天翔け征かん戦闘機
見よ壮烈の空戦に
空征く心誰か知る

さらに六〇一空に配属の戦闘四〇二も筑波空に配属されて、定数は両隊合わせて96機とされたが、実際には半分程度、稼働機はさらに下回っていたという。

5月29日の迎撃戦では、戦闘四〇二には戦果がなかったものの、戦闘四〇三は紫電6機で2機のB・29を撃墜したという。

6月10日は関東に、300機ものB・29が来襲した。これに対し筑波空からは24機の紫電が飛び立ち、帝都防衛を任務とする三〇二空の零戦107機、雷電11機、彗星6機とともに迎え撃った。戦果はB・29を不確実撃墜2機、1機撃破、P・51の2機撃墜を報じ、出撃機数のわりに戦果は少ないが、現実的な数字と思える。一方、紫電は3機が自爆、3機が大破した。

昭和20年6月2日、三四三空は3個飛行隊の紫電改21機をもって出撃（指揮は戦闘四〇七飛行隊長の林啓次郎大尉）、鹿児島湾上空にてVF-85（空母「シャングリラ」）のコルセア隊32機を発見する。"三四三空で例がないほど典型的な優位戦だった"と言われる戦いで、三四三空はコルセア4機を撃墜（米側記録による）、自軍の損害は2機と勝利を収めている。イラストは林啓次郎大尉機

刀は折れ、矢も尽きた 三四三空最後の戦い

6月2日、三四三空から21機の紫電改が米艦上機迎撃のため出撃。佐多岬で約150機と交戦して18機（13機とする資料もあり、しかし米軍による損失記録は4機）のF4Uを撃墜した。三四三空の喪失機は2機で、6月2日の空戦は紫電・紫電改の戦いを通じ、日本側の撃墜数が米側の撃墜数を明確に上回った唯一の戦いとなっている。

3日も28機が迎撃に上がったが、米軍記録に損失機はない。22日は喜界島の空戦に31機が参加、7機のF4Uを撃墜したが5機または4機が未帰還となった。米軍の損害記録は2機となっている。

昭和20年6月22日の喜界島上空における三四三空との空戦で大破、ほうほうの体で帰還したFG-1Dコルセア（パイロットはフレイザー少尉）。この空戦で三四三空は2機のコルセアを撃墜したものの4機の紫電改を失っている

この時期、戦局は沖縄が陥落するなど悪化の一途をたどっており、米軍は南九州への攻撃を開始していた。迎撃に努めた三四三空も、熟練搭乗員の減少、地上で被爆して失われる機の増加、機材補給の遅れなどが目立ち始めており、6月9日には紫電改の主要生産工場となる鳴尾工場が被爆してしまう。このため、兵力温存の方針を採るしかなかった。

なおこの時期、紫電もまた最後の健闘を続けていた。7月8日は筑波空の紫電12機が、250機（500機説もあるが、先述の石坂元大尉ほか元隊員たちによる手記に従う）ものP・51を迎撃、4機を撃墜した。筑波空の紫電が善戦できたのは、P・51は飛行場攻撃のため高度500mから1000mの低空にいたためで、紫電隊は優位態勢から猛然と戦闘を開始した。なにぶん数が多すぎるので一撃離脱に徹したことも好結果となった。戦闘四〇二の長倉初雄飛曹長は戦後に紫電を、「P・51に対しても、3対1ぐらいまでだったら絶対に負けなかったと思います」と評した。故障が多く、当時の敵機の性能はすでに云々、という現在の紫電評には絶対に見られない、愛機に対する最高の評価と賛辞として記憶しておきたい。

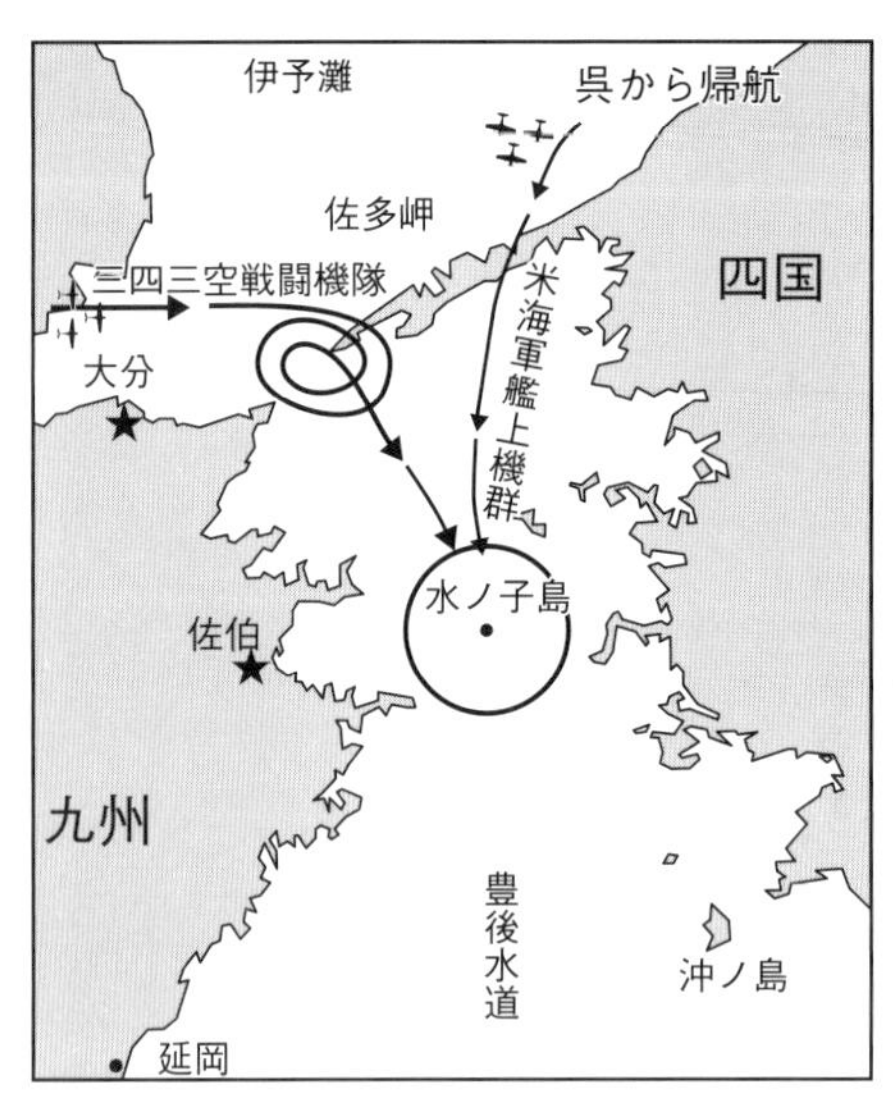

昭和20年7月24日、三四三空は呉空襲より帰投する第38任務部隊の艦載機群を豊後水道・水ノ子島上空で捕捉。21機の紫電改で襲い掛かり16機の撃墜を報じたものの、実際の撃墜数は4機で（うち1機はパイロットが落下傘降下）、三四三空側の喪失機は6機だった（参考文献『源田の剣』）

7月24日、豊後水道上空における戦闘七〇一飛行隊長・鴛淵孝大尉機。この空戦で鴛淵機は空母「ベニントン」VBF-1に所属するFG-1Dコルセアを撃墜したと見られるが、鴛淵機も被撃墜により未帰還となった。この空戦は撃墜数で4機対6機と痛み分け、歴戦の飛行隊長を失うという三四三空にとっては苦い結果となっている

7月24日の呉空襲時は久々に21機の紫電改が出撃、豊後水道でF6F、F4U、SB2Cなど16機を撃墜する大戦果を報じたが、米側記録によれば撃墜できたのは4機で、鴛淵大尉機を含む6機を喪失した。

この日、迎撃隊の総指揮官として出撃した鴛淵大尉は直率の第一小隊を率いて空戦を開始したが、1機が搭乗員の頭痛で欠けていた上、戦闘中にもう1機も機体の破損で追随ができなくなった。そのため、初島上飛曹機がピタリと随伴していたものの、エンジンに被弾して戦闘から離れた。三四三空の隊誌には「エンジンニ被弾ノタメ三番機ト共ニ高度ヲ下ゲ戦場ヲ離脱セシモ行方不明トナリ未帰還」と記録されている。しかし近年、ジャック・A・ギブソン中尉機が行動の自由を失った鴛淵機を銃撃、銃弾がコクピットに命中すると機体は煙を吐き、裏返しとなって燃えないまま海に墜落したとの証言をなしたことで、その最期が明らかとなった。エンジン被弾後も鴛淵機に忠実に随伴した初島上飛曹長も、被撃墜が確認されている。

この他、4月に戦死した杉田庄一上飛曹の後任として、横須賀空から三四三空にやって来た武藤金義少尉も未帰還機に含まれていた。武藤少尉の代わりに三四三空からは坂井三郎少尉が横須賀空に異動しており、戦後の坂井氏は「私の身代わりに戦死したようなもの」と悔やみ続けていた。

8月1日は九州南部に飛来した米軍機群を20機で迎撃したが、菅野大尉が戦死した。列機を務めた堀光雄飛曹長によれば、B・24に向かっていった菅野機は急降下しながら射撃を続けていたが、左翼中央で爆発が起きた。外側の機銃に大きな穴が開いており、堀飛曹長に「機銃筒内爆発、コチラ菅野一番」との無線電話が入った。堀機が見た菅野機は左翼に大穴が開いており、追いすがる堀に菅野大尉は拳を振り上げて睨んだ。堀飛曹長によれば「私はバンクしながら目礼を送った。怒った隊長の顔がやわらいだ」とのことで、空戦後に「空戦ヤメ、集マレ」という菅野大尉の命令を聞いた堀は隊長機を呼びかけたが、応答はなかった。菅野機はP・51に撃墜されたとの最期も伝えられてきたが、近年では筒内爆発後に行方不明となった説が強い。

米軍記録によればこの日は撃墜機もなく、櫛の歯がこぼれるように名指揮官たちを失った三四三空に、もはや昔の勢いはなかった。

6日には広島に原子爆弾が投下され、たまたま上空を飛んでいた三四三空の本田稔少尉機は乱気流で200mばかり吹き上げられて、下を見ると広島市街が消えていた。基地に戻って報告したものの誰からも信用されず、翌日に「広島が超大型白色爆弾による

攻撃を受けた」との連絡があった。

三四三空最後の空戦は8月8日、24機の紫電改が九州北部に飛来した米軍機群を迎撃した戦闘だった。作戦を終えた米梯団の最後尾を目標として、3000m下のP-51編隊を80度の突入角度から急襲。この時、本田少尉は銃撃した機を操縦する、赤いマフラーの若いパイロットの顔を見た。本田少尉は単機で帰投中、8機編隊のP-51に遭遇してしまう。敵機はただちに2機4編隊で挟み撃ちによる撃墜を試みたが、阿蘇山の火口へおびき出して追撃を止めさせた。翌日の夜、本田少尉は撃墜した赤いマフラーのパイロットが、自分を睨みつける夢を見たという。

三四三空の戦果はP-51やP-47サンダーボルトといった強敵を6機撃墜、大型機はB-24を1機、B-29を1機撃墜したが、こちらも9機を失った。米軍記録による損失は1機のB-29のみで、記録に準拠するならばこれが三四三空最後の戦果となった。ここに記さなかった空戦も含めて、三四三空と戦った米軍機の損失は38機であり、3月19日の松山上空における空戦(14機)が最多戦果となる。

翌9日には長崎に原子爆弾が投下され、その様子を三四三空の隊員も目撃していた。本田少尉は救援隊として大村の海軍病院に赴いたが、「手も足も持つところのないほど崩れた」被爆者を目にして、戦後60年経っても消えないトラウマを残した。

三四三空では源田司令が、次に原爆搭載機が飛来した場合、自らが率いる2機の決死隊で迎撃する覚悟でいたが、その機会は訪れなかった。

終戦と紫電改最後の飛行

昭和20年8月15日、日本は戦争に敗れた。三四三空では血気盛んな隊員が抗戦を望んだが、確認のため東京に赴いた源田司令は、19日に松山および大村基地で日本が無条件降伏したと伝え、事実上の解散命令となる無期限の「休暇」を与えた。

8月18日、関東に飛来した米軍の新型重爆撃機B-32を、横須賀空の搭乗員らは自発的に迎撃。B-32は硫黄島に帰投したが1名が戦死した。この空戦に小町定飛曹長の紫電改も参加しており、紫電改最後の戦いは終戦3日後となった。

大村基地に進駐してきた米軍は、新型局地戦闘機の紫電改に興味を抱き、本国に持ち帰るに当たりテスト飛行を命じてきた。このため、帰郷したばかりの志賀飛行長と数名の搭乗員、整備員が呼び集められて、武装とプロペラを取り外していた機体を飛ばすべく準備を始めた。ちなみに9月1日時点での調査で、紫電と紫電改は計376機が健在だったという。9月中旬、志賀飛行長は紫電改で飛び上がると、スローロールを打った。慌てて監視のF6Fが寄ってきたが、地上に降りた志賀は鮮やかな飛行との賞賛を受けた。

10月16日、武装を外して米軍の国籍標識を描いた3機の紫電改は横須賀へ向かって飛び立った。機体が軽くなり、米軍の良質な燃料のおかげで「誉」エンジンが本来の性能を発揮した紫電改に、監視のF6Fが追いつけない。空輸の一員だった田中利男上飛曹による「なんとも痛快な気分だった。グラマンのパイロットに、スロットルを絞る真似をし、駄目、駄目と手を振ってみせた」という回想は、戦後生まれの我々も痛快に思う。空輸を終えた志賀飛行長は米輸送機の機長の京都観光に同行。気のいい機長は当時アメリカで売り出し中だった若手映画スター、タイロン・パワー少佐であった。

快翔で最後の飛行を飾った紫電改とほぼ同時期、戦闘四〇三の紫電も米軍に接収されるため基地を飛び立った。空襲で焼けただれた川西の鳴尾工場やその他の生産工場では、年末までに米軍の命令により紫電改や残っていた飛行機をすべて破壊した。

やがて戦後30年を過ぎた昭和53年(1978年)秋、愛媛県南宇和郡の久良湾で、水深約40mの海底に眠る紫電改が発見された。調査により、昭和20年7月24日のB-29迎撃戦で未帰還となった戦闘三〇一の機体と判明(武藤金義中尉機と考えられている)。修復後は四国の一大リゾート地「南レク」に展示され、現在もその勇姿をとどめている。

令和元年6月からは、兵庫県加西市の鶉野飛行場跡地で、平和学習や地域活性化の一環として製作された、紫電改の実物模型の公開が開始されて話題を呼んでいる。また、アメリカに渡った機体のうち、紫電は惜しくも現存していないが、3機の紫電改はアメリカ各地の博物館に展示されており、「ジョージ」(米軍は紫電改をこう呼んだ)に少なからぬ評価がなされていることは幸甚である。

紫電一閃。短い期間ながら紫電と紫電改が放った輝きは、今後も失われることはない。

米国へ搬送するため、大村基地から横須賀へ向けて空輸される直前の紫電二一甲型。主翼には米軍機マークが描かれている。昭和20年10月。この空輸が日本人の手による紫電改の最後の飛行となった

立川・昭和飛行機工場における昭和飛行機製の紫電二一甲型。昭和20年10月撮影

電光を閃かせた剣の志士たち

紫電／紫電改関連人物列伝

日本海軍航空隊最後の希望として大戦末期に輝いた紫電改。ここでは、その紫電／紫電改に祖国の命運をかけ戦った搭乗員や指揮官たちを紹介しよう。階級は終戦時、あるいは戦死時。文／松田孝宏（オールマイティー）

三四三空を創設した豪腕と思惑とは
源田実 大佐

個性豊かな隊員たちに負けない個性で、三四三空を創設して指揮したのが源田実である。明治37年（1904年）8月16日、広島に生まれ、海軍兵学校を52期で卒業。早くから航空に親しみ、戦前はアクロバット飛行の「源田サーカス」、緒戦は南雲機動部隊の航空参謀などの経歴を重ねた。

三四三空を創設したのは、かねてよりの持論である「戦いに負けているのは、戦闘機が負けているから。精強な戦闘機隊で制空権を握る」ためであった。その際に、これまでの人脈や軍令部員の立場で優秀な人材、機材をかき集めたことは批判されているが、多少でも強引な手段があったから実現したのであろう。

三四三空は戦闘隊長たちのアクの強さでも知られるが、源田曰く「私の『選考基準』はどこに置いたかと言いますと、なによりも隊長の性格でした』『戦闘隊の強弱が隊長の性格によって大きく左右される」とのことであった。

戦後にアメリカを訪れた源田は、米軍将校から三四三空を「あの部隊は強かった」と賞賛された喜びも示す一方、三四三空の慰霊祭では、戦死した部下の面影をまとう遺族を前に涙を流した。長らく参議院議員として活動した源田は、平成元年（1989年）8月15日に逝去した。

三四三空の屋台骨を支えた歴戦搭乗員
志賀淑雄 少佐

真珠湾攻撃、アリューシャン作戦、南太平洋海戦などに参加した歴戦搭乗員の志賀は、飛行長という立場で三四三空を支えた。

大正3年（1914年）東京に生まれ、海兵62期を卒業した。空技廠飛行実験部在籍時よりテストパイロットとして紫電、紫電改を操縦。紫電には「とても局戦として使いものになるとは思えなかった」と辛口な評価を下している。紫電改は機体の強度を入念に仕上げたが、飛行長として着任した三四三空で空中分解事故が発生、「おおいに悔やまれる出来事」となった。

源田から特攻出撃をほのめかされると「最初は私が行きましょう。兵学校出がいなくなったら、司令が行ってください」と強気な態度を示し、取りやめさせた。相手が誰であろうと譲らない気性の持ち主であった。くせ者揃いの三四三空飛行長として、志賀はこれ以上ない適任者であったと言える。平成17年（2005年）11月25日逝去。

「蒼空の器」と同期は言う維新隊ここに見参
鴛淵孝 大尉

海軍兵学校同期生（68期）で、戦後に作家となった豊田穣が「貴様の愛国の情熱に燃えた生涯を書き残してやるぞ」との想いを込めてその生涯を著作『蒼空の器 若き撃墜王の生涯』に記した鴛淵は、大正8年（1919年）10月22日長崎に生まれた。

台南空時代、笹井醇一、坂井三郎ら日本海軍屈指の搭乗員から指導を受けただけに、三四三空では菅野、林らの上に立つ先任指揮官となったこともうなずける。源田も「卓越した空中指揮」と激賞している。性格も寛容で、兵学校時代から鉄拳制裁を行わず、威張り散らす態度も見せないため信頼も厚かった。

菅野や林らの上に立つ指揮官として鴛淵を据えた源田は、彼の温厚な性格も戦闘時の闘志も評価しており、三四三空創設時の采配は見事であった。源田は鴛淵、菅野、林らは兄弟のようだったとも記しており、この3人が轡を並べて戦った期間の短さが惜しまれる。鴛淵はまた「戦場に行く者は女に心を奪われてはならない」との信念から生涯にわたって童貞を貫くなど、禁欲的とも、意志の強い人物とも思える。

しかし昭和20年7月24日、豊後水道上空の迎撃戦で戦死、1階級進級して少佐となった。最終撃墜数は6機と伝えられる。

寡黙ながらも熱血の指揮官天誅組いざ推参
林喜重（※） 大尉

「鴛淵大尉は温厚、菅野大尉はやんちゃ坊主、そして林大尉はその中間」とは、源田実による林評である。大正9年（1920年）7月17日神奈川に生まれ、海兵69期。鎌倉、浄明寺のひとり息子という出自も含めて、温厚、寡黙な隊長として伝えられることが多いが、二五一空時代をともに過ごした磯崎千利によれば「ウィットに富み、ユーモアもある明るい人で、よくみんなを笑わせた」と伝えるし、寡黙なだけの人物ではない。

戦死の前夜は対B-29戦法について菅野大尉と激論を交わすなど、物静かな外面に似合わぬ闘志を秘めていたことは、当時の林を知る誰もが認めることである。部下を思う心も人一倍強く、部下が戦死すると悲しみをあらわにするなど情味のあふれる指揮官でもあったから、周囲からの信頼は厚かった。

4月20日の夜、B-29への攻撃方法について隊長たちが論争。林は「次回の出撃でB-29を撃墜できなければ帰ってこない」と宣言して翌21日に出撃した。部下の見た林の最期は、単機でB-29の19機編隊を攻撃、1機を撃墜（撃破とも）したが被弾、不時着水したが戦死した。戦死後少佐。

（※）名を「きじゅう」と読む説もある。

最終撃墜数は5機。名隊長の戦死に鴛淵や菅野ほか隊員たちは大きな衝撃を受けた。

カンノ一番ここにあり 新選組ただいま参上
菅野直 大尉

大正10年（1921年）10月13日宮崎に生まれ、海兵を70期で卒業した菅野は、三四三空を代表する人物といえる。

初代三四三空でも分隊長、次いで飛行隊長として活躍。「ブルドッグ」という通り名にふさわしい性格で、B-24に体当たりしたこともある。神風特別攻撃隊が編成された当初、隊長が予定されていたが、たまたま不在で同期の関行男が選ばれた。以後、菅野は何度も特攻出撃を志願するものの技量優秀のため容れられなかった。

源田により三四三空が再編成される際、戦闘三〇一の飛行隊長を命じられると厳しい訓練で部下たちを鍛え上げた。しかし部下とともに酒を飲むなど、好漢として慕われた。

菅野の戦いぶりは、敵を発見するや電話（実用化している点に注目）で「菅野一番、敵機発見！」と知らせるや列機に構わず突進したと伝えられる。飛行学生時代の教官だった岩下邦雄は「何だかひどく乱暴な男」、同じ戦闘三〇一の笠井智一は「勇猛果敢というか猪突猛進というか」と、賛辞ばかりでない点は興味深い。

昭和20年8月1日、空戦時に愛機が膅内爆発を起こし、行方不明となり戦死と認定、2階級特進し中佐となった。公認撃墜数は25機である。

マフラーの刺繍は「ニッコリ笑へば必ず墜す」
杉田庄一 上飛曹

大正13年（1924年）7月1日、新潟に生まれ、丙種第3期飛行予科練習生を卒業した杉田は、ミッドウェー海戦が初陣（戦闘なし）の「戦中派」搭乗員であった。

初戦果はB-17を体当たりで撃墜したように、闘志に満ちた搭乗員であった。山本五十六連合艦隊司令長官が座乗する一式陸攻の護衛を務めたひとりだが、奮闘およばず長官機は撃墜された。昭和20年1月、三四三空の戦闘三〇一に配属されて戦果を重ねた。

勇猛を絵に描いたような杉田であったが、区隊長としては「どんな戦闘でも決して全速を出さなかった」「必ず部下の機を目の端に入れて編隊を崩さない」などの特徴が伝えられ、優れた空戦指揮官でもあった。

杉田の最期は昭和20年4月15日。敵襲に際して飛び上がった杉田機に攻撃が集中し墜落。戦死後2階級特進し少尉となった。撃墜数は120機と、海軍でも最多の撃墜記録が伝えられるが、近年では30機程度が妥当とされている。

人呼んで空の宮本武蔵 皆に愛された「金ちゃん」
武藤金義 少尉

武藤は大正5年（1916年）8月18日に愛知に生まれ、呉海兵団の機関兵から空の道に転じた異色の経歴を持つ。すでに中国戦線で十分な経験を積んでおり、太平洋戦争も比島や蘭印作戦、ソロモン、東部ニューギニアと転戦した。

横須賀空時代に単機の紫電改で12機のF6Fに挑んだ戦いから、「空の宮本武蔵」と呼ばれたという。小兵だが運動神経抜群、性格も明朗快活で「金ちゃん（金さん）」と誰からも慕われた。

しかし闘志はほかの搭乗員に劣るものではなく、某所に不時着した搭乗員が米兵と間違えられ住民から殺害されたと知るや、その地を「銃撃してやる！」と怒りをあらわにした。

三四三空には戦死した杉田庄一にかわり、菅野隊長の護衛役として着任した。昭和20年7月24日、豊後水道上空の空戦で戦死した。戦死後中尉。武藤と入れ替わりで横須賀空に異動した坂井三郎を嘆かせた。撃墜数は35機、または28機とされる。

「大空のサムライ」が見た三四三空
坂井三郎 少尉

大正5年（1916年）8月26日佐賀に生まれ、海兵団から航空に転じた坂井の活躍は、自著『大空のサムライ』などに詳しい。

昭和19年12月、三四三空にやって来た際は負傷による視力低下で往事の空戦は不可能となっていたが、教育係としても優れた能力を発揮した。歴戦の坂井から見れば、故障の多い誉エンジンや、エースを除く搭乗員（「平均すればCクラス」とのこと）は不安があったようで、着任早々に「局地戦闘機（紫電一一型空中使用標準参考）」と題されたマニュアルを作った。カウルフラップの使い方など、エース坂井だからこそできる仕事であった。

撃墜数は64機とされるが、実際には約30機ともいわれる。平成12年（2000年）9月22日に逝去した。

四等水兵から大尉へ 叩き上げの超ベテラン
磯崎千利 大尉

大正2年（1913年）1月12日に愛知に生まれた磯崎は、中学卒業後に海軍へ進み、第19期操縦練習生を卒業して戦闘機乗りとなった。教員時代の教え子に坂井三郎もいたことから、磯崎がいかに古豪か理解できよう。

日中戦争を経て太平洋戦争では二五一、二〇四、二〇一空と転じながらラバウルで戦った。落としても落としても米軍が増強されたのは有名だが、交代直後の米パイロットは戦闘慣れしておらず、磯崎は「かきいれどき」と称して得意の格闘戦に引きずり込んで戦果を挙げた。単機で16機の敵に遭遇しても辛うじて生還するなど、抜群の技量が伝えられている。

　三四三空戦闘三〇一の分隊長として終戦を迎え、13年の空戦生活で総撃墜数は12機。三〇二空、三四三空の謙虚な名教官として、戦後も尊敬を集めた。平成5年6月20日に逝去した。

激戦を生き抜いた老練搭乗員 松場秋夫 中尉

大正3年（1914年）10月25日、三重出身の松場も超ベテラン搭乗員のひとりである。第26期操縦練習生を卒業後、終戦まで10年間の飛行生活を送ることになる。昭和12年8月の初陣後、太平洋戦争では紫電装備の戦闘七〇一で台湾沖航空戦や比島航空戦に参加して生還した。

　昭和20年1月下旬、鴛淵大尉が指揮する戦闘七〇一の分隊士として三四三空に着任。伝説となった3月19日の空戦では、20ミリ機銃4挺の威力に驚倒しながら、2機の撃墜を報じたが負傷で入院した。5月15日には、出没するごとに漁船や連絡船に銃撃していた米飛行艇を攻撃したが、被弾してまたも負傷。入院中に終戦を迎えた。撃墜数は18機。

取り消された特進 戦闘四〇七の中核 本田稔少尉

大正12年（1923年）、熊本に生まれた本田は甲飛第5期飛行予科練習生を経て、昭和17年に初陣を迎えた。同年9月の空戦ではコロンバンガラ島に不時着、住民の世話もあって生還した。ところが二階級特進で葬儀の準備が進められており、直属の上官は戦死を期待して連日、敵地への偵察を命じた。これをさらに上級将校が知ると、理不尽な命令と二階級特進は取り消された。

　昭和19年に戦闘四〇七へ配属、同隊が三四三空指揮下となると防空戦などに活躍した。大戦を生き延びた本田は手記も残しており、末期の戦闘四〇七ひいては三四三空の戦いを伝えている。

　戦後は三菱でテストパイロットを務めた。撃墜数は17機とされる。

敵を見逃した優しさと「新選組」の誇り 宮崎勇 飛曹長

大正8年（1919年）10月5日、香川に生まれ、丙種第2期飛行予科練習生から戦闘機乗りとなった。

　昭和17年に二五二空の一員としてラバウルに進出、昭和19年1月の空戦で宮崎は手負いのF6Fを発見する。反撃が不可能なことを認めた宮崎はパイロットの悲壮な面もちに撃墜する気を失い、これを見逃した。残念ながらフレッチャー！ジョーンズ少尉は不時着水して溺死してしまった。

　二五二空の壊滅後、昭和20年1月に三四三空の戦闘三〇一に転じる。笠井智一は、宮崎が「おれは新選組の近藤勇だ」と言い、指揮所を「屯所」と呼ぶなど士気高い様子を伝えている。大戦を生き抜いた宮崎は、総撃墜数13機と伝えられる。平成24年（2012年）4月10日逝去。

戦後長らく紫電改の戦いを伝える 笠井智一（かさいともかず） 上飛曹

大正15年（1926年）3月8日、兵庫に生まれた笠井は甲種第10期飛行予科練習生から搭乗員の第一歩へ進んだ。二六三空で戦ったのち三四三空の戦闘三〇一へ配属となる。ここで杉田庄一区隊の2番機を務めたが、初めての空戦で2機撃墜を申告したところ、「こらー、笠井」と殴られた。杉田はめったに人を殴らないが、編隊を離れたことや、墜落を確認していないことに鉄拳を振るったのである。戦後、杉田の母堂と弟君を杉田が戦死した場所に案内したのも笠井であった。杉田に鍛えられた笠井は10機の撃墜を記録した。

　令和元年12月現在で存命の笠井は、多くの手記や証言で紫電改隊の実相を伝えており、今後も末永い健勝が望まれる。

三四三空史に輝く9機撃墜の偉業 加藤勝衛（かつえ） 飛曹長

大正13年（1924年）、茨城出身の加藤は予科練から飛行艇専修となったものの、戦闘機搭乗員の消耗が激しかったことから機種変更となった。短期訓練後は三八一空、一五三空戦闘三一一などで戦歴を重ねた後、昭和19年に三四三空へ配属された。

　三四三空での初陣は昭和20年3月19日、松山の空戦である。戦闘三〇一菅野隊長区隊の3番機として出撃した加藤は、実に9機の撃墜を申告。三四三空らしく編隊単位での戦闘のため個人の戦果にはならず公認もなされなかったが、全軍に布告された。

　4月16日、奄美大島上空で多数のF6Fと交戦し、戦死した。加藤は3月の戦果を含む10機の撃墜を主張していた。

零戦の初戦果も飾った信頼厚い紫電隊指揮官 白根斐夫（しらねあやお） 少佐

大正5年（1916年）東京に生まれ、海兵64期を卒業後は第31期飛行学生となって戦闘機操縦員となった。昭和14年に一二空に配属され、昭和15年9月13日の重慶攻撃では零戦が27機撃墜、損失なしという初戦果を挙げ、初陣の白根も1機を撃墜している。

　太平洋戦争では「赤城」「瑞鶴」分隊長として活躍、昭和18年11月に最初の紫電隊、三四一空が編成されると飛行隊長となった。

　しかし未熟な搭乗員と紫電が故障続きのため、昭和19年10月にようやくルソン島に進出を果たす。比島戦は熾烈で、戦果も得たが損害も多かった。戦闘七〇一飛行隊長として奮戦していた11月24日にP-38と交戦、戦死（自爆）した。戦後中佐。公認撃墜数は9機で、病に倒れていた前任の岩下邦雄大尉はおおいに悔やんだ。

紫電改の設計を担当着艦試験も見守る 菊原静男 技師

菊原は川西の設計者として、紫電と紫電改を設計した。開発が難航した紫電について、「紫電の試験飛行の初期は、ちょうど発動機の空中実験のような感があった」と回想している。紫電改の試験飛行は「満足すべきものであった」とのこと。

　記憶力に優れ、進取の気性に富む菊原は、試験飛行で最も重要なことは良きテストパイロットを得ること、との持論があった。志賀少佐とのコンビは抜群で、「紫電改は志賀少佐によって磨きをかけられ」たとしている。山本大尉の「信濃」着艦実験にも立ち会い、降りてきた大尉と固い握手を交わすなど精力的な面も伝えられる。

　戦後も得意としたPS-1飛行艇の開発などで長らく活躍、日本航空史に名を残す逸材である。明治39年（1906年）兵庫出身、平成3年（1991年）逝去。

紫電改のパイロットになってみよう！

紫電から面目を一新した紫電改を、搭乗員たちはどのように感じていたのだろうか。本稿では架空の一パイロットの視点から、その特徴、および配備部隊となった三四三空での戦い方などを見ていこう。

文／伊吹秀明　イラスト／栗橋伸祐

比島戦における紫電の戦い

「ひっくり返った！」
「畜生、まただ」
「早く助けろ」

三点姿勢の着陸態勢に入り、滑走路を100mほど進んだあたりでその「紫電」は前につんのめり、ひっくり返った。悲鳴のようなエンジン音が消えぬ中、整備員たちが駆け寄っていく。

ねじ曲がったプラペラにちぎれ飛んだ主脚。「マニラ富士」と呼ばれるアラヤット山が見下ろす中、負傷した搭乗員が担架に乗せられ、運ばれていった。一刻も早く滑走路を空けるため、油圧装置から吹きだした油で汚れている機体も整備員たちによって脇に押しだされた。眉をひそめるのは何度目か。このマルコット飛行場では見慣れた光景だった。

俺たち戦闘第七〇一飛行隊（略称S七〇一）が、台湾沖航空戦を経て、フィリピン、ルソン島にあるクラーク航空基地群のひとつ、マルコットに進出したのは昭和19年（1944年）10月のことだった。

米軍はすでにレイテ島に上陸していて、日本陸海軍はまさにレイテ決戦の真っ最中。11月にS七〇一は第二航空艦隊の第三四一航空隊に編入され、同じ局地戦闘機 紫電を使用するS四〇一およびS四〇二と合流した。統一指揮を執るのは、最先任である我がS七〇一飛行隊長の白根斐夫大尉だ。

この紫電は、日本海軍で初めて2000馬力級エンジンの「誉」を装備し、自動空戦フラップ等の新基軸を盛りこんだ最新鋭戦闘機だ。これで米軍の新型戦闘機とも五分以上に渡り合えると、期待は大きかった。

だが、新型機にはトラブルが付きもので、紫電もまた例外ではなかった。さらに白根隊長は日華事変以来のベテランだったが、S七〇一は分隊長以下、搭乗員の大部分は飛行教育を終えて間もない若手ばかり。クセの強いJ（紫電の機種記号N1K1・Jからパイロットたちは紫電をこう呼んだ）を扱うのは、いささか荷が重いというものだ。

とはいえ戦局は大変厳しく、弱音を吐くことは許されない。出撃の搭乗割に従い、俺は紫電の操縦席に乗りこんだ。

エナーシャをまわしていた整備員がプロペラから離れるのを確認して、誉エンジンを始動。振動は少なく、爆音も意外となめらかだが、馬力は零戦の栄エンジンの2倍である。操縦桿を両足で挟んで巻きこみ、しっかり当て舵を強くしないと、機体が左向きに回転してしまう。強力なエンジントルクだけでも厄介なのに、プロペラ後流が垂直尾翼に当たるという構造的な問題が紫電にはあった。

そしてこの視界の悪さ。座席をなるべく高くして、目を凝らすが、前下方は死角も同然だ。被爆後の補修されていない滑走路に穴や窪みがないことを祈って滑走、離陸する。

次の難関は主脚の引きこみだ。油圧装置の脚・フラップ切り換えレバーを中正にして油流を脚系統に送り、脚操作レバーを引く。まずワイヤーと油圧装置の働きによって脚柱を収縮させ、それから脚室内への揚収に入る。

何故このような面倒な手順を踏まねばならないかというと、脚柱が長すぎるからだ。もともと紫電は水上戦闘機「強風」からの改造機で主翼の位置が高い。それだけ脚柱も長くなって、機体内に収容するための苦肉の策がこの二段階方式というわけだ。ところが、この複雑な構造から想像できるように主脚の故障は多くて、離着陸時の事故の大半はそれが原因となった。

およそ30秒ほどかけて主脚の引きこみは完了（試製型では2分もかかったという）。空気抵抗が減ったとたん、グッと加速感が強くなり、座席に体が押しこめられる。まずは離陸という第一関門を突破した。

航続距離の短い紫電は進攻作戦よりも、基地防空や船団の護衛哨戒といった使われ方をされていた。防空戦は局地戦闘機の土俵であるが、紫電はその高速力を買われて索敵、敵機動部隊への白昼強行偵察、さらに大火力も見こまれて敵上陸軍への銃撃にも駆りだされていた。

そして今回の攻撃目標は――

比島マルコット飛行場に進出した戦闘七〇一だったが、紫電は滑走中に主脚を折る事故が続発した。また、比島戦での紫電隊は空中戦以外に、魚雷艇攻撃などにも投入されている

青い海原の中に、長く伸びる白い筋が見えてきた。米軍の魚雷艇の航跡だ。ちょろちょろと島陰から出没し、レイテ島へ増援をしようとする我が軍の輸送部隊を襲撃する厄介な敵だった。

すでに機銃切換スイッチは入れている。九八式射爆照準器が目標をとらえると、俺は発射レバーを引いた。水柱が海面を縫い、魚雷艇の上を通過。艇上が爆散したかのような炎を上げる。さすが20㎜機銃4挺の威力は凄まじい。

このように魚雷艇狩りを含めて我々紫電隊はいろいろと奮戦したが、敵は陸海空すべてにおいて圧倒的な物量で攻めてくる。

たしかに紫電は性能的にすぐれた点を垣間見せたものの、前述の主脚、そして最大の強みであるはずの誉エンジンも故障が多発して、稼働率は低かった。搭乗員、整備員たちもチフスなどの伝染病によって倒れ、戦力は消耗していく。

11月24日に白根隊長が低空攻撃中、オルモック湾上で戦死すると、S七〇一は解隊も同然の状態となり、12月上旬には内地に引き揚げることとなった。

決定版！紫電改登場

「J改に乗れる？　ホントだな！」

それが事実であることを知った、S七〇一の隊員たちは歓喜の声を上げた。

昭和20年1月1日に新飛行隊長として着任した鴛淵孝大尉を先頭に、隊の再建にかかったS七〇一は新編の第三四三航空隊に転属となり、四国の松山に移動していた。

装備機も紫電一一型から、その改良型である二一型、すなわち「紫電改」に改変することになったものの、それが待てども待てどもやってこない。どうやら生産が思うように進まず、べつの飛行隊の方へ優先的にまわされているようだ。

仕方なく、訓練は紫電で行われた。紫電には慣れているはずのS七〇一ではあるが、搭乗員の多くは補充隊員なので一からのやり直しに近い。ただでさえ扱いにくい紫電がジャク（新人）にとって難物であることは容易に想像できるだろう。

それ故、J改こと紫電改がようやく到着したときの喜びは大きかった。貴重な飛行機をいきなりジャクに壊されては困るということで、戦地帰りのパイロットから試し乗りすることになった。なあに、俺も苦労した紫電がどう変わったのか、直に確かめたくなったというわけだ。

まずはくるりと機体まわりを観賞、いや、点検してから、左翼側の足掛けを使って登り、中央の第二風防を後方にスライドさせて操縦室に入る。

すぐに分かったのは、視界の違いだった。紫電改は機首まわりがすっきりと整形されていて、紫電では悪かった地上視界が改善されていた。これは良い。

電源スイッチを入れ、計器類を確認。プロペラピッチを低速にして、MC（混合比）レバーを最濃にする。

整備員に「エンジン始動」のかけ声と手信号を送り、スターター結合レバーを引いた。誉エンジンの爆音が轟き、四翅プロペラが回りだす。強めに舵を当てつつ、タキシングを開始。フットバーで方向舵を操り、機体を滑走路の端までもっていく。その位置でブレーキを踏みながら、規定出力に上がるまでスロットルを目一杯開く。

プロペラトルクが強力なのは紫電と一緒だが、左方向に振られる力はいくらか和らげられている。紫電改では、プロペラ後流が垂直尾翼に当たらないよう、機体が再設計されているとのことだ。

離陸点から機体が走りだした。紫電のときにあった不安定感はない。速度が増すにつれて尾部が上がってくるので、操縦桿をやや引いて水平状態を保ち、離陸速度に達したところで操縦桿をさらにグイと引きこむ。尻の下の振動が消えて、機体が浮き上がったことが分かる。

上昇しながら、主脚と尾輪を収納する。長い脚柱を折りたたんでから収納していた紫電と違って、紫電改ではふつうに一発収納ができるようになっていた（紫電の30秒から8秒に！）。主翼を低翼化して、脚柱を短くできたためだった。これで主脚の故障による離着陸時の事故を減らすことができるだろう。

乗り比べてみて、紫電改は紫電よりも明らかに扱いやすい機体になったといえる。戦後に製作された映画や戦記読み物で「達人ぞろい」のイメージがある三四三空だが、操縦学生や飛行練習生上がりの若手が多かったのが事実だった。彼らにすると紫電改は紫電よりはるかに乗りやすく、我々パイロット全体にとっても頼りになる戦闘機の登場であった。

初陣にて大空戦！これが紫電改の戦いだ！

3月11日、三四三空の源田実司令は連合艦隊あてに「200機程度の敵戦闘機隊は一会戦にて撃滅」と強気の電報を打ち、そのレベルに達する錬成完了目標を5月中旬としていた。

紫電一一型から紫電改（二一型）になって改善されたポイントを、実際に飛ばして確かめてみる。特に地上での視界や主脚にまつわるトラブルが大幅に改善された

だが、敵はそこまで待ってはくれなかった。3月中旬に空母16隻からなる強大な米機動部隊が西日本に迫り、18日には九州各地の飛行場が艦載機による空襲を受けた。

続いて敵の大編隊が四国、中国地方に来襲することは必至である。三四三空司令部では、源田司令以下、飛行長、通信長などの士官幹部たちが夜を徹して、米機動部隊の動向を追っていた。

三四三空には、大きな特徴がふたつある。

まずは情報収集と通信の重視。誉エンジンを搭載した新鋭の高速艦偵「彩雲」からなる偵察第四飛行隊を擁していた。松山基地の指揮所を中心とした、電探・地上監視哨・海上の監視漁船を結ぶ防空情報網の構築も抜かりない。雑音ばかりで取り外すパイロットさえいた航空無線電話機も、横須賀航空隊の支援を受けて性能向上に成功していた。

19日未明の午前4時、彩雲が索敵のために発進する。続いて、S七〇一と四〇七の分隊長が指揮する上空直掩隊の紫電7機が飛び立つ（8機の予定が主脚の折損事故で減っていた）。

三四三空の主体は三〇一、四〇七、七〇一の3個戦闘飛行隊で、定数は紫電改各48機ずつなのだが、この時点では全部は満たされず、一部は紫電を使用していた。先発した紫電は、松山基地上空を空中哨戒し、本隊となる紫電改の離陸前に敵機が現れた場合、楯となる任務を与えられていた。

「全機始動！」

上空に紫電が舞い、朝日が基地を照らしだして間もなく、即時待機していた紫電改50余機の誉エンジンが爆音を上げる。発進準備が進む中、索敵機や電探哨所から敵大編隊の動向が伝えられてくる。

「全機発進！」

風上である北西に向かって紫電改が走りだす。滑走路ではなく、飛行場南側の芝地を滑走し、海に向かう。先頭機は総指揮官を兼ねた我がS七〇一の鴛淵飛行隊長。大尉直率の第一中隊16機が一糸乱れぬ編隊離陸を成功させ、この中には俺の機も含まれていた。

つづいてS四〇七からなる第二中隊、S三〇一の第三中隊が発進する。数機がトラブルに見舞われたものの、50機の戦闘機が編隊離陸を完了するまで10分。錬成の成果と士気の高さがうかがい知れた。

上昇しつつ、カウルフラップ全開、プロペラピッチを「低」、OPL照準器を点灯、自動空戦フラップレバーを「空戦」に、といった手順で戦闘準備を進めていく。

彩雲、電探監視哨等、各所から集められた敵情が指揮所経由で各飛行隊に伝えられる。総指揮官機は邀撃針路を決め、各中隊長、区隊長に送り、列機がそれに従う。

三四三空の特徴のふたつ目は、編隊単位での戦闘を徹底していることだ。

かつて日本軍戦闘機隊は3機編隊が基本。空戦は単機での巴戦（格闘戦）を好むものが多かった。しかし、実戦では米軍戦闘機隊の編隊戦法、一撃離脱戦法に苦戦を強いられることになっていく。

三四三空では、紫電改への慣熟訓練と同時に最初から編隊戦闘を戦技の基本として錬成を行ってきた。基本は4機編隊でそれを区隊という。1番機は区隊長。1番機（長機）と3番機（列機）、2番機（長機）と4番機（列機）がそれぞれペアを組む。2個区隊8機をもって1個小隊。1個小隊以上の編隊が中隊となった。

紫電改は強力な上昇性能を発揮し、報告にあった敵編隊より高い高度に達していた。

「敵機発見！」

列機の報告から雲霞のごとき大編隊を認めた鴛淵隊長は、太陽を背になるよう、敵と交差する方向に自隊を誘導した。

「突撃！」

密集を解き、区隊ごと、さらには2機ずつの戦闘隊形をとっていた我が隊は、優位高度から攻撃をしかけた。

たちまち間合いは縮まり、米軍機の白い星印が見えてくる。コルセアだ。長機に続いて、列機の俺も射撃を浴びせる。照準器の中で、敵機が白煙を吹き、その翼がちぎれ飛ぶのが見えた。

我が中隊だけで一降下のうちに十数機は葬ったかに思えたが、敵機の大集団の中にいては袋だたきになるので、そのまま高速で抜けだした。

十分に距離を稼いだあと、機体を引き起こす。続く長機の急旋回に、俺は遅れまいとする。こういうとき、翼から自動的にフラップが出るのは、紫電改から引き継がれた頼れる機能だ。こちらは細かい操作に煩わされず、空戦に専念できた。

区隊単位で上昇に転じ、次の攻撃目標に狙いをつける。攻撃を受けた米軍も、編隊単位の戦闘態勢に入っていた。無線電話の中に英語の緊迫した声が混じる。すでに出現した日本機がこれまでと同じではないと気づいたやつもいるだろう。だが、もう遅い。

風を切って降下に入り、照準器に敵機をとらえた。本土を蹂躙しようとする憎っくき相手に対して俺は20㎜弾の鉄槌を浴びせる。

新鋭機・紫電改とともに、2機一組を基本とした編隊戦法も導入した三四三空が、F4U コルセアに襲いかかる。これまでの日本軍戦闘機のようにはいかないと、敵も気付いたことだろう

紫電改と大戦後半のライバル戦闘機の比較

文／本吉 隆
写真／USN、USAF、IWM

日本海軍最良の実用戦闘機という評価が定まっている紫電改だが、他の戦闘機と比べるとその性能はどうだったのだろうか。ここでは米英独日の大戦末期の単発単座戦闘機８機種と比較してみよう。

P-47Dサンダーボルト（アメリカ陸軍）

紫電改が実用化された時期に配備が進められていた「新サンダーボルト」こと「バブルトップ」型の場合、基本速度で紫電改に大きく勝り、上昇性能も緊急出力を使用すれば不利な面は無いなど、紫電改の優位は旋回性能のみと、かなり苦しい展開となる。

紫電改の「誉」発動機の運転制限が解除されれば、P-47D側が緊急出力不使用であれば、各高度域で紫電改が優位に戦闘を進められる可能性が出てくる。ただしP-47Dが緊急出力を使用した場合、低高度域では紫電改が優位に戦闘を進められる公算もあるが、高度が上がるに従ってその優位は消滅していき、二速公称高度では厳しい展開になるかと思われる。

速力、火力、防御力、高高度性能に優れるヘビー級戦闘爆撃機のP-47D。紫電改はP-47には分が悪く、１機も撃墜できなかった可能性が高い

リパブリック P-47D サンダーボルト

全幅：12.42m／全長：10.99m／翼面積：29.9㎡／全備重量：7,900kg／エンジン：P&W R-2800-59 ダブルワスプ（2,300hp）／最大速度：685km/h（9,144m、緊急出力）／上昇力：6,096m/9分31秒／航続距離：1,450km／固定武装：12.7mm機関銃×８／

P-51Dムスタング（アメリカ陸軍）

運転制限下の紫電改相手であれば、P-51Dは基本的に旋回性能以外は紫電改に勝り、高速空戦であれば旋回戦闘でも対等に戦いうるので、低速の旋回戦以外の状況では紫電改側に相当の不利が生じるのは明らかだ。これは三四三空の唯一の対P-51D戦で、「戦闘経験の少ない」P-51隊に敗北した戦例が残ることからも確かだろう。

ただし紫電改の「誉」の運転制限が解除されれば、速度性能は海面高度で同等、二速公称高度域での速度性能差が20km/h程度に低下する、またズーム上昇ではP-51Dに負けるが、単純上昇性能では紫電改が優位に立てる。高々度ではその性能差が広がるので紫電改が不利だが、低高度域であれば互角に戦えると思われる。

高いレベルで性能のバランスが取れ、第二次大戦最優秀戦闘機とも称されるP-51D。紫電改を性能的に圧倒しており、紫電改はP-51を１機も撃墜できなかったとみられる

ノースアメリカン P-51D ムスタング

全幅：11.28m／全長：9.83m／翼面積：21.7㎡／全備重量：4,585kg／エンジン：パッカード マーリン V-1650-7（1,490hp）／最大速度：703km/h（高度7,620m）／上昇力：6,100m/7分18秒／航続距離：3,700km（最大）／固定武装：12.7mm機関銃×６

F6F-5ヘルキャット（アメリカ海軍）

紫電改は「誉」の運転制限下でも、F6Fに対し最高速度は同等かやや劣る程度、単純上昇性能と旋回性能で勝るので、単機空戦であれば互角かそれ以上に戦える能力はあった。

ただしズーム上昇と降下加速はF6Fの方が勝り、無線装備の充実等もあって編隊空戦では彼の方に優位があり、搭乗員の練度差もあって紫電改は実戦では苦戦を強いられた。

また大戦末期、米海軍がカミカゼ対策として使用燃料を向上させた（130グレード→145グレード）結果、最終時期にはF6Fが最高速度でも紫電改を上回ったので、F6F側が一層優位になる。だが「誉」の運転制限が解除された場合、紫電改の最高速度は高品位燃料使用時のF6Fに相当し、ズーム上昇と降下性能以外は性能面では全て勝る形に戻せるので、F6Fに対して同等に戦える相手となるだろう。

マッシブな外見もよく似ており、性能的にも紫電改のライバルと言えるF6F。米戦闘機としては速力は平凡だが、格闘性能が高く防御力も優れる

グラマン F6F-5 ヘルキャット

全幅：13.06m／全長：10.22m／翼面積：31㎡／全備重量：5,779kg／エンジン：P&W R2800-10W ダブルワスプ（2,000hp）／最大速度：612km/h（高度7,100m）／上昇力：6,100m/9分30秒／航続距離：2,180km（最大）／固定武装：12.7mm機関銃×６

F4U-1コルセア（アメリカ海軍）

戦時中の主力であるF4U-1系列の場合、速度性能の優位と加速性の高さを利して戦えば、紫電改に優勢を以て交戦出来るが、これを活かせない場合、運動性能が劣ることもあり、F6Fに比べても紫電改との空戦にはより困難が生じたはずだ。そしてこれは、紫電改の「誉」の運転制限が解除された場合、F4U側が145グレード燃料を使用しても、紫電改は速度で同等、上昇力で上回るので、よりF4U側は不利になる。

その一方で、戦争最終時期に戦列化されたF4U-4であれば、運転制限下の紫電改には速度性能で大きく勝り、上昇性能も優良なので、P-51D同様に基本優位に戦うことが出来るはずだ。運転制限解除後の紫電改に対しても、緊急出力を使用すれば速度・上昇力共に優位を保てるので、紫電改に対して互角以上に戦えるはずだ。

F6Fと並んで紫電改の好敵手といえるF4U-1。速力と防御力でやや紫電改に勝り、格闘性能と火力で劣るため、総合的な性能はほぼ互角

ヴォート・シコルスキー F4U-1 コルセア

全幅：12.49m／全長：10.16m／翼面積：29.2㎡／全備重量：5,411kg／エンジン：P&W R-2800-8/-8W ダブルワスプ(2,000hp)／最大速度：636km/h(高度6,949m)／上昇力：6,096m/8分／航続距離：1,633km／固定武装：12.7mm機関銃×６

四式戦闘機「疾風」(日本陸軍)

同じエンジン出力制限下であれば、基本的に速度は四式戦の方が高速だが、上昇性能や降下性能に大きな差は無く、運動性は紫電改の方が良好となる。このため四式戦は対F6Fと同様に旋回主体の格闘戦に巻き込まれないようにすれば優位に戦闘を進めることが可能で、紫電改はその逆の戦法を取れば優勢を持って戦えるだろう。

エンジン出力制限解除後の性能差異も概ね同等の様相を呈するので、空戦の基本は変わらない状況となる。ただこの両機は、F6FとF4Uを比較して、「同じエンジンで同様の機体規模と重量を持つ機体であり、各性能の得失はあれど大きくは無く、概ね互角と言える」という評と同様に、性能面での得手不得手はあるが、総じて互角の戦闘能力を持つ機体だと筆者は考える次第だ。

四式戦は紫電改と同じエンジンを積んでいるが、紫電改より速力に優れ、格闘性能では劣る。勝敗はパイロットの腕次第と言えそうだ

中島キ84 四式戦闘機一型甲
全幅：11.24m／全長：9.74m／翼面積：21㎡／全備重量：3,890kg／エンジン：中島ハ45（1,990hp）／最大速度：624km/h（高度6,000m）／上昇力：5,000mまで6分24秒／航続距離：2,500km（増槽使用）／固定武装：20mm機関砲×2、12.7mm機関砲×2

艦上戦闘機 烈風(日本海軍)

ハ43装備の「烈風」の場合、運転制限下にある紫電改に対しては、速度と上昇性能に勝り、降下性能も機体強度の問題が解決すれば、概ね同等かやや劣る程度である。

旋回性能は翼面荷重の低さもあって優良であり、速度性能の優位もある。格闘戦性能はF6Fに対して「F4F対零戦三二型」と同様の状況、と評されるほどに優良なので、紫電改より格闘性能でも勝る。このため烈風は、この状態の紫電改に対しては全高度域で全面的に優位に立てるだろう。

だが、ハ43装備の烈風はこれ以上大きな性能の上積みが見込めないが、紫電改は烈風の登場時期には、運転制限解除で相応の性能向上が見込める状況にある。この場合、紫電改の方が二速公称高度域以下の全高度域で20km/h程度は優速かつ上昇性能も同等程度になる。そのため烈風は旋回性能の優位は持つが、紫電改が速度性能の優位を持つため、格闘戦を含めて互角に戦闘を進めることが可能となると考えられる。

三菱A7M2 艦上戦闘機 烈風一一型
全幅：14.00m／全長：11.04m／翼面積：30.9㎡／全備重量：4,720kg／エンジン：三菱ハ43一一型（2,200hp）／最大速度：624km/h（高度5,760m）／上昇力：6,000m/6分5秒／航続時間：1,960km＋全力30分（増槽使用）／固定武装：20mm機銃×4
(※)写真は31ページを参照。

<総　評>

ここでは総じて戦闘機としての性能に勝る紫電改のみで比較をしたが、その運転制限下の性能は、同機配備時期の米海軍のF6FとF4Uに対しては同等程度の性能だと言えるが、他の米英戦闘機に対して伍するには厳しいものがある。

運転制限解除後であれば、それらの機体に対しても伍するか、やや劣るも相応に戦いうる能力があるが、より性能が向上するP-47M/N等の新型戦闘機に対しては、一層の性能向上が必要だったことも確かだろう。

海軍が「昭和20年中は本機を主力とし得るが、昭和21年にはより高性能な新戦闘機が必要」という評価を下していたのは、概ね正鵠を得た物だったと言えるのでは無かろうか。

Fw190D-9(ドイツ空軍)

初期の出力増強機構無しのD-9の場合、運転制限下の紫電改に対して低高度域での速度は同等かそれ以上、中高度域以上では勝っており、上昇性能は同等程度、降下性能は基本的に勝ると見てよい。

このため紫電改は低高度域であればFw190D-9に伍して戦えるが、それ以上の高度域では「劣悪」と米軍に評されたFw190Dの運動性能を突いて、格闘戦で勝利を収めるしか無いだろう。より出力の高いMW50装備の型であれば、速度性能の差は更に広がるので、紫電改の不利は更に悪化する。

一方、紫電改の「誉」の運転制限解除後であれば、出力増強機構無しのD-9に対しては、紫電改は速度性能と上昇性能で同等かそれ以上の性能を持つので、優位に戦闘を進められる。

また出力増強機構およびMW50装備のみのFw190D-9なら、Fw190D-9は二速公称高度域で20km/h程度紫電改に速度で優っているものの、上昇性能は同等なので、紫電改の勝機は大いにある。一方で少数が生産された出力増強機構とMW50の両者を装備する機体では、紫電改側は速度で劣り、上昇性能で互角かやや劣る程度となるので、D-9の方が基本優位になると思われる。

高高度迎撃戦闘機型のFw190D-9。出力増強機構およびMW50（メタノールと水の混合液を使った出力増大装置）の有無により性能が大きく異なる

フォッケウルフ Fw190D-9
全幅：10.51m／全長：10.19m／翼面積：18.3㎡／全備重量：4,270kg／エンジン：ユンカース Jumo213A-1（1,770hp）／最大速度：686km/h（高度6,600m）／海面上昇率：950m/分／航続距離：810km／固定武装：13mm機関銃×2、20mm機関銃×2

スピットファイアMk.XIV(イギリス空軍)

運転制限下の紫電改に対して、本機は高度7,600m以上では100km/h以上の速度優位を持つ事を含めて、全高度域で速度性能で勝る。上昇力も大幅に勝っており、降下性能も同等なので、紫電改が勝るのは旋回性能のみとなる。だがP-51D同様に高速空戦であれば、旋回率の高さもあってスピット14は紫電改と互角以上に旋回戦で戦いうるなど、総じて英軍をして「(スピット14とP-51Dは)甲乙を付けがたい」とされたP-51Dに近い評価をすることが出来る。

紫電改の運転制限が外れた場合、紫電改の二速公称高度域以下であれば本機の速度性能は海面高度で同等だが、二速公称高度域付近で30km/h優速となり、上昇性能は全高度域で紫電改に勝る。このため低高度域での格闘戦では紫電改も互角に戦える可能性が出てくるが、二速公称高度域付近では総じて不利となり、高々度域では紫電改がスピット14に対抗するのは困難となるだろう。

グリフォンエンジンを搭載し700km/h以上の最大速度を誇るスピットファイアMk.XIV。紫電改とは約100km/hの速度差があり、紫電改はかなりの苦戦が予想される

スーパーマリン スピットファイアMk.XIV（14）
全幅：11.23m／全長：9.96m／翼面積：22.5㎡／全備重量：3,972kg／エンジン：ロールスロイス グリフォン65（2,035hp）／最大速度：711km/h（高度7,400m）／上昇力：1,113m/分／航続距離：740km／固定武装：12.7mm機関銃×2、20mm機関砲×2

紫電／紫電改 ランダムアクセス

ここでは日本海軍最後のエース戦闘機となった紫電改に、ペテルブルグの統合戦闘航空団に配属されたり異世界で多聞と二人っきりの二航戦を編成したりしながらアクセスしてみよう。

文／本吉 隆（特記以外）

紫電と紫電改の弱点

別項でも記したが、紫電の最大の弱点は急造陸戦として改造されて、中翼配置のままとされたことに起因する、広すぎる轍間隔（左右主脚の間隔）と、脆弱な主脚の構造にある。このためにグラウンドループの多発を含めて、本機の離着陸特性は「酷い」と言えるものとなってしまった。

更に胴体が短いために空中での安定性及び運動性に問題があり、搭乗員からは「無理が効かない」と評されたように、運動中に高速失速に陥りやすく、これに早期に手を打たねば半横転を引き起こす癖があり、また急な運動実施中に不意自転に入る事も少なくなかった。

特にスピンに入ると回復が難しく、「背面スピンに入ったら死を覚悟せよ」と言われる様な状態だった（ただし背面きりもみに入った場合の回復動作の実施は、紫電・紫電改共に大差ない、と「試製紫電改操縦参考書」にはある）。

この様な機体の設計に起因する機構面及び飛行特性による事故は部隊配備後に多発しており、本機の損耗率は後方の訓練時でも300％と他機の戦地における損耗に匹敵するものとなった。更に苛烈な状況下で運用を強いられる戦地では、1000％と言われる凄まじい損耗率となって、前線の兵力があっという間に消耗してしまう事態となった。一一乙型の初期型まで投じられた比島戦時において、本機が殆ど戦力とならなかったのはこのためである。

紫電を元にしつつも、根本的に設計を改めた紫電改では、紫電に比べて飛行特性は大きく改善されており、更に実用性も大きく向上したことから、紫電にくらべて損耗率も抑制されてもいた。

ただその中でも、高速時の横転性能を含めて、飛行特性に不満が持たれる点もあり、これは漸次解決が進められている状況にあった。武装面では戦争終結時期に装備が始まった20㎜機銃の増速装置が機構的に無理があり、装弾不良を起こすだけで無く、最悪腔発事故も発生する状況となったことは、大きな問題と見なされている。また生産の都合で13㎜機銃が装備できなかったことも、不満の一つになっている。

防弾性能についても、零戦より強化された面もあった紫電改でも、海軍は能力的になお不足とみており、機を見て内装式防弾燃料タンクの装備、操縦席後方への防弾ガラスと座席部への防弾鋼鈑の装備、メタノールタンクへの防爆及び引火対策、救命筏装備などを考慮していたが、これは終戦時期まで殆ど実施できなかった。他には局戦として開発された機体のため無理はないのだが、零戦に比べて戦闘時の進出距離が短く、これが沖縄戦時に本機の活躍に枷（かせ）を填（は）めたことも弱点と言える。

また紫電／紫電改共通の欠点として、エンジンの冷却能力に難があること、油圧機構の操作法が洗練されていないこと、VDM式のプロペラや自動空戦フラップを含めて、艤装品の信頼性や機構になお問題があると見なされていたことも、弱点と言えるものだろう。

紫電と紫電改の運用評価

戦闘機としてみれば、紫電は零戦より高速で、なおかつ火力も強大という利点を持つが、高速時の横転性が良いとは言えず、容易に高速失速等に陥ることを含めて、操縦性及び飛行特性が良いとは言えない。

そのため本機は、これを扱いこなせる技量のある搭乗員からは一定の評価を受けたが、若年搭乗員を含めた多くの搭乗員からは、扱いが難しい機体として忌避された（米側の捕虜に対する調査でも、「搭乗員たちはこの機体を運用することを望んでいない」という文言が残っている。特に離着陸時の扱いは難しく、殆どの場合着陸時に事故を起こして、機体を損傷・破壊するのが常だった、と報じられているほどだ）。

これに対して紫電改は、機体の改設計が功を奏して離着陸時及び空戦実施時に零戦等と同様に扱える機体であり、空戦時の運動性も紫電に比べて向上しているだけでなく、より安全に特殊飛行を実施出来ると見なされた。また速度を含めて飛行性能が高いこともあって、搭乗員からは大いに歓迎されたと言われている。

戦後、アメリカに送られて試験を受けた紫電改(川西5312号機)。紫電の問題点は紫電改になってかなり改善し、速力、火力、防御力などの性能でも従来の主力戦闘機だった零戦を圧倒し、搭乗員たちからは大いに期待された。志賀淑雄少佐は「零戦が深窓の令嬢なら、紫電改は下町のおてんば娘」とパワフルな紫電改を評した

紫電と紫電改への米側からの評価——紫電改への高評価は幻だった？

米側で紫電に関する情報が出たのは、1944年夏時期に捕獲した文書情報で「時速650km／h超えの速力を持つ高速戦闘機が日本海軍に存在する」ことが確認された際で、12月には米軍コードで「GEORGE（ジョージ）」とされた機体の情報も出ていた。だがこの時期に比島戦で活動していた紫電については、比島戦後に出された報告書で「全く気がついていなかった」と書かれたように、その存在は全く知られていないというのが事実だった。これは比島戦時の紫電が、ほとんど戦力にならなかったというのが窺える逸話とも言える。

比島戦終了後に実機の捕獲等によってその存在を確認した後、米側ではこの日本海軍の新型戦闘機が、次期決戦での日本海軍の主力戦闘機となりうる、と考えており、このため実機のレストアと飛行試験の実施を見据えての徹底的な調査を行った。

その中で既に実戦配備となっている中翼型と、及び未だ見ぬ低翼型の改型が存在する「ジョージ」は、650km／h以上の速度性能を持つ高速戦闘機で、20mm機銃4挺と7・7mm機銃2挺という強大な火力も併せ持つ恐るべき戦闘機だと考えられていたことが、1945年3月／4月時期に出された各種資料から窺える。だが捕虜の聞き取り調査と実機の調査が進むに連れて、この認識は変化していくことにもなる。

フィリピンで米軍に鹵獲され飛行試験に供された紫電一一甲型の「S9」号機。1945年、ルソン島クラーク飛行場。着陸時にやはり主脚の事故で大破して失われた

最初の試験飛行の後、脚の事故で大破して失われた「S9」号機の飛行試験の結果を受けて出された1945年7月の報告書で、紫電の最終的な評価が出された。同機の試験により、空中では満足できる性能を持つ戦闘機だが、飛行特性に難がある機体とされ、また恐らくは水上戦闘機の「レックス（REX:「強風」のこと）」を元にする、と言う事実が影響して、脚を含めた機構の不備から、作戦時に稼働状態に置くのが難しい機体だと見なされた。

ただし同機で完全な性能試験が実施できなかったことから、性能面は文書情報を元にして「最高速度644km／h以上を発揮可能な」高性能戦闘機として扱われ続けており、更に零戦等に比べて充実した防弾装備を持ち、抗堪性能が高いこと等も評価されて、空中では注意すべき敵であるとは見なされていたようである。なお、米側では機銃装備を改めた一一乙型を「N1K2・J」として分類したが、これが戦後「米側の試験で『紫電改』が高性能を発揮した」という誤解を生んでもいる。

紫電改については、その紫電に関する報告書で、低翼型の「ジョージ21」の存在は認められていたが、実機に関する正確な情報は分かっておらず、事実上「幻の翼」として扱われていた。また紫電改と実際に戦闘を交えた米側搭乗員は、本機を陸軍の二式戦闘機（Tojo:トージョー）か四式戦闘機（Frank：フランク）と誤認する例が多く、その中で、F4Uの搭乗員から「F4Uで旋回戦をやれば、内側に回り込んで勝てる」や「高速で恐るべき火力を持つ」等様々な報告が成されており、本機の評価は定まらなかった。

戦後、日本占領軍の調査で実機の存在は明確になり、米本国で実施された試験では、「その性能と空戦時の機動性は極めて優良」と評されたとも言われるが、これの元となる米側の性能報告書等の存在は判然としておらず、また試験時の性能諸元も明確になっていない。

三四三空の実際の撃墜数は？

紫電改を唯一まとまって運用した第三四三海軍航空隊、いわゆる剣部隊は、昭和20年2月から8月にかけて米軍機約170機の撃墜を記録。対して戦闘機搭乗員の戦死・未帰還は78名、紫電／紫電改の喪失は96機で、大きな損害を出しながらもキルレシオ（撃墜対被撃墜比率）では勝利したと考えられてきた。

しかし、米軍の記録を調査して三四三空の実戦果を調べた名著「源田の剣 第三四三海軍航空隊——米軍が見た「紫電改」戦闘機隊（ヘンリー境田・高木晃治 共著、ネコ・パブリッシング刊）」によると、三四三空の紫電／紫電改の戦果の中で、米軍の記録と確実に合致するものは、F6Fは13機、F4Uは16機、PBM哨戒機3機、PB4Y・2哨戒機0機、P・51とP・47はいずれも0機、B・29爆撃機が4～6機の、合計36～38機となっている。170機と比べると1／5～1／4ほどだが、米軍も平均して3倍ほどの過剰な撃墜数を記録しているので、殊更おかしい数字ではない。

対して、三四三空の紫電／紫電改は、F6FあるいはF4Uに59機が撃墜され、B・29に5機（衝突を含む）、PBM哨戒機に3機、PB4Y・2哨戒機に3機、P・47に15機、P・51に7機が撃墜されている。判明している範囲では、38機の撃墜（着艦後廃棄なども含む）に対し96機の喪失で、残念ながら三四三空は敗北していた。対戦闘機戦闘では、初陣の3月19日は痛み分け、6月2日の空戦では4機撃墜に対し2機被撃墜で勝利しているが、その他の空戦では概ね苦戦を強いられていたといえる。

細かく見ると、B・29との戦いでは5対5と大健闘し、性能的にほぼ互角だったF6FとF4Uとの対決では29対59と比較的善戦しているが、速力で圧倒されるP・51やP・47との対決では0対22と完敗を喫している。

しかし、航空機の数・性能のみならず、搭乗員の練度、後方支援態勢などすべての要素で米軍に圧倒されていた大戦末期の絶望的な戦況の中では、三四三空は十分健闘したと言っていいのではないだろうか。

（文／編集部）

第三四三海軍航空隊 紫電改のマーキング

ここからは、航空史研究家の渡辺洋一氏が独自に取材した三四三空の紫電改のマーキングについてなどの調査結果を発表する。カラー塗装図は81～82ページをご覧ください。

文・イラスト・写真(特記以外)／渡辺洋一
資料提供(順不動、敬称略)／小野正夫、加藤種男、新開茂樹、浅野優

過去、数多くの書籍にて三四三航空隊の紫電改が取り上げられ、数多くのイラストや塗装図が掲載されてきた。しかし一枚の写真だけから全体を想像し、当時の方々の証言や資料を参考にしないなど十分な検証を行わず、著者の想像で描かれたものも多い。今回は、元搭乗員の方々などから直接取材した、本邦初公開(2020年4月時)の資料をお届けする。

第三四三航空隊各飛行隊の順位は？

第三〇一飛行隊(A)、第四〇七飛行隊(B)、第七〇一飛行隊(C)、第四〇一飛行隊(D)から、第三〇一飛行隊が一番上(上位)と思われがちだが、実際は違った。各飛行隊長の海軍兵学校の卒業年次を見れば一目瞭然となる。第三〇一飛行隊(菅野直大尉 海兵70期)、第四〇七飛行隊(林喜重大尉 海兵69期)、第七〇一飛行隊(鴛淵孝大尉 海兵68期)、そして錬成部隊の第四〇一飛行隊(浅川正明大尉 海兵69期)。

四名とも同じ大尉だが、鴛淵大尉が最先任である。つまり、鴛淵大尉が飛行隊長の中では一番上官となる。よって、三飛行隊が戦闘に当たる場合は、必ず鴛淵大尉が総指揮官となった。

三四三空に限らず、他の日本海軍航空隊の編制を考えてもらいたい。航空隊の中には基本的に複数の飛行隊が編成される。しかし、その飛行隊は飛行中隊としての編成であり、飛行隊長は中隊長となる。これは、当然三四三航空隊にも適用される。防衛省に保管されている戦闘詳報を見てもそれは明らかだ。昭和20年4月16日には、三飛行隊が見事に編成されて出撃している。「大隊長(指揮官) 鴛淵大尉、第一中隊長 鴛淵大尉(兼務)、第二中隊長 林大尉、第三中隊長 菅野大尉」となっている。

写真1

戦闘七〇一飛行隊待機所での集合写真(昭和20年8月上旬)。前列左より、松本美登一飛曹、小野正夫上飛曹、安楽光男上飛曹、村木一郎上飛曹、八木隆次上飛曹、小八重幸太郎上飛曹、山田孜二飛曹。中列左より、栗田徹一飛曹、横堀嘉衛門一飛曹、田代政行二飛曹。後列左より、井上修(?)一飛曹、塩野三平上飛曹、村上一飛曹、不明、板橋一飛曹、長谷川二飛曹、三宅淳一上飛曹、森田一飛曹、今村末治二飛曹
写真提供:小野正夫

隊長機標識の常識

「菅野大尉の機体には斜め帯が2本あった」という証言は昔からあり、元搭乗員の方々から聞き取り調査が行われ、それがプラモデルなどにも反映されていた。ただ、人の記憶は確実ではなく、当時は写真も公開されていなかったため、「斜めの白帯が2本」とか「黄帯2本の間に白帯があった」等々となっている。しかし、これらは当たらずとも遠からずの考証であった。

今ではほとんど全ての書籍やプラモデル等は、三四三空の飛行隊長機のマーキングを斜め帯2本としている。これは、斜め帯2本が描かれている菅野大尉の写真が約30年前に公開されているため、他の各飛行隊も斜め帯が2本、と想像されているだけである。

第三四三海軍航空隊戦闘詳報第六號　昭和二十年四月十六日　喜界島方面索敵攻撃

飛行隊編成表　昭和二十年四月十六日

機種	指揮官	中隊	中隊長	小隊	小隊長	区隊	区隊長	機番号	等級	氏名	記事
紫電二一型	大尉 鴛淵 孝	一	直率	一	直率	一	直率	C45	大尉	鴛淵 孝	
								C34	上飛曹	初島二郎	口之島ニ不時着
								C25	二飛曹	栗田 徹	
								C41	飛長	藤木喜久雄	
						二	中尉 大村哲哉	C49	中尉	大村哲哉	
								C51	飛長	指宿成信	
								C33	一飛曹	船越二郎	
								C48	一飛曹	豊原清志	
		二	大尉 林 喜重	一	直率	一	直率	B38	大尉	林 喜重	
								B43	上飛曹	石田貞吉	未帰還
								B57	飛長	小竹等	未帰還
								B45	飛長	西鶴園栄吉	未帰還
						二	飛曹長 大原広司	B3	飛曹長	大原広司	発進取止メ
								B35	一飛曹	石井正二郎	発進取止メ
								B32	二飛曹	溝口憲心	発進取止メ
								B40	一飛曹	山本富夫	発進取止メ
				二	中尉 川端 格	一	中尉 川端 格	B55	中尉	川端格	
								B15	一飛曹	磯 末男	
								B27	飛長	来本昭吉	引返ス
								B52	一飛曹	四枝一男	未帰還
						二	上飛曹 田中勝義	B46	上飛曹	田中勝義	未帰還
								B43	上飛曹	伊奈重頼	
								B47	二飛曹	浅井善二	自爆
								B50	一飛曹	久保久一	
		三	大尉 菅野 直	一	直率	一	直率	A15	大尉	菅野 直	
								A2	上飛曹	加藤勝衛	未帰還
								A6	中尉	田中 弘	
								A30	一飛曹	清水俊信	
						二	飛曹長 柴田正司	A23	飛曹長	柴田正司	
								A14	上飛曹	鹿野 至	引返ス
								A13	上飛曹	米田伸也	
								A26	二飛曹	森山作太郎	
				二	大尉 松村正二	一	大尉 松村正二	A11	大尉	松村正二	
								A33	上飛曹	堀 光雄	引返ス
								A40	上飛曹	佐藤精一郎	
								A19	上飛曹	今井 進	
						二	飛曹長 宮崎 勇	A37	飛曹長	宮崎 勇	
								A47	上飛曹	宮沢 亘	未帰還
								A22	二飛曹	沖本 堅	
								A27	一飛曹	浅間太郎	未帰還

各飛行隊長のマーキング

第四〇七飛行隊の機体の塗装は、部分的に機体が写った個人

所有の写真がずいぶん昔に書籍に掲載されただけで、全体像は不明である。当初、343・B03号機は、上下面塗装の塗り分けが日の丸に沿った変わった塗装として、色々な書籍にイラストが掲載された。しかしこれは誤っており後に他のイラストレーターによって訂正図が公表された。日の丸をはじめ、上面（下面）色という基本塗装は、メーカー側で全て行われるため、一機だけ特殊な塗装という事はあり得ない。

では、日の丸の近くに見えている白い線は何か？ それは、くの字型の胴体帯である。それが第四〇七飛行隊の部隊マークなのである。

第七〇一飛行隊の機体写真は、現在の所公開されていない。これも以前より「鴛淵大尉機は赤帯だった」という噂があった。しかし、七〇一飛行隊の元搭乗員からの聞き取り調査により、「白の縦帯3本」という証言が得られたことをここに初公表する。

これにより、第三〇一飛行隊（黄色 斜め帯）、第四〇七飛行隊（白色 くの字）、第七〇一飛行隊（白色 縦帯）という明らかな違いがあることが分かる。ただ残念ながら、第四〇一飛行隊のマーキングは、飛行隊記号が「D」ということ以外判明していない。

大隊長（総指揮官）3本帯、中隊長2本帯、小隊長1本帯（いずれも日の丸の前方）、区隊長1本帯（日の丸の後方）。これが開隊当初の識別である。

戦闘も激化し、飛行隊毎での編成が難しくなると、各飛行隊混成での出撃となる。そして飛行隊長も戦死していく。そうした時に長機標識はどうなったのであろうか？ 長機標識が有ると敵機に狙われやすくもなるため、長機標識は無くなっていったそうである。

※塗装図については81～82ページの図1～5を参照

写真2

写真提供:小野正夫

撃墜マーク

撃墜マークについても元搭乗員の方々からの証言があり、バンダイや日模等のプラモデルで表現されてきたが、写真も無く、記憶だけなのであくまでも想像の域を出ない。「菅野大尉機や複数の機体には撃墜マークがあった。戦闘機や爆撃機の形をしたマークがあった」と証言している元搭乗員の方々もいる。ただ、誰の機体にどの様なマークがいくつあったのかは一切不明である。

【写真2】は現在確認されている三四三空の撃墜マークの写真である。戦闘機（グラマン）の形に矢が1本刺さっている。つまり、撃破だ。この写真を元に戦闘機と爆撃機の撃墜撃破マークを再現してみた。

※82ページの図6を参照

プロペラスピンナの塗り分け

通説では、三四三空の紫電改のスピンナの塗装色は、第三〇一飛行隊（黄色）、第四〇七飛行隊（白色）、第七〇一飛行隊（赤色）となっているが、実際には昭和20年7月初旬までは濃緑色一色で、昭和20年7月初旬より先端部は全て黄色となっていった。6月中旬頃に、主翼前縁の味方識別帯以外に簡単に味方識別する方法はないか？という議論が隊内でなされ、いくつかの試験の結果、スピンナ前方を黄色に塗装することに決定した。

戦後、撮影された地上に置かれたスピンナの写真で各飛行隊別に塗り分けされたと解釈されることもあるが、塗装の明度の差はあれ、全て黄色である。

各飛行隊の機体識別

各飛行隊の機体は、アルファベットと帯の形で区別出来るということは述べた。それ以外にも識別の方法があるのでここに明記する。

◆第三〇一飛行隊…アルファベット：A　胴体日の丸：白縁あり、機番号記入あり　長機識別：黄色　斜め帯

◆第四〇七飛行隊…アルファベット：B　胴体日の丸：白縁塗りつぶし、機番号記入あり　長機識別：白色　くの字

◆第七〇一飛行隊…アルファベット：C　胴体日の丸：白縁あり、機番号記入無し　長機識別：白色　縦帯　主車輪カバーに機番記入あり

事実考証の難しさ

一枚の写真、一枚の公文書から事実を判断する事は危険で、大きな間違いを犯す可能性が高い。筆者の取材では、写真や資料を当時の方に見て頂くと、当時の記憶が蘇るという事は幾度もあった。その写真がどこで撮影されたのか？ 何月何日に撮影されたのか？ 誰が写っているのか？ 等々を様々な広い視点から検証する事により、真実が見えてくる。その一例を紹介しよう。

・航空隊番号の「3」の字体

以前より公表されている四〇七飛行隊の「343-B03」号機の写真では、「3」の字体は「ろ」に似た字体となっている。そして三〇一飛行隊の「343-A15」には「3」の字体が、七〇一飛行隊の機体にも「3」の字体が用いられているのが確認されている。では、飛行隊毎に字体を変えていたのであろうか？ いや、それは違う。「343-A17」の字体は「ろ」に似た字体を用いている。どの機体がどの字体を用いていたのかは、写真が無ければ確定は不可能だ。よって、当レポートの機体イラストの字体も推定だ。

・林喜重大尉の機体には、スピンナの黄色はなかった

前記の様に、味方識別を容易にする為にスピンナ先端を黄色にする案が採用された。しかし、林喜重大尉の機体にはそれは無いと断言できる。それはなぜか？ 林大尉は、4月21日に戦死しているからである。

・菅野大尉機の写真の撮影場所は？

【写真3】は、昭和20年4月10日に松山基地で撮影された写真と説明している書籍が多い。だがそれは誤りであり、実際は鹿屋基地である。その理由は、一緒に写り込んでいる風景であり、松山基地周辺には、写真に写り込んでいる山々はないのだ。あの山々は肝属（きもつき）山脈であり、撮影日時は4月11日正午過ぎである。

・菅野大尉機のマーキングの検証

同じ写真をよく見ると、2本の帯の角度が前と後で異なっている。それはなぜか？ 菅野大尉は、3月19日の空中戦で撃墜され落下傘降下している。つまり、写真に写っている機体は、2代目の機体である。他の航空隊でもよくあったことだが、上官が部下の調子の良い機体を取り上げて使うことがあった。つまり、元々あの機体には1本帯（小隊長）が描かれており、後からもう1本追加されたのである。故に、前後の角度が異なり、帯の形も若干異なり、日の丸に被さるという、おかしな事態となった。

写真3

写真提供:加藤種男

となると、元々描かれていた帯の前方に何故もう一本描かなかったのか？　アンテナ支柱にはかかるが、胴体は広々としたスペースがあるはずだ。それは、帯の前方に描けない理由があったはずである。それを裏付けるのが、【写真2】の撃墜マークの写真である。

一般的に、日本軍機の撃墜マークは機体の左側に描かれてきた。しかし、この写真では右側に描かれている。つまり黄帯の前方には、恐らく複数の撃墜マークが描かれていた、と考えるのが最も妥当な考え方ではないだろうか。

・撃墜マーク右側の謎

では何故、撃墜マークが右側に描かれたのか？　これには確たる答えは出ていないが、現在有力視されているのは、

a．外板の継ぎ目や日の丸を基準にして左から右へ撃墜マークが描き足された

b．松山基地では、離陸時に戦闘指揮所の前を左から右へ滑走していく。つまり機体右側が地上の隊員たちに見える様に右側に描かれた

c．戦闘四〇七飛行隊の整備員記入マークも右側に描かれているため

という説がある。

・日の丸の中の機番号記入

雪が降った中に紫電改が駐機している有名な写真があるが、これは本田稔元搭乗員が撮影した個人写真である。昭和20年2月22日、滅多に雪の降らない松山に雪が降った際に撮影したという。その写真の紫電改には、胴体の日の丸の中に機番号（17）が描かれている【図7】。つまり、三四三空の開隊（昭和19年12月25日）まもなく既に描かれていた事が分かる。水性塗料や石灰で簡易的に描かれたという俗説もあるが、戦後、機番号を削った様に消された機体の写真を見ても分かるように、きちんとした塗料で描かれている。そもそも、石灰で書いたのであれば、雨が降れば消えてしまうし、飛行中に剥がれ落ちるであろう。

・三四三空の所属機

三四三空と言えば紫電と紫電改というイメージがあるが、実はそれだけではない。他にも零戦や白菊、練戦、中練等が配備されていた。搭乗割の無い搭乗員は、飛行感覚を忘れない様に乗ったり、整備員が整備した機体のテスト飛行に搭乗したりしていたそうである。

・もう一つの引き上げられた紫電改

現在、国内には愛媛県宇和島に海底から引き上げられた紫電改が展示されているが、実はこれ以外にも紫電改が過去に引き上げられている。1955年（昭和30年）12月25日に大村湾から引き上げられた機体である【写真4】【写真5】および【図8】。

写真が不鮮明であり肝心なところは判読できないが、当時の記事によると、主翼の20㎜機銃4挺以外に機首に13㎜機銃が2挺あったという。しかも垂直安定板には20の文字が読み取れる。この特徴は試製紫電三一型のそれであり、「油谷班517」と書かれている写真を見た人も多いだろう（117ページ参照）。この試製紫電三一型は、製造番号517号機、520号機（鳴門工場製）から改造された2機のみ試作されたとされている。これらを総合すれば、試製紫電三一型（520号機）は三四三空に運ばれ、事故により墜落したものと思われる。残念ながら、当機は引き上げ後まもなくスクラップ処理されたそうである。筆者は複数の当時の関係者に聞き取り調査を行ったが、当機を知る人物は居なかった。

当機は、第21海軍工廠で製造された紫電改で、大村海軍航空隊に配属された機体とする説もあるが、筆者はその説には否定的だ。なぜならば、

①実戦部隊である三四三空や横須賀航空隊でも機数が足らないくらいなのに、本来訓練を目的とした大村空（5月解隊）に最新鋭の新品戦闘機を配備するだろうか？　練習航空隊には、実戦部隊からのお下がりが配備されるのが常である。

②機体番号を「28」と読み取る説もあるが、21工廠で製造された紫電改は、合計10機とされている。合計10機の機体になぜ「28」という数字を使っているのだろうか？　写真を一見すると「8」の様にも見えるが、よく読み取れば塗料がはがれて「0」が「8」の様に見えただけだ。

③大村航空隊は、長崎県を拠点としている。すぐ近くに三四三空が展開しているのに、なぜ大村空に配備する必要があるのか？

④正式機とは違い、試作機は個々の機体で特徴が異なる。

⑤当時の記述として、「機首に13㎜機銃が2挺あった」という証言を無視している。

写真4

写真5

世界の航空機1956年6月号（鳳文書林）より転載

強風／紫電 写真ギャラリー

紫電の原型となった水上戦闘機 強風一一型。写真は佐世保海軍航空隊所属の「サ -134」号機で、スピナーが丸みを帯びた小型のものとなり、集合式排気管から推力式単排気管に変更された後期生産機（解説／編集部）

試験飛行中の試製紫電。試作７号機または８号機と思われる
（写真提供、解説／渡辺洋一）

昭和 19 年（1944 年）８月に編成された２代目元山（げんざん）海軍航空隊で運用されていた紫電一一乙（N1K1-Jb）「ケ -1172」号機。
２代目元山空は朝鮮半島北東の元山基地に所在し、主に戦闘機搭乗員の訓練を行っていた（写真提供／野原 茂）

フィリピンのルソン島クラーク飛行場に遺棄された紫電一一甲型（川西航空機鳴尾製作所製 製造番号5511）。本書 115 ページに掲載した写真と同じ機体で、第二〇一海軍航空隊の所属機とされ、垂直尾翼の側面に機番号「201-53」が描かれている
（写真提供、解説／渡辺洋一）

目次

2023年3月15日発行

本文　本吉 隆、野原 茂、松田孝宏、伊吹秀明、こがしゅうと、坂本 明、渡辺洋一、有馬桓次郎、白石光、ミリタリー・クラシックス編集部

イラスト・図版　福村一章、佐竹政夫、吉原幹也、上田 信、舟見桂、野原 茂、田村紀雄、中田日左人、こがしゅうと、坂本 明、徳永明正、イヅミ拓、大野安之、栗橋伸祐、長谷川竹光、峠タカノリ

装丁/本文DTP　イカロス出版制作室

編集　ミリタリー・クラシックス編集部

発行人　山手章弘

発行所　イカロス出版株式会社
〒101-0051　東京都千代田区神田神保町1-105
編集部　mc@ikaros.co.jp
出版営業部　sales@ikaros.co.jp
03-6837-4661
[URL] http://www.ikaros.jp/

印刷　図書印刷株式会社

Printed in Japan